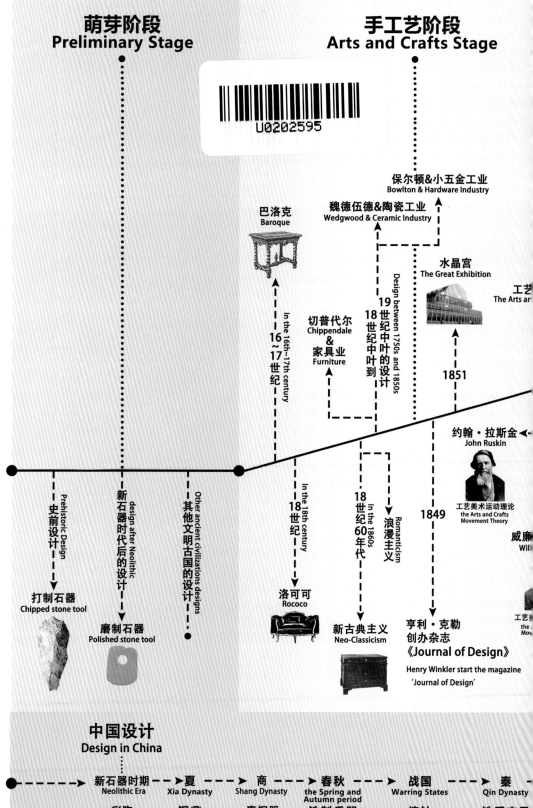

萌芽阶段
Preliminary Stage

手工艺阶段
Arts and Crafts Stage

保尔顿&小五金工业
Bowlton & Hardware Industry

魏德伍德&陶瓷工业
Wedgwood & Ceramic Industry

巴洛克
Baroque

水晶宫
The Great Exhibition

工艺
The Arts ar

切普代尔
&
家具业
Chippendale
&
Furniture

Design between 1750s and 1850s
19世纪中叶的设计
18世纪中叶到

16~17世纪

In the 16th-17th century

1851

约翰·拉斯金
John Ruskin

工艺美术运动理论
the Arts and Crafts
Movement Theory

史前设计
Prehistoric Design

新石器时代后的设计
design after Neolithic

其他古文明古国的设计
Other ancient civilizations designs

18世纪
In the 18th century

18世纪60年代
In the 1860s

浪漫主义
Romanticism

1849

威廉
Wil

打制石器
Chipped stone tool

磨制石器
Polished stone tool

洛可可
Rococo

新古典主义
Neo-Classicism

亨利·克勒
创办杂志
《Journal of Design》

Henry Winkler start the magazine
'Journal of Design'

工艺美
the
Mov

中国设计
Design in China

新石器时期
Neolithic Era

夏
Xia Dynasty

商
Shang Dynasty

春秋
the Spring and
Autumn period

战国
Warring States

秦
Qin Dynasty

彩陶
Painted Pottery

铜鼎
Bronze Tripod

青铜器
Bronze Ware

铁制兵器
Iron Weapon

编钟
The bells of the War-
ring States Period

铁质农具
The iron farm to

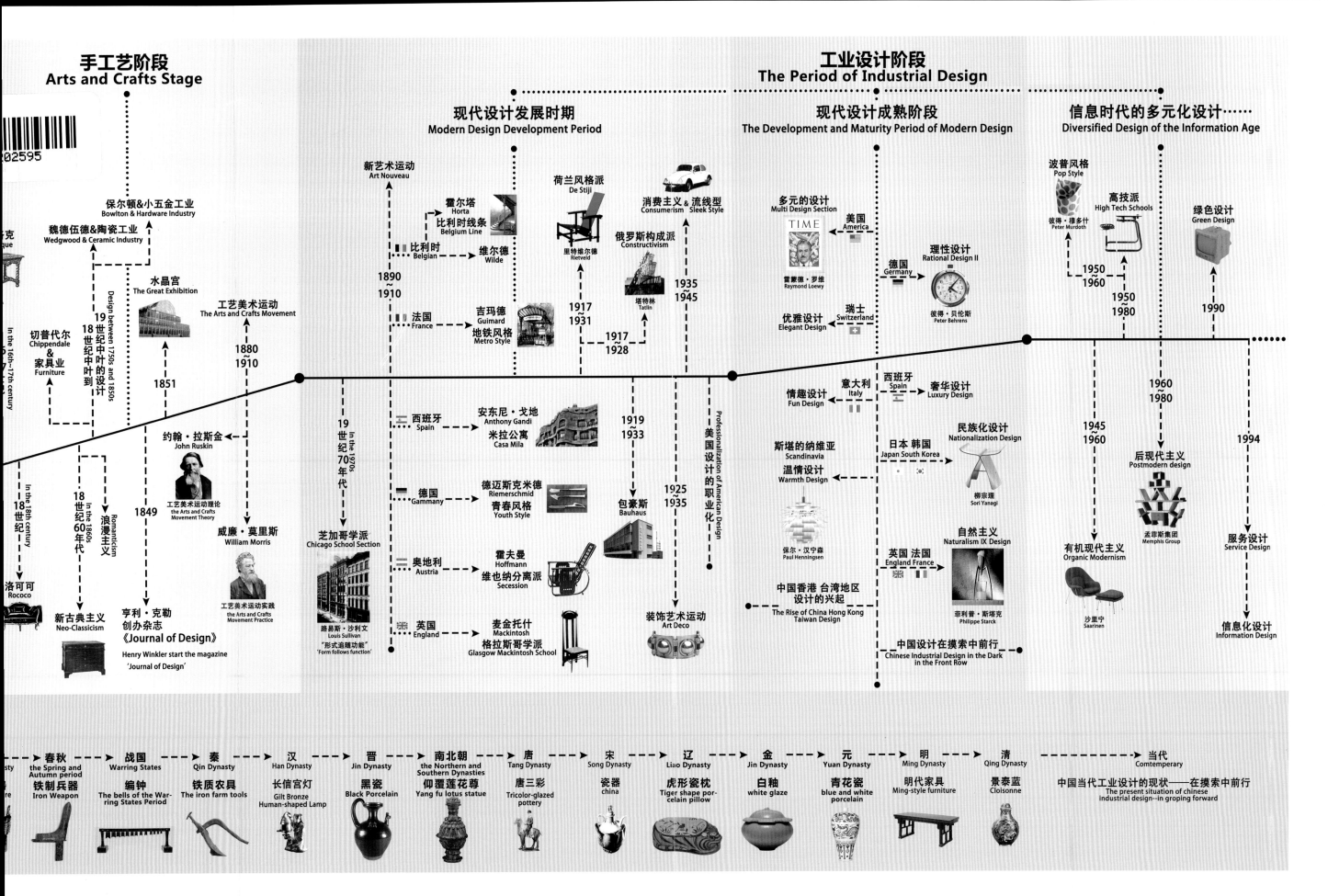

手工艺阶段
Arts and Crafts Stage

工业设计阶段
The Period of Industrial Design

现代设计发展时期
Modern Design Development Period

现代设计成熟阶段
The Development and Maturity Period of Modern Design

信息时代的多元化设计……
Diversified Design of the Information Age

保尔顿&小五金工业
Bowlton & Hardware Industry

魏德伍德&陶瓷工业
Wedgwood & Ceramic Industry

水晶宫
The Great Exhibition

工艺美术运动
The Arts and Crafts Movement

切普代尔&家具业
Chippendale & Furniture

约翰·拉斯金
John Ruskin

工艺美术运动理论
the Arts and Crafts Movement Theory

威廉·莫里斯
William Morris

亨利·克勒创办杂志《Journal of Design》
Henry Winkler start the magazine 'Journal of Design'

工艺美术运动实践
the Arts and Crafts Movement Practice

新古典主义
Neo-Classicism

Rococo 洛可可

Design between 1750s and 1850s
19世纪中叶的设计
18世纪中叶到

In the 16th-17th century

In the 18th century 18世纪

Romanticism 浪漫主义 19世纪60年代
In the 1860s

1851
1849
1880 1910

新艺术运动
Art Nouveau

霍尔塔 Horta
比利时线条 Belgium Line

比利时 Belgian
维尔德 Wilde

1890 1910

法国 France
吉玛德 Guimard
地铁风格 Metro Style

荷兰风格派 De Stijl
里特维尔德 Rietveld

1917 1931

消费主义&流线型
Consumerism Sleek Style

俄罗斯构成派 Constructivism
塔特林 Tatlin

1935 1945

1917 1928

19世纪70年代
In the 1970s

芝加哥学派
Chicago School Section

路易斯·沙利文 Louis Sullivan
"形式追随功能" 'Form follows function'

西班牙 Spain
安东尼·戈地 Anthony Gandi
米拉公寓 Casa Mila

1919 1933

德国 Gammany
德迈斯克米德 Riemerschmid
青春风格 Youth Style

包豪斯 Bauhaus

1925 1935

奥地利 Austria
霍夫曼 Hoffmann
维也纳分离派 Secession

英国 England
麦金托什 Mackintosh
格拉斯哥学派 Glasgow Mackintosh School

装饰艺术运动 Art Deco

Professionalization of American Design
美国设计的职业化

多元的设计 Multi Design Section
TIME
雷蒙德·罗维 Raymond Loewy

美国 America

理性设计 Rational Design II
彼得·贝伦斯 Peter Behrens

德国 Germany

优雅设计 Elegant Design
瑞士 Switzerland

情趣设计 Fun Design
意大利 Italy

奢华设计 Luxury Design
西班牙 Spain

斯堪的纳维亚 Scandinavia
温情设计 Warmth Design
保尔·汉宁森 Paul Henningsen

日本 韩国 Japan South Korea

民族化设计 Nationalization Design
柳宗理 Sori Yanagi

自然主义 Naturalism IX Design
菲利普·斯塔克 Philippe Starck

英国 法国 England France

中国香港 台湾地区设计的兴起
The Rise of China Hong Kong Taiwan Design

中国设计在摸索中前行
Chinese Industrial Design in the Dark in the Front Row

波普风格 Pop Style
彼得·穆多什 Peter Murdoth

高技派 High Tech Schools

绿色设计 Green Design

1950 1960

1950 1980

1990

1945 1960

1960 1980

1994

后现代主义 Postmodern design
孟菲斯集团 Memphis Group

有机现代主义 Organic Modernism
沙里宁 Saarinen

服务设计 Service Design

信息化设计 Information Design

工业设计史发展脉络图

春秋 the Spring and Autumn period
铁制兵器 Iron Weapon

战国 Warring States
编钟 The bells of the Warring States Period

秦 Qin Dynasty
铁质农具 The iron farm tools

汉 Han Dynasty
长信宫灯 Gilt Bronze Human-shaped Lamp

晋 Jin Dynasty
黑瓷 Black Porcelain

南北朝 the Northern and Southern Dynasties
仰覆莲花尊 Yang fu lotus statue

唐 Tang Dynasty
唐三彩 Tricolor-glazed pottery

宋 Song Dynasty
瓷器 china

辽 Liao Dynasty
虎形瓷枕 Tiger shape porcelain pillow

金 Jin Dynasty
白釉 white glaze

元 Yuan Dynasty
青花瓷 blue and white porcelain

明 Ming Dynasty
明代家具 Ming-style furniture

清 Qing Dynasty
景泰蓝 Cloisonne

当代 Comtemperary

中国当代工业设计的现状——在摸索中前行
The present situation of chinese industrial design--in groping forward

02595

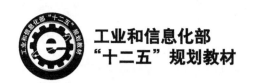

工业和信息化部
"十二五"规划教材

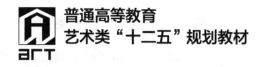

普通高等教育
艺术类"十二五"规划教材

工业设计史

双语版

薛红艳　主编

黄念一　崔军　副主编

History of
Industrial Design

人民邮电出版社
北京

图书在版编目（CIP）数据

工业设计史：双语版 / 薛红艳主编. -- 北京 ：人
民邮电出版社，2017.3（2021.8重印）
　　普通高等教育艺术类"十二五"规划教材
　　ISBN 978-7-115-44038-9

　　Ⅰ．①工… Ⅱ．①薛… Ⅲ.①工业设计－历史－世界
－高等学校－教材 Ⅳ. ①TB47-091

中国版本图书馆CIP数据核字(2016)第313685号

◆ 主　　编　薛红艳
　　副主编　黄念一　崔　军
　　责任编辑　刘　博
　　责任印制　杨林杰

◆ 人民邮电出版社出版发行　　北京市丰台区成寿寺路 11 号
　　邮编　100164　　电子邮件　315@ptpress.com.cn
　　网址　https://www.ptpress.com.cn
　　涿州市京南印刷厂印刷

◆ 开本：787×1092　1/16　　彩插：1
　　印张：21.75　　　　　　2017 年 3 月第 1 版
　　字数：372 千字　　　　2021 年 8 月河北第 5 次印刷

定价：59.80 元
读者服务热线：(010)81055256　印装质量热线：(010)81055316
反盗版热线：(010)81055315

前　言

　　本书依照高等教育专业教学的教育特点、培养方案及主干课程教学大纲进行编写，体现了该领域的最新成果，符合专业课程内容的教学体系，解决了当前教学内容急需更新、创新等诸多问题，符合高等教育注重培养"应用型""能力型""创造型"人才的目标。

　　本书充分体现了专业性、趣味性、全面性等特点，用双语的形式图文并茂、深入浅出地对人类设计活动的 3 个阶段（萌芽阶段、手工艺阶段和工业设计阶段）分别进行了具体翔实的阐述，并且对工业设计的 3 个发展时期 (18 世纪下半叶至 20 世纪初期——工业设计的酝酿和探索阶段，第一次和第二次世界大战之间——现代工业设计形成发展时期，第二次世界大战之后——工业设计与工业生产、科学技术紧密结合从而取得重大成就的时期）分别展开详细的描述。

　　本书突破了以往同类书单一的、"直线形"研究工业设计史的方式，采用"点线面动态构成"的研究方法阐述了整个工业设计史发展的源头、基本脉络、概貌、各时期主要流派、代表人物及其作品、当代设计理念、中国现当代的工业设计状况及教育理念、未来工业设计发展的趋势等。其中，本书对工业设计史中的个别片段做了详细的个案分析，例如，通信工具手机的发展历史、多媒体设备计算机的发展历史、交通工具汽车的发展历史等。同时，本书对中国现代、当代工业设计现状及其教育理念进行了详细的归纳总结，填补了传统工业设计史教材这一缺失部分，为我国工业设计教育融入中国元素，为我国未来经济转型乃至民族复兴培养一大批有民族意识、通晓民族设计历史和设计方法、具有国际视野的本土优秀设计师打下坚实的理论基础。

　　本书每个章节均有中英文的概述、关键词、名词解释、重要词汇，尤其配有重点内容的英文注释以及风格独特、清晰明了的历史脉络图解。课程中重要的内容均以双语同步展示，力求还原国外原汁原味的工业设计史研究理论。英文内容结合大学英语四、六级的要求，使工业设计史丰富的专业知识与四六级的英语知识有机地结合起来，可全面提高读者在设计方面的专业英语水平，为读者去海外深造和国际交流打下坚实的基础。

　　参加本书编写的人员有：薛红艳、黄念一、崔军、郑珊子、宗卫佳、孟赢宏、王琨、蒋颖姿、朱敏、张钥、涂雪文、刘丽雯、何骏淞、郭焕然、李翌华、李凌飞、石玮靓、隋金晨、陆煜。

　　非常感谢浙江大学工业工程管理博士后流动站导师唐任仲教授、南京艺术学院何晓佑教授、北京师范大学艺术与传媒学院梁玖教授等前辈对本书提出的诸多宝贵意见和建议；同时，感谢南京航空航天大学机电学院朱如鹏教授、倪勇老师、卢敏老师、南京航空航天大学教务处各位老师对本书的大力支持。感谢江南大学各位专家学者的支持。最后感谢苏州大学对该教材的认可与支持。

编　者

2016 年 12 月

目 录

CONTENTS

第六篇　中国现当代工业设计的发轫、发展及未来

First
The Road of Ancient Design

第一篇　古代设计之路

第1章 中外设计的历史渊源

Chapter 1 The history of Chinese and foreign design

1.1 史前设计

Section Ⅰ Prehistoric Design

一般认为人类的历史始于公元前 180 万年。从距今 180 万年到 1 万年前之间的漫长时期，被称为旧石器时代。

旧石器时代可分为早、中、晚三个时期。人类早期的造物活动与艺术设计的萌芽，也大致经过了这样三个阶段。旧石器时代早期，距今 300 万年到 20 万年前。**人类石器的制作初步具有了对称、均衡、饱满等形式美感的萌芽。** 旧石器时代的中期，距今 20 万年到 5 万年前。石器中所包含的形式美感和装饰意向也更加显著。旧石器时代的晚期，距今 5 万年到 1.5 万年前。在小型的骨制用具上，雕刻有非常写实、优美的动物形装饰。图 1.1.1 ～图 1.1.3 为在法国考古发现的这个时期的壁画。

The initial production of the human stone tools has the embryonic form of symmetry, balance, and full of beauty.

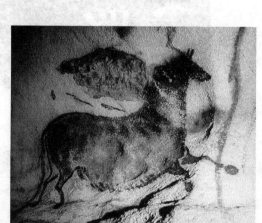

图 1.1.1 拉斯科洞窟壁画 马
（距今 1.5 万年—1.7 万年）

Fig.1.1.1 Horse Painting in Lascaux Cave（1.5—1.7 thousand years ago）

图 1.1.2 拉斯科洞窟壁画 野牛和人（距今 1.5 万年—1.7 万年）

Fig. 1.1.2 Lascaux Cave Paintings of Wild Ox and Human（1.5—1.7 thousand years ago）

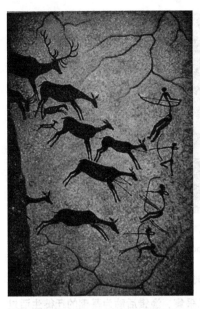

图 1.1.3 拉斯科洞窟壁画（距今 1.5 万年—1.7 万年）

Fig. 1.1.3 Lascaux cave paintings（1.5—1.7 million years ago）

举世闻名的女性神雕塑，被人们称为"原始的维纳斯"，出土于奥地利摩拉维亚的威伦道夫，是公元前 2.8 万年至公前 2.5 万年之间的作品。女神的面部、手脚等细节表现较为粗糙，头部仅刻有卷曲的头发，而手臂则被忽略，乳房、臀部等女性特征形象较为夸张突出，一般认为该作品具有类似巫术般的祈求生殖的目的。作品强调体积感和重量感，具有单纯化和抽象化的倾向，在雕塑史和人类文化史上占有重要地位，如图 1.1.4 所示。

图 1.1.4 威伦道夫的维纳斯（距今 2.5 万年—2.8 万年）

Fig.1.1.4 Venus of Willendorf（2.5—2.8 thousand year ago）

旧石器时代使用打制石器，这种石器利用石块打击而成的石核或打下的石片，加工成一定形状的石器。种类有砍砸器、刮削器、尖状器等，如图 1.1.5 所示。

图 1.1.5 旧石器时代的石器

Fig.1.1.5   Un hardened Flint Tool of the Paleo Lithic Age

新时期时代距今约 1 万年。这个时代的主要标志是磨制石器和陶器的出现。<u>陶器的发明标志着人类已经从以采集、渔猎活动为基础的迁徙生活过渡到以农业为基础的定居生活，是人类由野蛮状态向文明状态转变的开始。</u>

新石器时代陶器的制作方法有：①贴敷成形法；②手捏成形法；③泥条盘筑法；④轮制成形法。原始陶器的分布极为广泛，除了澳洲、太平洋岛屿、北极地区、非洲的少数部族外，绝大多数民族都在新石器时代开始了陶器的制作。

原始陶器在世界范围内的出现，虽然有先有后，造型样式与装饰风格也存在不尽相同的民族特色与地域风格，但从整体上看，还是具有某种程度的一致性。

<u>首先，原始陶器的装饰或多或少地反映了一定的图腾观念与巫术信仰。</u>

《彩陶缸绘鹳鱼石斧纹》是新石器时代的陶质彩绘，器高 47cm、口径 32.7cm，1978 年于河南省临汝县阎村出土，属新石器时代仰韶文化类型，如图 1.1.6 和图 1.1.7 所示。

The invention of pottery indicates the development of mankind from migratory societies, which was based on gathering, fishing and hunting activities to settling life which was based on agriculture, symbolises the evolution of mankind going from barbarism to civilization.

First of all, the original pottery's decoration more or less reflects some of totem idea and belief in witchcraft.

图 1.1.6 彩陶缸绘鹳鱼石斧纹

Fig.1.1.6   Painted Pottery Urn Stork Fish Stone Axes Lines

图 1.1.7 人面鱼纹彩陶盆

Fig.1.1.7 Human Face and Water-wave Painted Pottery Basin

其次,原始陶器的装饰多采用抽象几何形式,如图 1.1.8 和图 1.1.9 所示。

图 1.1.8 彩陶花瓣纹盆

Fig.1.1.8 Petals Painted Pottery Grain Basins

图 1.1.9 彩陶几何纹盆

Fig.1.1.9 Painted Pottery Basin with Geometric Line

最后,原始陶器的设计体现了多样的形式美感因素。从陶器的造型、肌理到纹饰、色彩,原始彩陶的图案装饰主要采用了以下 5 种形式法则:①对比法、②分割法、③开光法、④双关法、⑤多效装饰法。

《舞蹈纹彩陶盆》是新石器时代的陶质彩绘,器高 14.1cm、口径 29cm,1973 年于青海大通县上孙家寨出土,属马家窑文化马家窑型,是当时彩陶中罕见的描绘人物形态的作品。如图 1.1.10 所示。

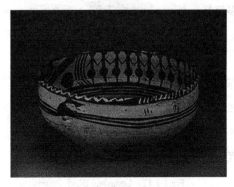

图 1.1.10 舞蹈纹彩陶盆

Fig.1.1.10 Painted Pottery Basin with Danced Lines

图 1.1.11 旋涡纹瓶

Fig.1.1.11 Vortex Pattern Bottle

《旋涡纹瓶》是新石器时代马家窑文化的陶质彩绘。彩陶纹饰除了一些象形纹样之外，大多数是几何纹饰，最常见的有十余种纹样，马家窑文化中曲线构成的旋涡纹饰是结构最复杂、最完美而又最有典型意义的几何纹饰之一，如图 1.1.11 所示。

这种大型陶器是新石器时代晚期出现的器物，用作盛储谷物，它的出现反映了当时农业经济发展、收获量已有很大增长。马厂类型的这件大瓮高 52.2cm、口径 19.7cm，能容粮在百斤以上。腹部硕大，高有半米以上的陶瓮，底部仅 10cm，装满谷物后之所以能承担百斤以上的重量，估计当时很可能是把下腹没绘彩的部分埋入干燥的地下，将重量部分传递到地面，由此而保持了大瓮的稳定，又可以利用高原地区干燥而凉爽的地温，保存粮食不易变质。由于它的下腹大多埋入地下，所以彩绘都施于口、肩和上腹。向下俯视，可以看到彩陶的全部纹饰，这种施绘的方法是颇费了一番心思的。彩陶大瓮的花纹是在黑线中套以红色，构成许多旋转的圆涡，圆涡之下加两道水波，这是一幅表现人类与水的密切关系的图画。马家窑文化的彩陶有许多是表现水的，水波、漩涡以至水中的渔网都是当时彩绘艺术家的常用题材。<u>彩陶大瓮上这幅绚丽的图画，仿佛使人看到了雨中的庄浪河（黄河支流，出土彩陶瓮的甘肃永登县蒋家坪坐落于庄浪河滨）上雨点激起的一圈圈涟漪，又仿佛是湍急的黄河水形成的一个个漩涡。</u>

下面介绍古代几个民族的彩陶艺术。

（1）中国黑陶

山东龙山文化黑陶是继仰韶文化彩陶之后的优秀品种，是距今 4000 多年前我国新石器时代晚期的一种文化。它以黑色陶器为其特征，所以称之为"黑陶文化"。因 1928 年首次发现于山东章丘龙山镇的城子崖，所以又称"龙山文化"，如图 1.1.12 所示。其中有一种薄胎黑陶，漆黑乌亮，薄如蛋壳，称蛋壳陶，代表着这一类型陶器的杰出成就。

This beautiful picture on the painted pottery large urn, as if to make us see the rain in the sea river zhuang (the tributaries of the Yellow River, the unearthed coloured Tao Weng yongdeng county of gansu Jiang Guping is located in the Zhuanglang riverside) waves loops ripple on the rain, and seemed to be a swift water vortex in the form of it.

图 1.1.12 龙山黑陶

Fig.1.1.12 Longshan Black Pottery

新石器时代古人已学会磨制方法，磨制石器比打制石器精细，复合工具也出现了，人们学会了在石器上打孔，把打好孔的工具捆缚在木柄上，石斧、石铲由于长度增长或力臂增大使得劳作强度和效率大大提高。穿孔的方法，归纳起来有以下 6 种。

第一种方法是用坚硬的木棍穿孔。在穿孔的地方加上沙子，木棍对准穿孔的地方，手掌转动木棍。或是把木棍的顶端装上石制的钻头。

第二种方法是用一竹竿，削尖了竹竿顶端的边缘，双手不断转动竹竿。采用这种方法，人们还得到了圆柱形的石芯，如图 1.1.13 所示。

图 1.1.13　桐乡博物馆藏品
Fig.1.1.13　The Object of Tongxiang Museum

第三种方法是把一块石头平放在太阳光下暴晒，在穿孔的地方滴上冷水，反复多次，这样，滴水的地方就有了小裂片，一片一片地剥离开来，就会形成小孔。

第四种方法是琢穿孔。这种方法适于比较大的石器。可一面琢也可两面琢。琢穿的孔成漏斗形。

第五种方法是钻琢穿孔。先从石器的两面琢成圆坑，然后用钻头钻透。

第六种方法是管筒穿孔。这种管筒穿孔速度快，孔壁直，有明显的旋转纹痕。

总之，穿孔的基本方法，一是琢穿，二是钻穿，三是管穿。

（2）日本的彩陶艺术

日本是世界上最早掌握制陶技艺的国家之一，其制陶历史可追溯至公元前 7000 年。

图 1.1.14　日本彩陶
Fig.1.1.14　Japannese Painted Pottery

这一时期的陶器多为徒手捏制，造型肥厚，经低温露天素烧而成，如图1.1.14所示。其底部较窄，器壁上或以篦尖刻画、或以绳子勒滚、或以贝壳压印出奇特的装饰纹样，其中尤以绳纹装饰最为常见、最具特色，因此得名"绳纹陶器"。

从公元前200年到公元后300年之间，日本进入了新石器时代的晚期阶段——"弥生文化"时期。此时期的陶器器壁较薄，质地较硬，制作精良，纹饰简单。因多为实用性的器物，所以造型较为规整简练。其装饰常用竹刀、木梳刻画出浅浅的纹样。

（3）希腊与巴尔干半岛的彩陶艺术

新石器时代的欧洲，制陶艺术水平较高的当以希腊半岛和巴尔干半岛为代表。

在希腊色萨利地区奥察基遗址出土的彩陶，约公元前5000年—公元前4000年制作。装饰多为赭红色的几何纹，纹饰构图自由奔放，笔触流畅而洒脱。

希腊新石器时代晚期的彩陶以米尼遗址出土的作品为代表，装饰更复杂、华丽、富于变化，各种螺旋纹、带状纹、回纹、波折纹被交替、组合使用，风格生动大方，色彩对比鲜明轻快。

巴尔干地区的彩陶主要以古梅尔尼查、特利波里等遗址出土的陶器作为代表。

古梅尔尼查彩陶出土于罗马尼亚首都布加勒斯特附近，该处是公元前5000年—公元前4000年时期巴尔干地区的制陶中心。其典型风格为重复的几何纹样，造型简洁而生动，纹饰古朴而大方。

特利波里陶器与古梅尔尼查彩陶风格接近，造型别致优美，特别是上部饱满，下部内凹的造型极为优美动人。

（4）北美的彩陶艺术

直到15世纪欧洲入侵时，北美仍然处于新石器时代，因此北美的制陶历史持续了很长一段时间。在北美的文化中，制陶水准最高的当数西南部的阿那萨西文化。该文化兴起于公元前800年，公元700年后开始制作大型的陶器。陶器多在白地之上绘以黑色波纹、螺旋纹，构图匀称、节奏明快、风格鲜明。

1.2 新石器时代后的设计

Section Ⅱ The Design after Neolithic

1. 中国的古代设计

（1）夏商周时期的青铜器设计

中国夏商周时期的设计以青铜为代表。史学上所称的"青铜时代"就是指夏商周大量使用青铜工具及青铜礼器的时期。青铜，古称金或吉金，是红铜与其他化学元素（锡、铅等）的合金。青铜具有熔点低、硬度高等优点，而且不容易锈蚀，熔铸填充性好，可以铸造出精细的花纹。同时，它是一种很贵重的金属，除了王侯贵族之家，一般百姓无力铸造。**概括地说，青铜器艺术在夏、商、周三代主要是奴隶主贵族的艺术，它类似于一种图画文字，通过本身的造型、纹样，以及用于记事的铭文和高超的技艺反映了奴隶制时代的社会风尚和审美观念。**

夏商周时期的青铜器，按其主要用途分成农具、兵器、饮食器、酒器、杂器和乐器6种类型。

青铜器的纹饰题材丰富，大多有几何纹、动物纹等，从商代中期到西周中晚期，动物纹是通过人们对自然界一些动物的认识和主观的加工，产生的一种以幻想为主的动物纹饰。其中饕餮纹、龙纹、凤纹等占主要地位。商朝时期由于鬼神崇拜、祖先崇拜、图腾崇拜使得图纹具有特殊的意义，具有独特的美，如饕餮纹代表着鬼神，夔龙纹代表着祖先，而凤鸟是他们的图腾。

青铜器在夏商西周的发展大致可以分为以下5个阶段。

①萌生期（公元前21世纪—公元前16世纪）

夏代青铜器数量和种类主要是青铜容器、兵器、乐器工具和饰件。河南偃师二里头文化石目前考古发现中最早的青铜文化。青铜容器有明显的仿陶器特征，有简单的几何纹饰。出土的有酒器和食器，初步表明青铜礼器制度开始出现。青铜兵器和工具与石器完全不同，而且形成了自身的特点。陶范法是这一时期青铜器的主要铸造方法。

②育成期（公元前16世纪—公元前13世纪）

育成期包括商代早期和中期，青铜容器、兵器的种类和数量有明显的增长，分布地区更广，在黄河、长江的中游地区都有发现。青铜礼器的使用已有一定的组合关系。青铜器完全摆脱了陶器的影响，分铸技术已被娴熟运用，大型青铜容器的铸造比较普遍。青铜器上也出现了文字，如图1.2.1和图1.2.2所示。

In summary, the bronze art is mainly the slave owners' art in Xia, Shang and Zhou Dynasty, it is similar to a pictorial writing, and it reflects the social fashion and aesthetic ideas during the slavery era through its own shapes, patterns, as well as inscriptions for writing on and superb skills.

图 1.2.1　商早期青铜器及其纹案

Fig.1.2.1　Early Shang Bronzes and Grain Case

图 1.2.2　商中期青铜器及其纹案

Fig.1.2.2　Shang Bronzes and Mid Grain Case

③鼎盛期（公元前 13 世纪—公元前 11 世纪）

青铜艺术在商代晚期达到了灿烂辉煌的鼎盛时期，并一直延伸到西周早期。铭文在相当数量的青铜器上出现，商代晚期以使用者的氏族徽记为主，稍晚也出现了记事体铭文。到西周早期，青铜器普遍铸有铭文，出现长达数百字的记事铭文。

④转变期（公元前 11 世纪末—公元前 7 世纪上半叶）

西周中晚期，青铜工艺有豪华精丽向端庄厚重转变，食器大量出现，酒器逐步消失，列鼎和编钟制度确立。由兽面纹、龙纹等变形产生的曲波文、兽体变形纹等成为纹饰的主体，其更为抽象。长篇记事铭文内容丰富。

⑤更新期（公元前 7 世纪—公元前 221 年）

春秋中期以后，诸侯国的经济发展促进了青铜铸造业的振兴，新的器形开始出现，注重与实用结合，以龙纹为主，同时附以镶嵌、错金银、鎏金、彩绘等表面装饰新工艺。长篇记事体铭文逐渐减少，各个诸侯国的青铜器因地域文化的差异而呈现出不同的风貌。战国中期以后，随着铁器使用的盛行及其他工艺的发展，青铜器逐渐退出历史舞台。

（2）古代灯具设计

在我国古代照明灯具的发展史中，汉代的青铜灯具尤为突出，其造型及装饰风格舒展自如、轻巧华丽，既实用又美观的的汉代灯具以高度统一的艺术性、科学性、实用性和丰富的文化内涵成为我国古代设计中的典范，是我国古代设计工匠的智慧结晶。

图 1.2.3　西汉彩绘鱼雁铜灯

Fig.1.2.3　Yuyan Copper Lamp with Colored Drawing and pattern from xihan Dynasty

在造型方面，汉代灯具创造性地把人物、动物造型引入灯具设计，出现了种类繁多的灯具造型。工匠们巧妙地将诸如人的手臂，动物的颈、角等造型予以适度的夸张和变形，创造出优美的、饱含生命意味的线条，赋予灯具以灵动感。

《西汉彩绘鱼雁铜灯》（见图 1.2.3）高 54cm、长 33cm、宽 17cm 以一只伫立回首衔鱼的鸿雁为造型。灯由雁首、雁身、两片灯罩和灯盘组成，可拆卸。雁颈造型优美的弧线使灯具整体极具表现力与动感，呈现出和谐的韵律美。

在装饰方面，纹样及华丽的装饰手法的合理运用也使汉代灯具形成了独具魅力的艺术风格。

《西汉长信宫灯》（见图 1.2.4）高 48cm，通体鎏金，其形式为宫女跪坐双手持灯，神态美丽而恬静，头部和右臂可拆卸，整体装饰中只用几条很自然的衣褶轻轻带过，通体鎏金的装饰手法显得灿烂华丽、端庄大方。《东汉错银铜牛灯》（见图 1.2.5）高 46.2cm，牛身长 36.4cm，由灯座、灯罩和烟管三部分组成，可拆卸。在装饰手法上与长信宫灯略有不同，灯具巧用铜银两种不同材质的色泽，颜色完美，纹饰主要运用流云纹、三角纹、螺旋纹等图案为底，饰以龙、凤、虎、鹿等神禽异兽图案，线条流畅，飘逸潇洒。虽然两种

图 1.2.4　西汉长信宫灯

Fig.1.2.4　Gilded Bronze Figurine With a Lamp

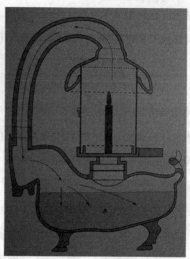

图 1.2.5　东汉错银铜牛灯
Fig.1.2.5　Silver and Copper Cattle Light

灯具采用了不同的装饰手法，但同样显示出了高贵典雅的气质，其关键就在于对"简"与"繁"的合理运用。

　　在结构与功能方面，汉代青铜灯具还具有一定的科学性。

　　①节能环保。汉代青铜灯具十分注重节能环保，通过独具匠心的结构设计，很好地解决了灯烟污染室内环境的问题。当时灯具照明主要以动物脂肪为燃料，由于不能充分燃烧，所产生的微细颗粒和灰烬会浮游在空气中，造成室内烟尘弥漫。因此，汉代灯具大多设计了导烟管，并于灯体内注入清水，油脂燃烧时，产生的烟尘通过导烟管落入体腔内的清水中，防止灯烟逸出污染空气，从而保持室内环境的清洁。如著名的长信宫灯，灯具为宫女跪坐形，着广袖内衣和长袍，左手持灯座，右臂高举与灯顶部相通，实为虹管，形成烟道，用以吸收油烟。

The principle of Province lamp is simple; lamp bowl with hollow sandwich, which can be with water, after lights brighten, it have the effect of temperature, and water to control the temperature of the fuel, reduce evaporation, thus achieve the purpose of fuel economy and reduce the lampblack, while maintaining the light stability also ensures the bedroom air clean. This kind of cooling method called jacket cooling method in modern industry.

　　在节能环保方面还有著名的省油灯，如图 1.2.6 所示。<u>省油灯的原理很简单：灯碗有中空的夹层，可以注水，灯燃亮后，水起到恒温的作用，以控制燃油的温度，减少蒸发，从而达到省油和减少油烟的目的，在保持光亮稳定的同时也保证了居室空气的清洁。这种冷却方法在现代工业中称为水套冷却法。</u>

　　②合理的构造和尺度。青铜灯具作为当时一种与人们生活息息相关的工具，在尺度与结构合理性上也表现得尤为突出。在造型尺度上，长信宫灯灯体通高 48cm，整体由头部、身躯、右臂、灯座、灯盘和灯罩 6 个部分组成，灯罩由 2 片弧形板合拢而成，能开合活动，以调节光照度和方向。48cm 的高

图 1.2.6 省油灯
Fig.1.2.6　Fuel-efficient
lights

度对现代灯具设计的尺度来说显得较为低矮，但这与汉代席地而坐的生活习惯相适应，完全满足了当时人们对于座灯高度的需要。在造型结构上，为了适应多种环境照明的需要，长信宫灯创造性地设计了可开合的灯罩，通过开合来调节光照面积及光线的强弱程度。此外，长信宫灯还设计成了可拆卸的结构，易拆装、易清洗、易携带，方便人们的使用。

（3）唐代的服饰设计

唐代是我国封建社会经济、文化发展的鼎盛时期，生产和纺织技术的进步、对外交往的频繁等促使服饰空前繁荣，唐代服饰以其众多的款式、艳丽的色调、创新的装饰手法、典雅华美的风格，成为唐文化的重要标志之一。唐朝对现代服饰和对以后服饰业的发展有着重大影响，如今，唐朝元素仍一直被应用于现代的服装设计中。

唐朝服装面料主要为丝绸，丝绸以其轻薄、滑爽、飘逸、华丽著称，用丝绸面料制作的服装高贵典雅，穿着舒适，更能体现女性的娇媚多姿。唐代印染刺绣技术精湛，丝织品品种和花样丰富。

在款式上，唐朝女子服饰裙子为紧身窄小款式，流行高腰或束胸，贴臀，下摆齐地的样式，裙色以红、紫、黄、绿为多，红色最流行，还搭配半臂或两裆，领口有右衽交领和对领两种。这种袒领服演绎了唐代社会的开放和自由，如图 1.2.7 所示。

在色彩方面，唐朝有着对传统服饰色彩文化的传承，坚持传统服饰色彩文化的鲜明特色，其色彩色相单一而突出，大气而豪放，色彩情调喜气吉祥，形式艳丽而明快，鲜明而奔放。据说杨贵妃最爱穿一种郁金香草染成的黄裙，色泽鲜艳，且发出馥郁的清香，"折腰多舞郁金香"，这种黄裙逐渐在宫室嫔妃、官宦贵族女子中流行，如图 1.2.8 所示。

图 1.2.7　唐朝女子丝绸大袖衫
Fig.1.2.7　Women's Sick Dress during Tang Dynasty

图 1.2.8　唐朝女子黄裙子
Fig.1.2.8　Women's Yellow Skirt during Tang Dynasty

　　唐代是我国封建时代纺织品美术高度发展时期，服饰图案丰富多变，其独特的艺术特点，逐渐衍生出美的内涵。唐代服饰图案，改变了以往那种以天赋神授的创作思想，用真实的花、草、鱼、虫进行写生，但传统的龙、凤图案并没有被排斥，这也是由皇权神授的影响而决定的。这时服饰图案的设计趋向于表现自由、丰满、肥壮的艺术风格。对称与均衡是唐代服饰图案运用的比较广泛的形式。对称形式在视觉上有端庄、安定、平稳、均匀的朴素美感。均衡形式表现的是一种动态的特征，具有灵活、运动、优美的特点。如唐代流行的鸟衔花草纹。节奏与韵律是唐代服饰图案结构的主要形式之一，通过构图的强弱、结构的疏密、造型的大小来表现，如唐代极具代表性的服饰图案纹样卷草。

　　唐代是中国封建社会最发达的时代，国家统一，经济繁盛，文化服饰也有了全新的面貌，整个历史被后人称为"盛唐"，特别是在贞观、开元年间，中国的封建文化达到了顶峰。

　　（4）宋代的瓷器设计

　　中国制瓷工艺发展到宋代，技术上达到了炉火纯青的成熟阶段，艺术上取得了空前绝后的成就。这一时期南北方各窑之间风格迥异，呈现出"南青北白，百花齐放"的特点。这个时代是陶瓷美学的一个划时代时期，官窑辈出，私窑纷起，最为著名的窑址有定、汝、官、哥、钧和景德镇六大名窑。

　　定窑在今河北省曲阳涧滋村、野北村及东西燕村，在宋代属定州，故名定窑。定窑烧于唐，极盛于北宋及金，终于元。以产白瓷著称，兼烧黑釉、酱釉和釉瓷，文献分别称其为"黑定""紫定"和"绿定"。盘、碗因覆烧，有芒口及因釉下垂而形成泪痕的特点。

　　定窑以烧白瓷为主，细润光滑的釉面，白中微微闪黄。装饰以印花、刻花、划花与剔花为代表，尤以印花技法为世人所称道。

图 1.2.9　定窑名作——白釉刻花折腰碗

Fig.1.2.9　Set Porcelain Masterpieces—White Glazed Carved or Bowl

　　定窑《白釉刻花折腰碗》碗敞口，斜腹，近底处内折，如图 1.2.9 所示。通体白釉，口部镶铜。碗内、外壁及里心划刻莲花、莲叶纹。此碗白釉纯净，所饰莲花线条自然流畅。碗之内、外壁均有刻划纹者，较为罕见，此碗是定窑瓷器的精美之作。

　　定窑《孩儿枕》高 18.3cm、长 30cm、宽 11.8cm，如图 1.2.10 所示，孩童呈伏卧状，以孩儿背作枕面，孩儿双目炯炯有神，带着稚气，面部天庭饱满，双耳肥大，"富贵"之象尽显。头部两侧有两绺孩儿髫，身穿丝织长袍，团花依稀可辨，下承以长圆形床榻，榻边饰以浮雕纹饰。定窑孩儿枕传世仅此一件，是一件不可多得的艺术珍品，雕工极佳，十分珍贵。

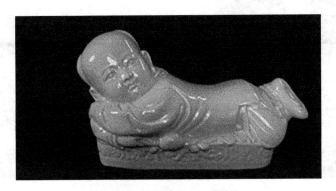

图 1.2.10　定窑名作——孩儿枕

Fig.1.2.10　Porcelain Masterpieces—Child Pillow

Ru kiln is famous for its firing celadon, glaze mainly has the azure, sky blue, light powder, Powder blue, bluish white, which the glaze layer thin, jade-like stone embellish, glaze juice if jade-like stone heap fat, have"seems jade jade"reputation.

汝窑在今河南省宝汝州市丰县清凉寺，宋时属汝州，故名汝窑。汝窑以烧制青瓷闻名，釉色主要有天青、天蓝、淡粉、粉青、月白等，釉层薄而莹润，釉汁莹若堆脂，有"似玉非玉"的美誉。 釉泡大而稀疏，有"寥若晨星"之称。釉面有细小的纹片，称为"蟹爪纹"。

汝窑有两部分，其一于北宋后期被官府选为宫廷烧御用瓷器。釉滋润，天青色，薄胎，底有细小支钉痕。宋人评青瓷以汝窑为首位，明清两代品评宋代五大名窑时，也列汝窑为第一。此窑烧瓷时间较短，南宋时已有"近尤难得"记载。另一部分汝州严和店等民间用青釉瓷器，称"临汝窑"，主要烧青釉，有印花、刻花装饰。

汝窑《莲花式温碗》（见图 1.2.11）以莲花或莲瓣作为器物的纹饰及造型，随佛教的传入而盛行，尔后更取其出淤泥而不染的习性，寓意廉洁，广为各类器物所采用。本器状似未盛开的莲花，线条温柔婉约，高雅清丽。原器应与一执壶配套，为一温酒用器。莲花温婉，以其典雅造型，温柔不透明釉色，在传世不多的汝窑器中，更显珍贵。汝窑宫廷用瓷仅 20 年左右，传世品极少，堪称稀世珍宝，如图 1.2.12 所示。

图 1.2.11　汝瓷名作——莲花式温碗

Fig.1.2.11　Your Porcelain Masterpieces—Lotus Type Temperature Bowl

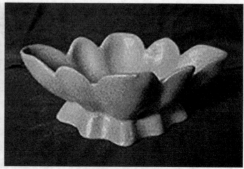

图 1.2.12　其他汝瓷名作

Fig.1.2.12　Other Ru Porcelain Masterpieces

官窑有南北之分。官窑釉厚者开大块冰裂纹，釉较薄者开小片，青瓷釉色晶莹剔透，有"紫口铁足"的特征。官窑在中国陶瓷史上有着不同的含义。**从广义上讲，它是指有别于民窑而专为官办的瓷窑，产品为宫廷所垄断。**由于古老的黄河在历史上多次发生水患而改道，使当地地貌产生巨大变迁，所以这对今天人们的勘察带来很大困难，北宋时期的官窑址也就无从考查。

In a broad sense, it refers to official kiln which is different from folk kiln which is monopolized by the Palace.

官窑《葵瓣洗》，高4.8cm，如图1.2.13所示，洗八瓣葵花式，斜直壁，折底，圈足。通体施粉青釉，釉面开片，片纹交织如网。足底边无釉，露铁黑色胎。此洗造型优美，釉色莹润如玉，大片纹间含条条小冰裂纹，高贵典雅。

图1.2.13 官瓷名作——官窑葵瓣洗

Fig.1.2.13 Official Porcelain Masterpieces—Kiln Kwai Disc

官窑《青釉弦纹瓶》，如图1.2.14所示，高33.6cm，瓶口、颈细长，圆腹，圈足高，圈足两边各有一长方形扁孔可供穿带用，颈部及腹部各凸起弦纹三道。里、外及足内满釉，天青色釉，釉面开有大纹片，黑胎厚重。此种大瓶在宋代官窑中极为罕见，釉质莹润，造型古朴，是难得的精品。此瓶和所有的官窑器物一样，利用釉的流动，口边只挂极稀薄的釉，薄釉处透出略带紫色的胎骨，足部无釉则呈铁色，这就是通常所说的官窑"紫口铁足"的典型特征。是一通体为天青色的弦纹瓶，配上紫口铁足，可避免色彩上的单调感，富有古朴、稳重的情趣。

哥窑，宋代"五大名窑"之一，这里所说的哥窑是指传世的哥

图1.2.14 官瓷名作——官窑青釉弦纹瓶

Fig.1.2.14 Official Porcelain Masterpieces—Kiln Kwai Disc

窑瓷。其胎色有黑、深灰、浅灰及土黄多种，其釉均为失透的乳浊釉，釉色以灰青为主。哥窑瓷器的胎色呈灰色或土黄色，釉色为粉青、青黄、月白、油灰等，其中油灰色为最常见。它的主要特点是釉面"开片"，大小不一，纹路颜色深浅不一，器形不同收缩部位也就不一，所以变化万千而又自然贴切。哥窑瓷器上往往呈现较粗的裂纹出现黑色，较细的裂纹出现黄色，前后层次错落，称为"金丝铁线"。哥窑瓷器釉面上的冰裂纹，本来是制造工艺上的缺陷，主要是由于胎体和釉层的膨胀系数不一致所造成的。

哥窑《八方碗》，高 4.2cm，如图 1.2.15 所示。该碗呈八方形，口微外撇，弧壁，瘦底，八方形圈足，足微外撇。碗里外满施釉，外壁施釉较厚，开片较大，为冰裂纹；内壁施釉薄，开片细小而密集，形成一种无规则的蜘蛛网线，即百圾碎。口沿因釉下垂呈现出紫色，足边无釉，呈铁黑色，俗称"紫口铁足"。此碗造型新颖雅致，折角棱线分明，线条婉转自然，为宋哥窑器物中的珍品。其他哥窑名作见图 1.2.16 和图 1.2.17。

图 1.2.15　哥窑名作——八方碗
Fig.1.2.15　Elder Brother Kiln Master-pieces—Eight Side Dishes

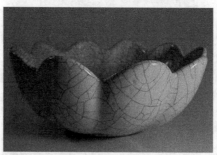

图 1.2.16　其他哥窑名作
Fig.1.2.16　Other Elder Ge Masterpieces

图 1.2.17　其他哥窑名作
Fig.1.2.17　Other Elder Ge Kiln Mas-terpieces

钧窑在今河南省禹州市城内的八卦洞。享有"黄金有价钧无价""纵有家财万贯不如钧瓷一片"的盛誉。

钧窑是宋代著名窑址之一，可分为官钧窑和民钧窑。钧窑在今河南禹县一带，宋代称钧州，宋初于此设窑，故名钧窑。钧瓷烧成工艺不同于其他，为二次烧成，其第一次为素烧，然后施加釉彩，再进行第二次窑烧。钧窑瓷釉利用铁、铜呈色不同的特点，烧出蓝中带红、紫斑或天青、月白等色，具有乳浊不透明的感觉。宋钧窑常见的釉色有玫瑰紫、海棠红、梅子青等，有"入窑一色，出窑万彩"之说。钧瓷的器形主要有花盆、盘、炉尊、洗、碗等，金、元时期的河北、山西等地方多有仿烧。钧瓷在宋代也被称为"花瓷"，它的釉面特征是常出现不规则流动状的细线，被称为"蚯蚓走泥纹"，加之钧釉在烧造过程中变化无常，不为人工所控，所以后人难以仿制，有"钧瓷无双"之说。钧窑瓷器就其瓷釉的基调来说，仍然属于青瓷系统，它的天青、灰蓝、月白诸色只是浓淡不一、色度差异而已。钧窑瓷器上所出现的红紫色相是由于在釉中加入了铜，才能出现美丽的效果。

钧窑《鼓钉三足洗》，高9.4cm，如图1.2.18所示，洗作鼓式，也称鼓式洗。器身上下饰鼓钉二周（上22枚，下18枚），其下承以三如意头足。洗内施天蓝色釉，外为玫瑰紫色釉。底刷黄褐色薄釉，绕底一周有支烧痕，并刻有"一"字标记。

图 1.2.18　钧瓷名作——鼓钉三足洗
Fig.1.2.18　Jun Porcelain Masterpieces—
Three Feet Washing Drum Nails

图 1.2.19　其他钧窑名作
Fig.1.2.19　Other Jun Masterpieces

景德镇窑在今江西省景德镇，故称景德镇窑，实际上由数个窑口组成，故又称景德镇窑系。景德镇窑自唐代起即烧制青瓷，至北宋时以烧制青白瓷为主。其瓷釉色白而略带青，这种白中泛青、青中见白的色釉，为景德镇窑的新创，其色调给人以清新爽快之感。青白瓷以光素者居多，亦间有刻花者。靖康之变后，随宋室南迁，北方定窑的许多制瓷工匠也随之南下，他们带来

Since the Tang dynasty, Jingdezhen Kiln firing celadon, and to the Northern Song dynasty was given priority to firing White porcelain. The porcelain glaze color was white with light blue, this king of white in green, green in white glaze is the newly created of Jingdezhen Kiln and gives the person the sense with Pure and fresh and generous.

了定窑瓷器制作技术，在景德镇仿制定窑瓷器。所产瓷器，胎体釉色纯白如粉，有粉定之称。受其影响，景德镇窑所烧青白瓷，装饰逐渐为印花所替代。青白釉瓷器的釉质透明如水，胎体质薄轻巧，青白的瓷釉罩在刻花、印花的器皿上，纹样的凹下处积釉稍厚而较青，胎薄的花纹在迎光下若隐若现，故又有影青、映青、隐青、罩青之称。景德镇窑青白瓷曾作为贡瓷，供御府使用，其品种有碗、盒、盘、注子、瓶等。造型上常作成瓜棱口、花瓣等形状，纹饰有牡丹、梅花、芙蓉、莲花、鸳鸯、鱼、鸭及儿童形象等，其装饰方法为刻花、划花、印花和贴花等。

景德镇《窑青白釉僧帽壶》是元代创新的品种。此僧帽壶束颈、鼓腹、圈足，鸭嘴流，扁平柄，柄上贴塑云头形花片，壶盖卧入佛冠形口内。胎质细腻，釉面莹润。僧帽壶是蒙藏地区佛教僧侣做法事时的用器，寺院所藏多为明清时期烧制。元代景德镇烧制的僧帽壶，目前国内收藏仅此一件，如图1.2.20 所示。

青花瓷器素以最具中国民族特色而闻名于世。元代景德镇青花瓷制作，已达到相当成熟的程度。景德镇《青花鸳鸯卧莲玉壶春瓶》是元代盛行的器形，此瓶青花色淡雅，是用国产青料所制。图案丰满，主次分明，釉汁滋润，白中闪青，反映出元代景德镇制瓷工艺的水平，如图 1.2.21 所示。

图 1.2.20 景德镇瓷器——窑青白釉僧帽壶

Fig.1.2.20 Jingdezhen Porcelain—Kiln Green Craft Mitral Pot

图 1.2.21 景德镇瓷器——青花鸳鸯卧莲玉壶春瓶

Fig.1.2.21 Jingdezhen Porcelain—Porcelain Yuanyang Lie Lotus Okho Spring Bottle

（5）明清的家具设计

明清家具设计同中国古代其他艺术品一样，不仅具有深厚的历史文化艺术底蕴，更具有典雅实用的功能。 明代前期，社会政治相对稳定，经济繁荣，文人、商贾、官僚崇尚室内家具陈设，有一大批文人雅士玩赏、收藏和参与设计家具，热衷于研究家具工艺和探求家具审美，对明代家具设计的发展有推动作用。由于这一时期的家具具有共同的时代风貌与特色，以"精、巧、简、雅"著称，后世誉之为"明式家具"，如图1.2.22所示。

图1.2.22　明代家具

Fig.1.2.22　Furniture in Ming Dynasty

Ming and Qing furniture design, as well as other works of art in ancient China, not only has profound historical culture background, but also has more elegant and practical function.

精，即选材精良，制作精湛。明式家具的用料多采用紫檀、黄花梨、铁梨木等质地坚硬、纹理细密、色泽深沉的名贵木材。在工艺上，采用卯榫结构，坚实牢固，经久不变。由于这些名贵木材生长缓慢，经明代的大量采伐，到了明末清初，这些木材已十分难觅。

巧，即做工精巧，设计巧妙。明代家具的造型结构，十分重视与厅堂建筑相配套，家具本身的整体配置也主次井然，陈列在厅堂里有装饰环境、填补空间的巧妙作用。

简，即造型简练，线条流畅。明式家具的造型虽式样纷呈，常有变化，但有一个基点，即是简练。几根线条和组合造型，给人以静而美，简而稳，疏朗而空灵的艺术效果。

雅，即风格清新，素雅端庄。雅，是一种文化，一种美的境界。明代文士崇尚"雅"，官宦富贾也附庸"雅"，工匠们也迎合文人们的雅趣，所以形成了明式家具"雅"的品性。雅在家具上的体现，即是造型上的简练，装饰上的朴素，色泽上的清新自然，而无矫揉造作之弊。明式家具以做工精巧、造型优美、风格典雅著称。

清代家具的发展逐步形成"清式"风格，大致可分为以下三个阶段。

第一阶段是清初至康熙初，这阶段的工艺水平、工匠的技艺以及家具造型、装饰等延续了明代家具风格，但造型上不似中期那么浑厚、凝重，装饰上也不似那么繁缛富丽，用材也不似那么宽绰。

第二阶段是康熙末年至嘉庆年间。这段时间是清代社会稳定，经济发达的"盛世"时期。家具生产的数量多且形成了特殊的风格，这个特点，即"清式家具"风格。

"清式家具"大体上讲究造型上浑厚、庄重。装饰上求多、求满、富贵、华丽。用料宽绰，尺寸加大，体态丰硕。清代的太师椅最能体现清式风格特点，它座面加大，后背饱满，腿子粗壮。整体造型像宝座一样的雄伟、庄重。制作时多种材料并用，多种工艺结合。雕、嵌、描金兼取、螺钿、木石并用，常见通体装饰，达到空前的富丽和辉煌。

第三阶段是道光以后至清末。由于社会经济日渐衰微，并受西方外来设计的影响，家具风格有所变化。如现在颐和园里的部分家具，受外来影响最为明显；作为经济口岸的广东也很突出，广东家具明显地受到了法国建筑和家具上的"洛可可"影响，追求女性细腻的曲线美，纷繁装饰堆砌，木材不求高贵，做工也比较粗糙。

总之，"清式家具"是指康熙末至雍正、乾隆以至嘉庆初的清代中期，清盛世时期的家具。这段盛世时期的家具风格的形成表现了满族从游牧民族到一统天下的雄伟气魄，代表了追求华丽和富贵的世俗作风。清式家具，利用多种材料，调动一切工艺手段来为家具服务，这是历来所不及的。所以，清式家具有许多优点可取。

明代家具与清代家具进行对比，如图 1.2.23 所示。

明代黄花梨木束腰霸王枨方凳　黄花梨木三足香几

图 1.2.23　明清家具对比

Fig.1.2.23　A Comparison of Ming and Qing Furnitures

清代紫檀木雕云龙纹嵌玉石座屏风　紫檀木雕云龙纹宝座

图 1.2.23　明清家具对比

Fig.1.2.23　A Comparison of Ming and Qing Furnitures

从造型上，明式家具造型多较简练，以线为主。严格的比例关系是家具造型的主要基础，对于整体与局部、局部与局部的比例问题，处理得当，造型与功能要求相符。

清式家具造型凝重，形式多样。清代家具变肃穆为流畅，化简素为雍贵，把清新典雅的明代家具衍化转换成繁缛富丽的清代特质。

在用料方面，明代家具与清代家具受到社会环境、生活习惯等影响，存在大的差别。明代家具的用材，以黄花梨为主，紫檀、鸡翅木等品种为辅。这些高级硬木都具有自然的色调和纹理，在制作时，可以充分利用这一特点，形成特有的审美情趣。

清代家具用材以紫檀木为首选，其次为黄花梨和鸡翅木，许多黄花梨家具染成深色。用料讲究清一色，各种木料不混用。

在装饰上，明代家具的装饰手法丰富多样，家具的装饰与结构是一致的。牙口、牙条、雕刻等不是另外的附加物，而是与整体融合在一起，成为结构中不可缺少的一个组成部分。

清代家具以装饰取胜。雕、嵌、描、绘、镶金等工艺精湛高超，巧夺天工，且题材丰富。清代家具将吉祥寓意作为主要纹饰，真实反映了各地百姓对美好生活的向往。

在功能分类方面，明式家具的内容丰富、种类繁多。按照功能的不同，可以分为以下 6 类。

①椅凳类，包括长凳、坐墩、椅；

②几案类，包括炕几、条几、茶几、平头案；

③橱柜类，包括箱、柜橱、闷户橱、架格；

④床榻类，包括榻、罗汉床、架子床、暖床；

⑤ 台架类，包括面盆架、巾架、衣架、灯台、镜架；

⑥ 屏风类，包括围屏、插屏式。

清代家具按照使用功能的不同归纳为椅凳类、桌案类、床榻类、柜架类。

明式家具的卯榫结构非常科学，吸收了我国古代建筑大木结构的优点，做法巧妙灵活，牢固耐用，种类包括：格角榫、明榫、通榫、半榫、长短榫、燕尾榫、套榫等。

The mortise and tenon joint structure of Ming type furniture is very scientific, it absorbed the advantages of China's ancient architecture major timberwork, clever flexible, strong and durable.

清式家具在康熙以前，大体保留着明代的风格和特征。随着清初手工业技术的恢复和发展，到乾隆时期已发生了极大的变化，形成了独特的清式风格。它的突出特点是用材厚重、装饰华丽、造型稳重。

（6）中国古代器具设计

① 葡萄花鸟纹银香囊

葡萄花鸟纹银香囊为唐朝的文物，1970 年窖藏出土于陕西省西安市南郊何家村，外径 4.6cm，金香盂直径 2.8cm，链长 7.5cm。香囊外壁用银制，呈圆球形，通体镂空，以中部水平线为界平均分割成两个半球形，上下球体之间，以子母扣套合。内设两层双轴相连的同心圆机环，外层机环与球壁相连，内层机环分别与外层机环和金盂相连，内层机环内安放半圆形金香盂。外壁、机环、金盂之间，以铆钉铆接，可自由转动，无论外壁球体怎样转动，由于机环和金盂重力的作用，香盂总能保持平衡，里面的香料不致洒落，如图 1.2.24 和图 1.2.25 所示。

图 1.2.24　葡萄花鸟纹银香囊

Fig.1.2.24　Grape Flower Sycee Sachet

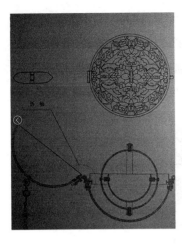

图 1.2.25 葡萄花鸟纹银香囊结构
Fig.1.2.25 Grape Flower Sycee Sachet's Structure

②记里鼓车

记里鼓车又有"记里车""司里车""大章车"等别名。有关它的文字记载最早见于《晋书·舆服志》："记里鼓车，驾四。形制如司南。其中有木人执槌向鼓，行一里则打一槌。"晋人崔豹所著的《古今注》中也有类似的记述。因此，记里鼓车在晋或晋以前即已发明了。

1800 年前的汉代，大科学家张衡发明了记里鼓车。据记载，记里鼓车分上下两层，上层设一钟，下层设一鼓。记里鼓车上有小木人，头戴峨冠，身穿锦袍高坐车上。车走十里，木人击鼓 1 次，击鼓每满十次，就击钟一次。

史书中留下姓名的记里鼓车机械专家是三国时代的马钧。马钧，字德衡，三国时曹魏人，是当时闻名的机械大师。他不仅制造了指南车、记里鼓车，而且改进了绫机，提高了织造速度。他创制了翻车（即龙骨水车），设计并制造了以水力驱动大型歌舞木偶乐队的机械等。可惜，他的生卒年并无详尽记载，只知道他当过小官吏，并因不擅辞令，一生并不得志。

到宋代，卢道隆于 1027 年制成记里鼓车，以及吴德仁于 1107 年同时制成指南车和记里鼓车的详情，则被记载于《宋史·舆服志》中。417 年，刘裕率军打败后秦军，将缴获的记里鼓车、指南车等运回建康（南京）。后宋太祖平定三秦时又将其缴获。宋仁宗天圣五年（1027 年），内侍卢道隆又造记里鼓车。后来吴德仁又重新设计制造了一种新的记里鼓车。吴德仁简化了前人的设计，所制记里鼓车，减少了一对用于击镯的齿轮，使记里鼓车向前走一里时，木人同时击鼓击钲。

《宋史·舆服志》对记里鼓车的外形构造也有较详细的记述："记里鼓车一名大章车。赤质，四面画花鸟，重台匀栏镂拱。行一里则上层木人击鼓，十里则次层木人击镯。一辕，凤首，驾四马。驾士旧十八人。太宗雍熙四年（公元 987 年）增为三十人。"由上述文字可知记里鼓车的外形十分精美，充分显示出当时手工技艺的高超水平。记里鼓车整体分为车辕、车轮、车厢、托板、击鼓木人、华盖六部分。车辕为 Z 字造型，更加方便前方驾车，如图 1.2.26 所示。

图 1.2.26　记里鼓车
Fig.1.2.26　Mileage-recording Drum Weagon

Mileage Drum Weagon in the basic principle of drum car is the same as the instruments, and by using the differential gear mechanism, the diameter of the wheel is known, the perimeter of each wheel is constant, which can calculate how much rotation of the car, the diameter of the wheel of Mileage Drum Weagon is six feet, the wheels turn every week, vehicle 18 feet, turn to the one hundred weeks for a mile.

记里鼓车的基本原理和指南车相同，也是利用齿轮机构的差动关系，车轮的直径已知，每个轮的周长恒定不变，由此可以计算出车轮转了多少圈，该记里鼓车车轮直径设计为六尺，车轮每转一周，车辆行驶十八尺，转一百周正好为一里。齿轮箱内设有复合齿轮传动装置，车轮行驶的距离就可通过内部的复合齿轮传动装置传递给车厢上面的小人。制造者通过精确设置齿轮的齿数和位置，使记里鼓车每行驶一里，车上的小木人就击鼓一次，达到记录里数的目的。经考据推测，古时应有专人记录鼓声数目，从而得到行驶里数。此装置十分巧妙，无论白天、黑夜均可使用，而且盲人也可使用。

③ 风扇车

宋应星《天工开物》中绘有闭合式的风扇车，如图 1.2.27 所示。

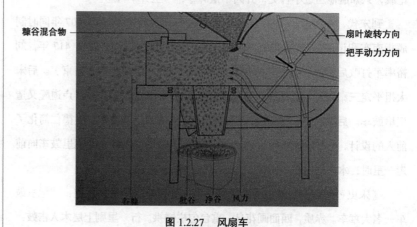

图 1.2.27　风扇车
Fig.1.2.27　Winnower

风扇车是一个特制的圆形风腔，曲柄摇手周围的圆形空洞，就是进风口，左边有长方形风道，来自漏斗的稻谷通过斗阀穿过风道，饱满结实的谷粒落入出粮口，而糠粃杂物则沿风道随风一起飘出风口。这种闭合式的风车，可能产生于西汉晚期，一直沿用至今日的偏僻农村之中。

④ 侗族织机

侗族织机是清代用于生产平纹织品的器具，长1685mm，宽900mm，高1365mm，如图1.2.28所示。

图 1.2.28 侗族织机
Fig.1.2.28   Dong Minority Loom

侗族织机由机身，卷布轴，卷经轴，鸟形杠杆，脚踏板，坐板等部件构成，机身可分为机台和机架两个部分，机台是长方形的框架，前端设有座板，中后端架有长方形机架，经面与机座角度很小，可使坐在机座上的织工眼睛在平视状态下，最大范围地发现和解决织造过程中的问题。它的基本操作分为送经、开口、引纬、打纬和卷布五大工序。其中引纬和打纬基本由手动完成，送经和卷布必须由机架上的卷经轴和卷布轴来完成，结构如图1.2.29所示。

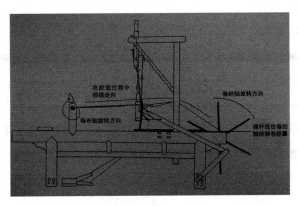

图 1.2.29 侗族织机结构
Fig.1.2.29   Dong Minority loom's structure

2.其他文明古国的设计

（1）古埃及的建筑设计——金字塔和阿蒙神庙

埃及是世界上最古老的国家之一。法老时代的埃及从公元前3000年到公元前1310年，经历了十八个王朝，延续了1000多年。法老时代是中央集权的皇帝专制，有很发达的宗教为其政权服务，在建筑艺术上追求宏伟震慑人心的力量，创造出了气度恢宏的金字塔和阿蒙神庙，如图1.2.30所示。

图 1.2.30　金字塔
Fig. 1.2.30　Pyramid

埃及的金字塔建于4500年前，是古埃及法老（即国王）和王后的陵墓。陵墓是用巨大石块修砌成的方锥形建筑，因形似汉字"金"字，故译作"金字塔"。埃及迄今已发现大大小小的金字塔110座，大多建于埃及古王朝时期。在埃及已发现的金字塔中，最大最有名的是位于开罗西南面的吉萨高地上的祖孙三代金字塔。它们是大金字塔（也称胡夫金字塔）、海夫拉金字塔和门卡乌拉金字塔，与其周围众多的小金字塔形成金字塔群，为埃及金字塔建筑艺术的顶峰。

（2）古希腊、罗马的设计

希腊和罗马的设计文化两千多年来一直没有因历史的变迁而中辍，它实际上成了欧洲设计源远流长的基础，时至今日，其影响依然存在。因此，欧洲人习惯于把希腊、罗马的文化称之为古典文化。

自公元前8世纪起，在巴尔干半岛、小亚细亚西岸和爱琴海的岛屿上建立了很多很小的奴隶制国家。它们向外移民，又在意大利、西西里和黑海建立了许多国家。这些国家之间的政治、经济、文化关系十分密切，总称为古代希腊。

古希腊是欧洲文化的摇篮。由于希腊人的聪明才智，使古希腊在艺术、文学、哲学、科学诸方面都有辉煌的成就。古希腊在设计上同样也是西欧设计的开拓者，特别是建筑艺术，深深地影响着欧洲两千多年的建筑设计。古希腊手工业发达，古代诗人荷马的史诗中曾经提到了镀金、雕刻、上漆、抛光、镶接等工艺技术，并列举了桌、长椅、箱子、床等不同品种的家具。

古希腊时期留存下来的手工制品主要是陶器，其中以绘有红、黑两色的陶瓶最为有名，如图 1.2.31 所示。这些陶瓶造型和工艺制作都极为精美，陶瓶上的绘画多反映当时人民生活和征战的情景，并以人物为主。这些瓶画成了研究古希腊艺术和生活的珍贵资料。瓶画上的人物刻画非常典雅，以线描为主，在表现方式上仍保留了古埃及绘画的特征，人物面部多以侧面表示。从设计上来说，这些陶瓶使用功能很好，并且有了一定程度的标准化，瓶画大多绘在一系列标准化的体型上，每一种瓶的造型都有其特定的使用目的，不同的形状具有不同的用途。

图 1.2.31　古希腊陶瓶
Fig.1.2.31　The Ancient Greek Bearing

帕提农神庙代表着古希腊多立克（Doric）柱式的最高成就。它与爱奥尼克（Ionic）柱式和科林斯（Corinth）柱式一起被称为古希腊三大柱式，这三种柱式一直沿用至今，成为经典建筑装饰的模式，如图 1.2.32 所示。

Paltiel Agriculture Temple represents the highest achievement of the ancient Greek Doric column. It and Ionic column with Corinth column is known as the three famous columns in ancient Greece, the three columns have been used today, which become a classic architectural pattern, as shown in figure 1.2.32.

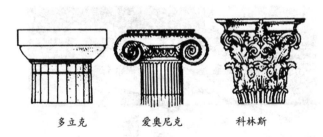

多立克　　　爱奥尼克　　　科林斯

图 1.2.32　古希腊建筑三大柱式
Fig1.2.32　the Three Pillar Types of Ancient Greek Architecture

多立克（Doric）柱式：比较粗大雄壮，没有柱础，柱身有 20 条凹槽，柱头没有装饰，多立克柱又被称为男性柱。著名的雅典卫城（Athen Acropoli）的帕提农神庙（Parthenon）即采用的是多立克柱式。

图 1.2.33　帕提农神庙

Fig.1.2.33　Parthenon

　　爱奥尼克（Ionic）柱式：比较纤细秀美，又被称为女性柱，柱身有 24 条凹槽，柱头有一对向下的涡卷装饰。爱奥尼克柱由于其优雅高贵的气质，广泛出现在古希腊的建筑中，如雅典卫城的厄瑞克忒翁神庙和胜利女神神庙（见图 1.2.34 和图 1.2.35）。柱上楣沟有三个部分：一个平直的柱顶过梁（Architrave）被分成两或三条水平带，上面支撑一个通常装帧精美的雕带（Frieze），以及用齿饰组成的上楣柱（状如紧密排列的工字钢）。有一个冠状（Corona）及反曲线（Cyma）的线脚以支撑伸出的屋顶。雕带上栩栩如生的浅浮雕是爱奥尼克柱式的一个标志性的特征，而多立克柱式在同样的位置装饰的是三联浅槽饰（Triglyph）。罗马和文艺复兴时期的实践通过减少柱顶过梁的比例将楣沟的高度浓缩，使得雕带更为显著。

图 1.2.34　厄瑞克忒翁神庙

Fig.1.2.34　Eritrea Rick Wong Temple

图 1.2.35　胜利女神神庙

Fig. 1.2.35　The Victory Goddess Temple

科林斯（Corinth）柱式：与多立克柱式的质朴壮实和爱奥尼克柱式的挺拔秀雅相比，科林斯柱式更富有装饰性。不过它并不是一个独自发展出来的系统。它的比例关系比较爱奥尼克柱式显得更为纤细，柱头是用毛茛叶（Acanthu）作装饰，形似盛满花草的花篮。相对于爱奥尼克柱式，科林斯柱式的装饰性更强，但是在古希腊的应用并不广泛，雅典的宙斯神庙采用的是科林斯柱式，如图 1.2.36 所示。

图 1.2.36　宙斯神庙

Fig. 1.2.36　Zeus Temple

古希腊建筑以石材建造房屋，主要以柱廊和三角形山墙来组建建筑结构，柱子多用垂直线条装饰，柱顶常有装饰花纹。沿口山墙多用水平线条装饰。建筑整体上讲究严谨庄重。其柱式的造型对建筑艺术的影响最为深远。

The main achievements are monuments and buildings of ancient Greek architecture perfect art form, and its most representative works are Athen Acropolis and its center architecture Paltiel Agriculture Temple. Roman architecture is more spectacular than the ancient Greek, such as large Arenas and Pantheon Temple.

古希腊建筑的主要成就是纪念性建筑和建筑群完美的艺术形式，其中最具代表性的作品是雅典卫城及其中心建筑帕提农神庙。古罗马的建筑比古希腊的更加雄伟壮观，如巨大的角斗场和万神庙等。

1.3 重点词汇

Section Ⅲ　Important words

柱式：Column	形式美感：Beauty in Form
窑型：Kiln Type	陶质彩绘：Ceramic Painting
漩涡纹饰：Scrollwork	几何纹饰：Geometric Ornamentation
黑窑：the Black Kiln	彩陶：Painted Pottery
绳纹陶器：Jomon Pottery	
弥生文化：Yayoi Culture	
青铜时代：Bronze Age	节能环保：Environmental Protection
丝绸：Silk	印染：Printing and Dyeing
刺绣：Embroidery	图案：Pattern
青白瓷：Bluish White Porcelain	
明式家具：Ming-style Furniture of Hardwood	
经典建筑装饰：Classic Architectural Decoration	

Second
The Enlightenment Period Of Modern Design

第二篇 现代设计启蒙时期

第 2 章 现代设计产生的历史背景
Chapter 2 The Historical Background of Modern Design

2.1 18 世纪中叶经济、政治、文化背景
Section Ⅰ Economic, Political and Cultural Background During the Mid-18th Century

18 世纪被称为是注重"稳定"和"和谐"的世纪，但是却发生了许多对后世影响深远的事件，启蒙运动的浪潮在法国大革命和美国独立战争中达到了顶峰，在此期间，哲学和科学有着卓越的发展。在政治上，欧洲各国开始与中国、印度和土耳其进行小规模的通商贸易，并持续在东南亚与大洋洲建立殖民据点。此时虽然多数的王权国家（如中国大清帝国、蒙兀儿帝国、法兰西帝国、奥斯曼土耳其、奥地利帝国、俄罗斯帝国）正处于全盛时期，但民主思潮却逐渐燃起，并以美国独立战争和法国大革命影响最深。学术上，在西欧兴起的启蒙运动开始挑战基督教教会的思想体系，使科学的成果感染到社会的各个层面，而欧洲以外的地区也透过传教与贸易的方式接触这些思潮，进而产生小规模的学术复兴运动。经济上，曾经推行贸易保护主义政策的英国，到 18 世纪中期才重新推动自由贸易，而在同时期的中国，清政府却实行闭关锁国政策，使得中国的工商业严重倒退，远远落后于西方。

这一系列变革的背后，是人们的思想在经历革命，这场思想的革命就是启蒙运动，而悄然兴起的沙龙交际，成为孕育先进思想的温床。古德曼对沙龙的看法是具有代表性的，她在她的对法国大革命研究的结尾写道："（在沙龙）文学的公开讨论转变为政治的公开讨论。"

启蒙运动又称理性时代，理性的使用及其力量在西方可追溯至古希腊哲学，但在罗马帝国混乱年代时兴起的基督教发展出的经院哲学将理性作为启发宗教精神和揭示基督教真理的工具，基督教思想看似坚不可摧。然而人文主义、文艺复兴、新教改革等对基督教思想的挑战，产生了各方面在理性与知识上的重要转变：一方面，人文精神孕育了实验科学（包括弗朗西斯·培根、哥白尼、伽利略和笛卡儿等代表人物），还有数学思考的严谨性（包括莱布尼兹和牛顿等代表人物）；另一方面，罗马天主教会的单一权威同时面临两个挑战：其一新教改革，其二文艺复兴从古典文化中发掘的"人有创造能力"的概念；因此，迈向真理的道路就渐渐不是基督教思想以神为主，而是如路德、培根、笛卡儿等人所相信的，运用人类理性。不管是科学中的托勒密或精神

The Age of Enlightenment reached its peak at the time of the French and American revolutions. Philosophy and science made remarkable progress during this period.

Goodman's views on the salon are representative. At the end of her research towards French revolution, she wrote: "(In the salons) public discussion of literature turned into public discussion of politics."

上的罗马天主教会，这些原公认的知识、哲学、神学权威都面临着对人类思想独立自由的挑战及探索。

图 2.1.1　乔芙琳夫人的阅读沙龙

Fig.2.1.1　A Reading Salon of Madam Geoffrin

　　以理性、推理、验证等为基础的方法论不仅在科学和数学领域中获得了瞩目成果，也催生了在宇宙论、哲学及神学上应用各种逻辑归纳法与演绎法产生崭新理论，激发人类求知信心，进而对基督教所持具有人格的上帝和个人得救之说产生冲击。如康德系统性地集合笛卡儿开创的"唯理主义"和培根开创的"经验主义"新思潮，发展理性哲学，区分纯粹理性及实践理性；洛克奠定现代科学认识论的基础，虽尊崇笛卡儿但认为纯思辨精神有其局限，主张经验以及对经验的反省为知识进步来源，并力主"公民自由"和"宗教宽容"；伏尔泰发展"自然神论"，主张"宗教宽容"，增进物质繁荣，取消酷刑以尊重人权等。

　　虽然启蒙哲学家个别观点不同，但一致相信人类理性的有效性，并支持社会、经济及政治的改革。18 世纪初期启蒙运动的主要代表人物是伏尔泰、孟德斯鸠。至该世纪后期，狄德罗、卢梭、蒲丰以及孔狄亚克、杜尔哥、孔多塞等都是百科全书派的哲学家，致力编辑该世纪伟大成就之一的《百科全书》。

　　在人类历史分期上，启蒙时代标志一个历史性地走出迷信及宗教战争，走向理性的知识文化运动。此运动以法国为中心，和早先发生在 14 世纪至 17 世纪的发源于意大利佛罗伦萨的文艺复兴文化运动不同，其思想系统更为全面，影响遍及世界。

　　启蒙时代大致分两期（早期：从 1650 年至 1750 年；后期：从 1750 年至 1820 年），然而各学者对启蒙时代的详细精确分期，并无共识。

The Age of Enlightenment was an intellectual and cultural movement, It marks the time in human history when people moved away from superstitions and religious wars, and were guided into rational thoughts.

一般认为启蒙知识的中心是巴黎，但由于启蒙运动早期思潮如牛顿主义等则是以荷兰共和国（莱顿大学）为中心，主要原因之一是出版方面因为当时法国言论管制比荷兰严，所以荷兰在启蒙运动早期扮演了重要角色。比如由法国启蒙先驱皮埃尔·贝尔所创办的《文坛共和国新闻》，因为法国言论管制的关系，是在荷兰发行的。

在政治方面，启蒙运动为美国独立战争与打倒法国旧制度的法国大革命提供了自由的革命思想，美国的"独立宣言"及法国的"人权和公民权宣言"是其思想的具体体现。

启蒙运动不但影响了当时对共和国的想象，还影响了现代共和主义及共和体制发展。取代旧的君权神授的王朝体制，孟德斯鸠主张新的共和国政制体制以理性为基础的宪法，包括如三权分立及总统制。孟德斯鸠认为，共和体制不但必须规模要小，更仰赖经济上的平等，体现启蒙时代对自由、爱国主义及公众利益的重要影响。美国立国之初的"反联邦主义派"及"联邦主义派"的辩论主要在于对共和体制启蒙思潮的不同想法的辩论。这种质疑君权神授说倡导自由与平等的政治及法律思潮，产生出民主及基本人权的思想，并直接被"美国独立宣言"与"法国人权宣言"所采用。

启蒙运动在政治上为法国革命做了思想准备，在文艺上则为欧洲各国浪漫主义运动做了思想准备。但是，法国革命胜利后所确立的资产阶级专政和资本主义社会秩序，却宣告了启蒙运动理想的破灭，如图2.1.2所示。"和启蒙学者的华美语言比起来，由'理性的胜利'建立起来的社会制度和政治制度竟是一幅令人极度失望的讽刺画"。**席卷欧洲的浪漫主义运动，正是当时社会各阶层对法国革命的后果以及启蒙思想家提出的"理性王国"普遍感到失望的一种反映。**在法国大革命解放运动高涨时期，它反映了资产阶级上升时期对个性解放的要求，是政治上对封建领主和基督教会联合统治的反抗，

Enlightenment not only influenced the imagination of commonwealth (republic) nation at that time but also influenced the development of modern republicanism and the republican system.

The Romantic movement which swept across Europe was a kind of reflection of people's disappointment over the consequences of the French revolution and the ideal "rational kingdom" proposed by the enlightenment philosophers.

图 2.1.2　法国大革命
Fig.2.1.2　French Revolution

也是文艺上对法国新古典主义的反抗。

法国大革命催生了社会思潮，它的产物叫做"浪漫主义"，在整体上而言，浪漫主义运动是由欧洲在18世纪晚期至19世纪初期出现的许多艺术家、诗人、作家、音乐家以及政治家、哲学家等各种人物的思想、运动所组成，但至于"浪漫主义"的详细特征和对于"浪漫主义"的定义，一直到20世纪都仍是思想史和文学史界争论的题材。美国历史学家亚瑟·洛夫乔伊在他知名的《观念史》（1948）一文中便曾试图证明定义浪漫主义的困难性，一些学者将"浪漫主义"视为是一直持续到现代的文化运动，一些人认为它是现代性文化的开端，一些人则将它视为是传统文化对启蒙运动的反扑，也有一些人将它视为是法国大革命造成的直接影响。另一个定义则来自夏尔·波德莱尔："'浪漫主义'既不是随兴的取材，也不是强调完全的精确，而是位于两者的中间点，随着感觉而走。"

浪漫主义文学是西方近代文学两大主流体系之一，强调创作的绝对自由，彻底摧毁了统治欧洲文坛几千年的古典主义的清规戒律，20世纪现代主义文学的各个流派，都可以看作是浪漫主义文学蜕变、演进的结果。在宏阔的社会历史背景中看，人类历史上没有任何一个文学思潮和风云变幻的社会变革如此密切的结合。浪漫主义是近代历史上人们对科学理性、物质主义带来的异化现象的一次彻底的检视和清算。<u>浪漫主义颠覆了西方资本主义旧的价值理性，以强烈的反叛精神构建了一个新的文化模式。</u>

Romanticism subverts the old western capitalist's rational value, with a strong rebellious spirit to build a new culture mode.

2.2 科学技术的发展与工业革命

Section Ⅱ Technology Development and Industrial Revolution

工业革命，又称产业革命，发源于英格兰中部地区，是指资本主义工业化的早期历程，即资本主义生产完成了从工场手工业向机器大工业过渡的阶段。<u>工业革命是以机器取代人力，以大规模工厂化生产取代个体工场手工生产的一场科技革命。</u>由于机器的发明及运用成为了这个时代的标志，因此历史学家称这个时代为"机器时代"。18世纪中叶，英国人瓦特改良蒸汽机之后，由一系列技术革命引起了从手工劳动向动力机器生产转变的重大飞跃。随后向英国乃至整个欧洲大陆传播，19世纪传至北美。

The industrial revolution was a revolution of machines replacing man power, i.e.a technology revolution of mass manufacture transition of manpower to manufacturing process.

18世纪末至19世纪初，机器成了工业生产中的新成员，被称为工业革命开端的机器，正是哈格瑞夫斯发明的珍妮纺纱机，如图2.2.1所示。最初的珍妮纺纱机用一个纺轮带动八个竖直纱锭的新纺纱机，使纺纱机的功效一下子提高了八倍，之后他不断改进，并且在1768年获得了专利。工业革命不断地催生出新的发明。1769 年，理查德·阿克莱特发明了卷轴纺纱机。它以水力为动力，不必用人操作，而且纺出的纱坚韧而结实，解决了生产纯棉布的技术问题。童工出身的塞缪尔·克隆普顿于 1779 年发明了走锭精纺机。它结合"珍妮机"和水力纺纱机的特色，又称"骡机"。这种机器纺出的棉纱柔软、精细又结实，很快得到应用。在这个阶段，虽然机器提高了生产效率，但是提供主要劳动力的仍然是人，一个工厂往往需要成百上千的工人来操纵机器，机械化的潜力并没有被完全挖掘出来。

图 2.2.1　珍妮纺纱机
Fig.2.2.1　Spinning Jeanne

真正使得工业革命高歌猛进的是詹姆斯·瓦特所改良的蒸汽机，如图 2.2.2 所示，它使得人们可以用 1／10 ～ 1／5 原来的燃料来获得相等的动力，瓦特在原有的纽科门蒸汽机基础上发明了新式蒸汽机结构，如图 2.2.2 所示。瓦特蒸汽机发明的重要性是难以估量的，它被广泛地应用在工厂成为几乎所有机器的动力，改变了人们的工作生产方式，极大地推动了技术进步并拉开了工业革命的序幕。它使得工厂的选址不必再依赖于煤矿而可以建立在更经济更有效的地方，也不必依赖于水能从而能常年运转，这进一步促进了规模化经济的发展，大大提高了生产率的同时也使得商业投资更有效率。蒸汽机为一系列精密加工的革新提供了可能，更高的工艺保证各种机器包括蒸汽机本身的性能提高，经过不断的努力，引入更高气压的蒸汽，蒸汽火车、蒸汽轮船便很快相继问世，使水陆交通都发生了革命。

运输和生产方式的改变必然推动设计的改变。其实早在 17 世纪末，英国社会就已存在着一种普遍的富足感，即使社会最下层的人民也能负担得起一些小的奢侈品，如花边、纽扣等，伴随着工业革命中生产率的巨大提高、城市规模的大发展，大众消费逐渐发展起来。对于产品审美的需求也不再是

Changing modes of transportion and production are bound to promote changes to design.

贵族们独有的权利了，社会中各阶层互相渗透融合，一个日益增长的"大众市场"日益形成。为刺激消费，需要不断地花样翻新，推出新的时尚，设计成为了一种主要的市场竞争手段，根据市场的需求而不是根据某些个体或少数人的需求进行产品规划。在这方面，设计师成了引导潮流的主要角色。在生产方式变革的情况下，设计师的作用与生产过程相分离，促使了设计的专业化，推动了设计的发展。

Along with the alteration of production mode, designers begin to separate themselves from the production procedure. This change promotes the professionalism of design, which in a long run, promotes the design development.

图 2.2.2　蒸汽机
Fig.2.2.2　Steam Engine

　　在机械化大生产普及之后，工人们按照预先制定的设计进行大批量的重复生产，而不会在产品生产的过程中对产品设计添加个人的影响，这就使得在机械化的工业中，产品的设计与生产进一步分开。产品的设计与投产之间的时间延长，生产过程标准化，从而形成了对产品进行仔细规划的风气，设计师的作用更加受到重视。设计成了工业过程劳动分工中的一个重要专业，并成了社会日常生活中的一项重要内容。例如，陶瓷业中样品和模具的设计成功与否，直接影响到产品的销售和厂家的经济利益。

Design became an important part of labor distribution in the manufacturing processes, and also became an essential part of daily life.

　　工业革命后，新材料、新技术和新的生产方式不断涌现，传统手工艺时代的设计显然不能满足新时代的要求，人们以各自的方式探索新的设计道路。但人们在这条道路上刚开始走得并不十分顺畅。由于传统手工艺设计的风格和形式在长期的实践中已然定型、成熟，改用全新的材料进行产品生产时，由于不熟悉，起初总是借鉴和模仿熟悉的传统形式。这种旧形式和风格与新材料和技术之间产生的矛盾从 18 世纪下半叶一直延续到 19 世纪末。

2.3 18 世纪中叶到 19 世纪中叶的设计

Section Ⅲ   Design between the 1850s and the 1950s

18 世纪中前期，受到前一个世纪的影响，"洛可可风格"十分流行。洛可可风格是 18 世纪的艺术运动风格，影响了艺术，包括绘画、雕塑、建筑、室内设计、文学、音乐和戏剧等方面，它的本意是贝壳工艺的同义语，由此引申成一种纤巧、华美、富丽的艺术风格或样式。由于主要是在路易十五时代流行，所以又称"路易十五风格"，它反映出上流贵族的审美理想和趣味，是 18 世纪欧洲流行的主流艺术样式。**路易十四时代的官方古典主义以庄严、华丽、沉重的外貌、深刻的思想为其特征；而洛可可及其传统以艳丽、轻盈、精致、细腻和表面上的感官刺激为追求。**表现在建筑艺术上是造型的比例关系偏重于高耸和纤细，以不对称代替对称，频繁地使用形态与方向多变的曲线和弧线，排斥了以往那种端庄和严肃的表现手法。在装饰纹样中，大量运用花环和花束、弓箭和箭壶以及各种贝壳图案。其色彩明快，爱用白色和金色组合色调。到了 18 世纪下半叶，由于受到建筑风格的影响，复古思潮统治着这段时期的设计活动，这期间比较流行的是新古典主义和浪漫主义。它们的出现更多的是由于新兴资产阶级出于政治上的需要，他们想要从传统文化中寻求思想上的共鸣，得到欧洲上流社会给予的一种身份上的认可和尊重。

新古典主义是在装饰和视觉艺术、文学、戏剧、音乐和建筑等方面的一场截然不同的文化运动，它旨在汲取西方古典艺术和文化（通常指古希腊和古罗马）的精髓。这场运动盛行于 18 世纪中期一直到 19 世纪末的欧洲北部。新古典主义，在文化、艺术、建筑各个领域反对被视为夸张、肤浅的洛可可风格。在建筑方面，人们从古典建筑和文艺复兴时期的建筑中寻找灵感，包括秩序严谨、朴素简洁和富于艺术感等诸多优点。他们仿制古典时期的各种艺术品，甚至包括政治制度。

在设计上新古典主义舍弃了洛可可过分矫饰的曲线和华丽的装饰，追求古典风格，简洁、典雅、节制的品质以及"高贵的淳朴和壮丽的宏伟"。在各国新古典的发展虽然有共同之处，但也有着各自的特色，在法国罗马样式居多，而在英国和德国则以希腊式样为主。英国新古典家具的成就很大，其中涌现了一大批优秀的设计师，他们长于设计朴素、实用的形式，加上适度的装饰细节，以防止单调。乔治·赫波怀特（George Hepplewhite）和谢拉顿（Thoma heraton）则是其中杰出的代表。

乔治·赫波怀特（1727—1786）与谢拉顿和切普代尔一起被誉为 18 世纪

Official classicism during King Louis Ⅹ IV period is characterized with solemnity, gorgeousness, and seriousness, while Rococo highlights flamboyance, lightness, delicateness and strong sensation stimulation.

Neo-classicism initiates a novel culture movement in the field of decorative and visual arts, literature, drama, music and architecture. It aims to derives the quintessence of western classical art and culture (which are generally of ancient Greece and ancient Rome).

英国家具设计制造的三巨头。虽然没有一件赫波怀特和他的公司制作的家具留存于世，但是他却将这种轻盈、优雅的家具形成了一种独特的风格。这种风格盛行于 1775—1800 年，而这种风格的仿制品则延续到了之后的几个世纪。从他众多椅子的设计中不难看出，他将椅背设计成盾形，用扩展的椅背代替了原来狭窄的椅背设计，增加了椅子的舒适感。如图 2.3.1 和图 2.3.2 所示。

图 2.3.1　红木扶手椅

Fig.2.3.1　Redwood Armchair

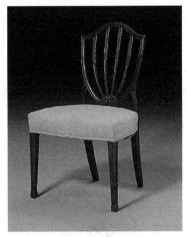

图 2.3.2　桃花心木椅

Fig.2.3.2　Mahogany Chair

英国的索玛·谢拉顿（Thoma heraton，1751—1806）是当时新古典主义的家具大师，他设计的椅子装饰的重点放置在靠背之上，变化丰富，但椅腿却很少有曲线装饰，呈现出单纯的结构感。除此之外，谢拉顿分别于 1791 年和 1802 年出版了被誉为家具设计百科全书的《家具制造师与包衬师图集》和《家具辞典》两本著作，对整个家具界做出了巨大贡献。谢拉顿对设计的知识掌握得很快，但是被冠以"谢拉顿设计"的家具却不是由他本人制造的，如图 2.3.3 所示。

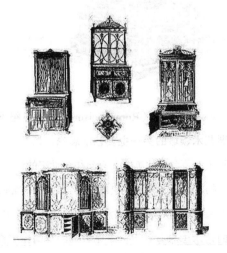

图 2.3.3　谢拉顿设计的家具

Fig.2.3.3　Sheraton's Furniture Design

随着商品经济的发展，市场竞争日益激烈，制造商们一方面大量引进机器生产，以降低成本增强竞争力，另一方面又把设计作为迎合消费者趣味而得以扩大市场的重要手段。**但制造商们并没有对新的制造方式生产出来的产品进行重新思考，而是把手工业设计上的某些装饰直接搬到机械产品上，他们并不理解，机器实际上已经将一个全新的概念引入了设计问题。**他们坚信产品的艺术性是某种可以从市场上买到，并运用到工业上去的东西，即把装饰与设计等同起来，而不是将艺术与技术紧密结合，形成一个有机的整体。如为英王乔治三世（George Ⅲ，1738—1820）制作的极为奢华的"新宇宙银质显微镜"就通身饰以极为复杂的人物和花草，如图 2.3.4 所示。显然这样的设计并不是为了产品的实用性，而仅仅利用当时所理解的"设计"，即装饰来提高产品的身价而已。这种对于装饰的爱好一致延续到 19 世纪末。

图 2.3.4 新宇宙银质显微镜
Fig.2.3.4 New Universe Silver Microscope

浪漫主义（Romanticism）是 18 世纪下半叶至 19 世纪上半叶活跃于欧洲艺术领域的另一主要艺术思想，在设计上也有一定的反应。浪漫主义源于工业革命后的英国，它向往中世纪的世界观，推崇自然天性，以中世纪艺术的自然形式来对抗机器产品，带有强烈地反抗资本主义制度与大工业生产的情绪。这对后来反对机械化的英国工艺美术运动产生了深远影响。**在这样的艺术思想背景下，商业繁荣的英国给了众多人机会，社会上涌现了一批如切普代尔（Thomas Chippendale，1718—1799）、魏德伍德（Josiah Wedgwood，1730—1795）和保尔顿（Matthew Bowlton，1728—1809）**

这样的企业家和设计师，他们率先在艺术与工业之间架起了桥梁，在家具、陶瓷和小五金的产品市场上留下了光辉的一页，也对后世产生了深刻的影响。

(Thomas Chippendale, 1718-1799), Wade Wood (Josiah Wedgwood, 1730-1795) and Paul Dayton (Matthew Bowlton, 1728-1809) took the lead in bridging the gap between art and industry. These entrepreneurs and designers all had a profound impact on future generations as well as the market for furniture, ceramics and hardware.

与建筑业一样，18 世纪的家具生产仍然是以传统的手工艺为主。但是随着市场的扩大，家具生产者开始组织成生产企业，企业家在组织生产和销售两个方面起着越来越重要的作用。不少企业家以伦敦为中心，积极推销产品。同时家具制造业的劳动不断专业化，推进了在生产前进行产品规划的思想，使设计师、绘图员成了家具公司的雇员。这时期所生产的家具主要是服务于新兴的中产阶级，而不是像先前那样为贵族阶层订做产品。这方面切普代尔的公司是有先驱性的，它不仅制作高技艺的家具产品，还为顾客提供整套完整的室内设计服务。

切普代尔是英国家具界最有成就的家具设计师，也是第一个以设计师的名字而命名家具风格的家具设计师，打破了一直以来以君主名字命名家具的习惯，如图 2.3.5 所示。切普代尔出身于约克郡的木匠世家，1729 年开始学习木器制造，18 世纪 50 年代结束学徒生涯后移居伦敦，在伦敦当时最时髦的商业街圣马丁街开了一个陈列室，就此开创了自己的事业。

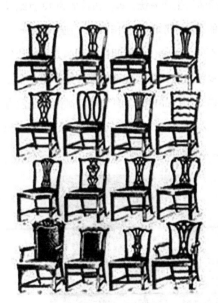

图 2.3.5　切普代尔设计的椅子
Fig.2.3.5　Chippendale's Chairs Design

1754 年切普代尔出版《绅士和室内设计师指南》一书产生了迅速而又持久的影响。该书提出了生产的新标准，对整个设计系列起了重大作用，也使切普代尔自己成为伦敦时尚界的一个重要人物。同时它也是一个成功的广告策略，为切普代尔赢得了公司的生意，使他的设计在最广的范围内流行起来。

His design presents four main styles:British style with deep carving, Louis XIV's complex French ro-coco style furniture, Chinese style with latticework and lacquer, and Gothic pointed arches, quatrefoils and fret-worked legs.

《绅士和室内设计师指南》中包含了 160 幅精细的雕版，描述了从古典式、洛可可式、中国式直到哥特式的家具。他的设计呈现出四个特点：英国式的深雕刻，法国路易十四家具洛可可式的复杂风格，中国的宝塔风格和漆工以及哥特式的尖拱，四瓣花和带有回文装饰的凳腿，如图 2.3.5 所示。

切普代尔甚至推动了中国家具对欧洲的影响。自文艺复兴开始，西方就不断地有艺术家出版与中国有关的建筑、家具装饰等方面的书籍，切普代尔是其中一个重要代表。从切普代尔所做的设计和中国家具设计图的对比中，可以看到他对中国式的回纹、菱形纹、宝塔造型等都情有独钟。人们索性称他的家具设计称为"切普代尔式的中国家具"。

他设计的家具无论在种类和数量上都极为庞大，最具代表性的就是切普代尔式座椅。他取消了毛纺面料包覆椅背的做法，改用木板透雕的靠背，既轻巧又美观，受到家具界的极大推崇。

18 世纪的陶瓷工业不同于家具行业，其组织化程度要先进得多。这一方面影响了陶瓷工业的商业结构，另一方面也影响了它的生产，使陶瓷工业在 18 世纪下半叶迅速扩展。这当中最出色的当属被誉为"英国陶瓷之父"的魏德伍德（见图 2.3.6）所创立的陶瓷品牌。

由于创新、艺术性产品和一个简洁的生产系统，魏德伍德成为 18 世纪最著名的陶工。但真正使其与众不同的是他那聪明的营销策略。在阿诺德·施瓦辛格购买他第一辆悍马车前的几百年，魏德伍德就明白得到名人支持的价值所在。自从他的陶瓷开始被女王夏洛特使用后，魏德伍德开始利用"女王陛下的陶工"这一身份，并因此而提高了产品价格。有效率的制造方法使得他能够为中产阶级的主顾降低价格。尽管这些陶瓷并不难得到，魏德伍德产品的艺术性还是保证了它们仍然是富人们所渴望得到的东西。

图 2.3.6　魏德伍德
Fig.2.3.6　Wedgwood

魏德伍德 1730 年出生在英国的一个陶工世家。从 9 岁开始，他就跟着兄长在父亲遗留下来的家庭作坊里制陶。他 12 岁之前，因患天花而截了一只脚，但这并没有影响他对陶瓷生产的热爱。他在技术上的革新给陶瓷生产带来了活力。1759 年，魏德伍德在斯塔福德郡创办了自己的第一家陶瓷工厂，并以自己的姓氏"魏德伍德"作为产品的牌子。他有意识地将生产分为两个部分以适应不同市场的需要，一部分是为上流阶层生产的极富艺术性的装饰产品，另一部分是大量生产的实用品。前者在艺术上的巨大成功，使魏德伍德作为当时陶瓷生产领域的杰出人物而获得国际荣誉。此外，自 1773 年起，他印制了产品目录广为散发，同时还建立了长期的展销场所，以方便顾客选择订货，如图 2.3.7 所示。这些商业技巧使设计不仅在生产中而且在市场开拓中成了关键因素，通过设计所具有的"趣味价值"使不同的产品能适应不同的市场口味。

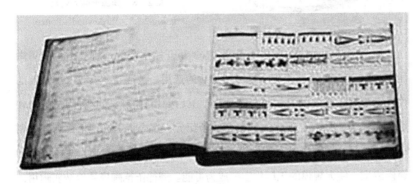

图 2.3.7　魏德伍德的陶器花边图案手册
Fig.2.3.7　Wedgwood's Pottery Lace Manual

为了扩大生产规模，魏德伍德在工厂中使用了机械化的设备，并实行了劳动分工。这是一个形式简单但意义深远的变革，结束了个体工人控制整个生产过程的历史，对设计过程产生了重大影响，重复浇模的准确性，使产品的形态不再由操作工人负责，生产的质量完全取决于原型的设计，因此熟练的模型师和设计师很受重视。到 1775 年，魏德伍德已有了 7 名专职设计师。此外，他还委托不少著名的艺术家进行产品设计，以使产品能适合当时流行的艺术趣味，从而提高产品的身价，这些艺术家通过与工业的联姻，成为了最早的工业设计师。

18 世纪 60 年代末，魏德伍德采用当时最新的工艺制造技术，生产出了一种黑色不上釉、质地精细的炻器，通过抛光等方式仿制古董和文艺复兴时期的作品。由于制作精美，其中很多作品都是 18 世纪中期古董收藏家的挚爱。其中最有名的是 1790 年生产的"波特兰"花瓶，其原型是公元 1 世纪罗马时期制作的花瓶，现藏于大英博物馆，已经成为英国的国宝。如图 2.3.8 所示。

图 2.3.8 魏德伍德的陶器
Fig.2.3.8 Wedgwood's Pottery

魏德伍德最大的成就之一是于 1763 年开始生产的一种乳白色日用陶器，1765 年这种陶器得到了夏洛特王后的选用，被赐予"女王"牌陶器的称号，魏德伍德的陶瓷从此获准称为"王后御用陶瓷"。这种陶器的出现是革命性的，开辟了现代陶瓷生产的新纪元，迄今仍是魏德伍德陶瓷公司的重要产品。"女王"陶器把高质量与低廉的价格结合起来，并由于容易翻模成型，使大规模的工厂化生产成为可能。魏德伍德陶瓷质地结实耐用，式样是当时流行的新古典主义风格，面世不久便在英国流行开来。在 18 世纪的工业设计中，装饰是一个不可分割的部分，为了适应市场魏德伍德这样的先驱性人物也难以免俗。到 19 世纪初叶，"女王"陶器的形式大部分变得非常朴素，反映了材料自身及其生产工艺的特点，达到了魏德伍德"优美而简洁"的要求。

魏德伍德制造的陶瓷品质高贵，质地细腻，风格简练，极富艺术性。优美雅致具有古典主义特征的设计，一直是魏德伍德陶器产品的风格，直到今日，许多精美的魏德伍德产品依旧完美诠释着这一品牌的传统内涵。大不列颠百科全书对魏德伍德的评价是："对陶瓷制造的卓越研究，对原料的深入探讨，对劳动力的合理安排，以及对商业组织的远见卓识，使他成为工业革命的伟大领袖之一"。魏德伍德去世后，其子孙继承祖辈的事业，始终使魏德伍德位于世界陶瓷领导品牌地位。而魏德伍德这个品牌，也成为了世界上最具英国传统的陶瓷艺术的象征。如图 2.3.9 所示。

Wedgwood's ceramics had noble quality, delicate texture, concise style and highly artistic design.

图 2.3.9　魏德伍德的茶具
Fig.2.3.9　Wedgwood's Pottery Tea Sets

在 18 世纪下半叶英国工业变革过程中，新技术起到了关键性的作用，蒸汽机的使用就是机械化的第一步。在发展蒸汽机并使之适用于制造产业方面的一位中心人物就是保尔顿，他也是使英国小五金商业化的重要人物。

保尔顿于 1759 年继承父业后，决心面对市场的激烈竞争，生产出比对手质量更高、价格更低的产品，为此保尔顿引进了以机械化为主的大规模生产，但是时而枯竭的河水给以水为动力的生产机械带来了诸多的麻烦。为了解决这一难题，保尔顿结识了一直进行蒸汽机研究的詹姆斯·瓦特（James Watt，1736—1819），并决定投资蒸汽机。保尔顿于 1773 年在索活安装了一台试验性蒸汽机，自 1776 年起，瓦特和保尔顿将蒸汽机应用到了许多工业生产之中。先前不少机械以水为动力，工厂必须临水而建，而当蒸汽机取代水动力之后，就使工厂可以建在基础条件更好的地方。这一革新的作用是十分重大的，使得新的批量生产方式得以迅速发展。

保尔顿的工厂是为趣味变换很快的时尚市场生产装饰品的，崇尚时髦的市场需要有广泛的选择，因此产品要多样化。对于 18 世纪这样一个推崇装饰的时代，变换不同的装饰成为了吸引大众的有效手段。对于装饰，保尔顿也有着他自己的看法：**"时尚与这些产品有极大关系，目前时尚的特点是采用流行的优雅装饰而不是擅自创造新的装饰"**。因此，保尔顿习惯于用收集来的各种图集来开发新的产品，经常从朋友和熟人处借作品以进行分类和测绘。他在国外的代理人也提供了大量的样品、书籍和草图。此外他还从当时有名望的艺术家那里购买模型和图案用于产品的设计。

随着商业发展的不断深入，产业的发展已不仅仅在于新技术的影响，而更多的体现在组织化水平之上，即强化劳动分工和重视市场营销。魏德伍德和保尔顿一直在为自己批量生产的产品寻求市场，他们针对不同的市场设计

Fashion is closely connected with these products, so far fashion is characterised by popular and elegant decorations rather than self-invented ornaments.

不同的产品，现代企业产品线的概念已经初见端倪。同时他们还利用图集和设立产品展销厅的方式来推销自己的产品。这种新的供求关系标志着设计与市场营销之间更为密切的结合，以及更加强调商品流通中趣味和时尚的作用。

18世纪在商业化的过程中，人们认识到了艺术在工业中的重要性，但艺术与工业之间的结合是生硬的，艺术被认为是某种可以买来附加在产品之上的东西，这一点特别体现于家用消费品之中。这种追求时尚的风气不仅盛行于那些乐于此道的上层人士，也影响到了那些一直在试图提高自己地位的新的消费阶层。对于他们来说，附庸风雅有着特别重要的意义。企业将产品的"艺术质量"与大批量生产相结合，从而保证了他们的顾客能以可承受的代价获得适当的社会象征。在整个18世纪，时尚的风格既非常明确，又易于学到手。因为从事图案及外形设计的"艺术家"或"设计师"们出版自己的设计图集已有悠久的传统，那些希望生产流行风格产品的工厂能方便地获得，并从中获取资料。图集是传播设计风格和流行趣味的重要媒介，它在18世纪的设计中起着举足轻重的作用。

18世纪的商业化使设计师作为风格的创造者或追随者在消费品工业中起着重要作用，而考察一些非消费性的工业产品，如机器、仪器和工具等，就会发现工业革命对工业设计也带来了巨大变化，如图2.3.10所示。在这些生产领域中，由于较少受到流行风格的影响，甚至很少有设计师的有意参与，因而产生了一种直接而坦率的设计语汇，简洁的几何形态和最经济的结构方式，全然没有装饰，即强调产品的使用功能和效率，产生一种抽象的形式美。这一点对于今后设计的发展有重大意义，并标志着设计开始与传统分道扬镳。

In the 18th century, commercialization made designers more important in the consumer industries because they were regarded as the instigators and followers of new styles. But no big changes occurred to the non-consumable industrial products like machines, equipments and tools due to Industrial Revolution.

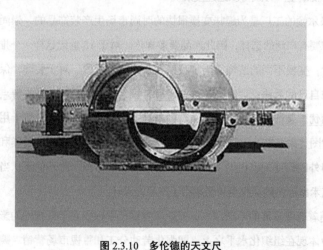

图2.3.10　多伦德的天文尺

Fig.2.3.10　Dollond's Astronomical ruler

从设计史的角度看，如果没有工业革命就不会有今天所谓的工业设计和现代意义上的设计。正是工业革命完成了由传统手工艺到现代设计的转折，随之而来的工业化，标准化和规范化的批量产品的生产为设计带来了一系列变化。

首先，设计行业开始从传统手工制作中分离出来。传统的劳动过程中，往往由人扮演基本工具的角色，能源、劳力和传送力基本上是由人来完成的，而工业革命则意味着技术带来的发展已经过渡到另一个新阶段，即以机器代替手工劳动工具，从而变成了劳动的性质和社会、经济的关系。此时的设计被简化为适应机器制造的东西。

其次，新的能源和材料的诞生及运用，为设计带来全新的发展，改变了传统设计材料的构成和结构模式，最突出的变革出现在建筑行业，传统的砖、木、石结构逐渐被钢筋水泥玻璃构架所代替。

最后，设计的内部和外部环境发生了变化。当标准化、批量化成为生产目的时，设计的内部评价标准就不再是"为艺术而艺术"，而是为"工业而工业"的生产。对于设计的外部环境的变化，市场的概念应运而生，消费者的需求，经济利益的追逐，成本的降低，竞争力的提高，设计的受众、要求和目的发生了变化。

2.4　1851年水晶宫博览会概况

Section　Ⅳ　Crystal Palace Exposition Introduction in 1851

1851年英国在伦敦海德公园举行了世界上第一次国际工业博览，它是由英国维多利亚女王和她的丈夫阿尔伯特亲王发起的，**其目的既是在炫耀英国工业革命后的伟大成就，也是在试图改善公众的审美情趣，以制止对于旧有风格无节制的模仿。**举办博览会的建议是由英国艺术学会提出来的，维多利亚女王的丈夫阿尔伯特亲王（Prince Albert）是该协会的主席。他对工业设计和设计教育非常关注，亲自担任了这次博览会组织委员会的主席。帕金、柯尔等人的思想和活动对于促成举办这次国际博览会起了重要的推动作用。柯尔负责具体的组织实施工作，帕金则负责组织展品评选团，另外一些著名的建筑师和设计师，如散帕尔等也参加了组织工作。这次博览会在工业设计史上具有重要意义。它一方面较全面地展示了欧洲和美国工业发展的成就，另一方面也暴露了工业设计中的各种问题，从反面刺激了设计的改革。

博览会的正式名称虽为"万国工业博览会（Great Exhibition of the Works of Indutry of all Nation）"，但人们却普遍称其为"水晶宫博览会"。这是由于

The purpose of Crystal Palace was not only to flaunt the great achievements of the British Industrial Revolution but also to improve the public's aesthetics ability and to restrain the immoderate imitation of the old style.

其展馆水晶宫本身就是此次博览会最成功的展品，因此成了博览会的一个象征。这也导致了多年来的世界博览会，每个国家最注重也是群众最感兴趣的部分就是其国家馆的建设。水晶宫一词由英国一家以写讽刺性文章见长的杂志给出，十分贴合建筑本身。

由于时间紧迫，无法以传统的方式建造博览会建筑，组委会采用了园艺家帕克斯顿（Joeph Paxton，1801—1865）的"水晶宫"设计方案。"水晶宫"占地面积七万四千平方米，长度和宽度分别为 408 英尺及 1851 英尺，用以象征 1851 年建造；建筑通体只采用了钢铁、玻璃、木材三种材料，其形状为简洁的梯形长方体，配上垂直的拱顶。无论从哪个角度都只能看见建筑的钢架结构和玻璃外墙，无多余装饰，完全体现了工业生产的机械特色。帕克斯顿的"水晶宫"结构灵感来源于王莲（Victoria regia）叶片背面粗壮的径脉，它呈现出的环形交错的结构，既美观又实用，如图 2.4.1 所示。

图 2.4.1　水晶宫
Fig.2.4.1　Crystal Palace

"水晶宫"完全打破了维多利亚时期的建筑特点。当时的建筑多以石头作为建筑材料，多以表现一种恢宏的气势和外在装饰为主要目的，最典型的就是西方一些教堂、宫殿。这种建筑需要消耗大量的人力、财力和物力，而且建造时间非常漫长。而水晶宫完全抛弃了传统建筑沉重的石墙，采用了新型材料。其建筑构件可以预先制造，不同构件可以根据建筑大小需要组合装配，结构简洁明快，成本低廉，施工快捷，而水晶宫本身也只用了 6 个月的时间就建成了，帕克斯顿也因此被授予"皇家骑士"的称号。在万国工业博览会结束之后，水晶宫被拆卸并移至伦敦南部的西汉姆，并以更大规模重新建造，1854 年向公众开放。它作为伦敦的娱乐中心存在了 82 年，于 1936 年毁于大火，如图 2.4.2 所示。

The building components can be made in advance. Different components can be assembled according to the size of the construction. It is famous for its simplicity, low cost and quick construction. The Crystal Palace only took six months to build and Paxton was awarded the title of Royal Knight.

图 2.4.2　大火后的水晶宫废墟

Fig.2.4.2　Crystal Palace Ruins

　　"水晶宫"是 20 世纪现代建筑的先声，是指向未来的一个标志，是世界上第一座用金属和玻璃建造起来的大型建筑，并采用了重复生产的标准预制单元构件。展品中存在着两种截然不同的形态，一方面，以机器生产代替手工操作的新产品、新工艺，由于没有相应的美的形态和装潢，而显得粗陋简单；另一方面，各国的民族传统手工艺品却以精巧的手艺和昂贵的材料体现出艺术的魅力。

　　对于这种现象，以下三个人的评论影响最为巨大。

　　约翰·拉斯金，作为文艺评论家和作家，他对展品及水晶宫的看法是持否定态度的，他认为这种现象出现的原因在于艺术与技术的分离，因此，主张艺术家从事产品设计，并从自然中寻找设计的灵感和源泉，反对使用新材料、新技术，要求忠实于传统的自然材料的特点，反映材料的真实感。同时，他还强调设计应为大众服务，反对精英主义的设计。**总之，拉斯金的观点一方面反映了当时反对机器生产的主要论点，另一方面也体现了艺术与技术结合的必要性和为大众服务的社会要求。**

In summary, Ruskin's views reflect people's mainstream opinions regarding machines manufacture, and also points out the necessity of a combination of art and technology.

　　德国建筑学家哥德弗莱德·谢姆别尔也参观了博览会。会后，撰写了《科学·工艺·美术》和《工艺与工业美术的式样》两本书，书中阐明了他反对机器生产的观点，提倡美术与技术结合的"设计美术"，并第一次提出了"工业设计"这一专有名词。

　　英国著名设计师、诗人、理论与实践相结合的评论者威廉·莫里斯对展品的反感影响到他以后的设计活动与设计思想。他是之后工艺美术运动的主要代表人物。

与 19 世纪其他的工程杰作一样，"水晶宫"在现代设计的发展进程中占有重要地位，但"水晶宫"中展出的内容却与其建筑形成了鲜明的对比。各国选送的展品大多数是机制产品，其中不少是为参展而特制的。展品中有各种各样的历史式样，反映出一种普遍的为装饰而装饰的热情，漠视任何基本的设计原则，其滥用装饰的程度甚至超过了为市场生产的商品。生产厂家试图通过这次隆重的博览会，向公众展示其通过应用"艺术"来提高产品身份的妙方，如图 2.4.3 所示。

图 2.4.3　水晶宫博览会
Fig.2.4.3　the Works of the Exhibition of Crystal Palace

这显然与组织者的原意相距甚远。其中的有些展品把相对来说无足轻重的家用品作为建筑性的纪念碑来设计。例如法国送展的一盏油灯，灯罩由一个用金、银制成的极为繁复的基座来支承。这种把诸如灯、钟表之类的产品作为建筑来看待并不是一种新的发展，虽然 18 世纪末法国帝王风格的设计者们就常常这样做。但现在的设计师们似乎失去了所有的自制力。一件女士们做手工的工作台成了洛可可式风格的藏金箱，罩以一组天使群雕。花哨的桌腿似乎难以支承其重量。设计者们试图探索各种新材料和新技术所提供的可能性，将洛可可式风格推到了浮夸的地步，显示了新型奇巧的装饰方式。还有一些展品表现了对形式和装饰别出心裁的追求，如一件鼓形书架可以沿中心水平轴旋转，每层搁板均挂在两侧圆盘上，这样搁板就可以连续地以使用者方便的位置出现。这件书架侧板上的花饰和狮爪同样是刻意把一些细枝末节不适当地加以渲染。

美国也为这次盛会送来了展品。其中一件是美国座椅公司生产的金属框架的弹簧旋转椅，其结构全部是由铸铁、钢或两者的复合材料制成的。金属家具并非美国首创，在拿破仑战争中，金属被广泛用于制作战时家具。但是，在这把椅子中确实体现了一种对家具基本结构的重新考虑。可惜的是这位美国设计师的功能意识未能贯彻始终，因为用以支撑连杆进而支承弹簧的金属腿采用了精致的卷涡形。

在这次展览中也有一些设计简朴的产品，其中多为机械产品，如美国送展的农机和军械等。这些产品朴实无华，真实地反映了机器生产的特点和既定的功能。但从总体上来说，这次展览在美学上是失败的。由于宣传盛赞这次展览的独创性和展品之丰富，蜂拥而至的观众对于标志工业进展的展品有了深刻印象。但在那些试图通过这次盛会促进整个工业发展的人士中，却激发了尖锐的批评。正如帕金所说，工业似乎失去了控制，展出的批量生产的产品被粗俗和不适当的装饰破坏了，许多展品过于夸张而掩盖了其真正的目的，仅仅只是那些纯朴实用的物品才是悦目和适当的。

博览会的一个结果，就是在致力于设计改革的人士中兴起了分析新的美学原则的活动以指导设计。这一活动中最重要、最有影响力的出版物是威尔士建筑师欧文·琼斯（Owen Jone, 1807—1874）于1856年出版的《装饰的句法》一书。它可以说是一本有关风格的百科全书，收集了当时可以得到的全部设计风格的"语言"，并将其程式化。书中包括从未开化的部落的设计到高度发达的伊斯兰图案设计。博览会的另一个结果就是在柯尔的主持下，创建了一所教育机构来满足英国设计界的需要，这就是亨利·柯尔博物馆。一个包括帕金在内的委员会负责从博览会的展品中为博物馆挑选藏品。博物馆的目标是整治当代工业的顽疾，并向公众讲解有关的趣味性知识。在价值5000英镑的藏品中，印度产品是英国产品的两倍，这是因为不少印度产品虽然工艺较粗糙，但显示了对于正确的装饰原则的理解，比英国产品更胜一筹。在政府支持下，这批藏品与产业博物馆合并，并改称为维多利亚·阿尔伯特博物馆。

在建立道德准则的同时，柯尔等人也在努力寻找一种美学的原则。但是他们并没有意识到世界经济的出现意味着市场会支配审美情趣，无论怎样努力，由几个精英建立一种万能的准则已不再可能。

As Parkin said, the industry seems to have lost control and the mass-produced products which displayed sabotaged by vulgar and inappropriate decoration. Many of the works were also exaggerated and their real functionality was concealed, only those simple and practical items were pleasant and appropriated.

While establishing ethical guidelines, Cole was also trying to find aesthetics principles. They did not realize however, that the market would dominate aesthetic taste with the surroundings of world economy. No matter how hard they tried, it was no longer possible to establish an almighty standard that were set by several elites.

2.5　重点词汇

Section Ⅵ　Important words

民主思想：Democratic Thought

人文主义：Humanism

启蒙运动：Enlightenment Campaign

文艺复兴：Renaissance

理性：Rationality

现代共和制度：the Modern Republican System

法国大革命：French Revolution

新古典主义：Neoclassicism

工业革命：Industrial Revolution

蒸汽机：Steam Engine

机械化：Mechanization

大众市场：Mass Market

产品规划：Product Planning

生产方式：Mode of production

工业设计：Industrial Design

洛可可：Rococo

结构感：Sense of structure

室内设计：Interior Design

劳动分工：The Division of Labor

时尚：Fashion

商业化：Commercialize

水晶宫：Crystal palace

国际工业博览会：International Industry Fair

审美情趣：Aesthetic Taste

设计改革：Design Reform

美学原则：Aesthetic principles

第3章 工艺美术运动与现代设计的萌芽

Chapter 3 Arts and Crafts Movement and the Seeds of Modern Design

3.1 亨利·克勒与《设计学报》

Section Ⅰ Henry Winkler and 《Journal of Design》

工艺美术运动 (Arts and Crafts) 产生的背景是：工业革命以后大批量工业化生产和维多利亚时期的繁琐装饰两方面同时造成的设计水准急剧下降，导致英国和其他国家的设计家希望能够通过复兴中世纪的手工艺传统来改善并形成良好的设计。

当时大规模生产和工业化方兴未艾，大批量工艺品投放市场，然而设计却远远落后，美术家不屑于产品设计，工厂只重视生产和销量，设计与技术相对立。当时产品出现了两种倾向：一是工业产品外形粗糙简陋，没有美感；二是手工艺人仍然以手工生产为权贵使用。工艺美术运动意在抵抗这一趋势而重建手工艺的价值。要求塑造出"艺术家中的工匠"或者"工匠中的艺术家"。虽然该运动具有对设计风格水平重视的优点，但从采用的方式而言，是一个复旧运动，从这一点而言，这场运动反对工业生产并与其形成对立，可以说是对传统手工艺的复兴。因此，这场运动也不能成为现代设计的启迪和开拓型运动。

工艺美术运动是进行于1860—1910年的一场设计运动，它的精神指导者是作家约翰·拉斯金，而运动的主要人物则是艺术家、诗人威廉·莫里斯。**这场运动是针对家具、室内产品、建筑等工业批量生产所导致的设计水准下降的局面，开始探索从自然形态中吸取借鉴，从日本装饰（浮世绘等）和设计中找到改革的参考，来重新提高设计的品位，恢复英国传统设计的水准，因此它被称为工艺美术运动**（见图3.1.1）。

This movement targets on improving the design of furniture, interior product, architecture as their design criteria deteriorates due to mass production. The movement tries to learn from nature and takes Japanese decorations as references to enhance the design style and restore the glory of traditional British design. The movement is called arts and crafts movement.

图 3.1.1 工艺美术运动理念的椅子

Fig.3.1.1 A Chair of Arts and Crafts

工艺美术运动的特点如下。

（1）强调手工艺生产，反对机械化生产；

（2）在装饰上反对矫揉造作的维多利亚风格和其他各种古典、传统风格；

（3）提倡哥特风格和其他中世纪风格，讲究简单、朴实、风格良好；

（4）主张设计诚实，反对风格上华而不实；

（5）提倡自然主义风格和东方风格。

工艺美术运动的根源是当时艺术家们无法解决工业化带来的问题，企图逃避现实，隐退到中世纪哥特时期。运动否定了大工业化与机械生产，导致它没有可能成为领导潮流的主要风格。从意识形态来看，它是消极的，但是它却给后来设计家提供了参考，对"新艺术运动"有着深远的影响。在工业化的残酷现实面前，他们感到无能为力，他们憧憬着中世纪的浪漫，或者幻想中世纪的浪漫情调，因此，企图通过艺术与设计来逃避现实，退隐到他们理想中的桃花源——中世纪的浪漫之中去，逃逸到他们理想化了的中世纪、哥特时期去。这正是19世纪英国与其他欧洲国家产生工艺美术运动的根源。从意识形态上来看，这场运动是消极的，也绝对不会可能有出路。因为它是在轰轰烈烈的大工业革命之中，企图逃避革命洪流的一个知识分子的乌托邦幻想而已。但是，由于它的产生，却给后来的设计家们提供了新的设计风格参考，提供了与以往所有设计运动不同的新的尝试典范。因此，这场运动虽然短暂，但在设计史上依然是非常重要，值得认真研究的。

1851年在伦敦的水晶宫举行了世界上第一个世界博览会。无论从功能还是造型来看，水晶宫均非成功之作，但它的价值在于对新材料的使用。在当时的展品中，工业产品占了很大部分，外形都十分丑陋。针对这一局面"工艺美术"出现了一个重要的促进因素：1888年在伦敦成立的工艺美术展览协会（The Arts and Crafts Exhibition），图3.1.2～图3.1.4为当时的设计刊物《设计学报》。

从1888年开始，这个协会连续不断地举行了一系列的展览，在英国向公众提供了一个了解好设计及高雅设计品味的机会，从而促进了"工艺美术"运动的发展。不但如此，英国"工艺美术"运动的风格开始影响到其他欧洲国家和美国。在美国，"工艺美术"运动主要影响到芝加哥建筑学派，特别是对于这个学派的主要人物路易斯·沙利文和弗兰克·赖特的影响很大；在加利福尼亚则有格林兄弟、家具设计师古斯塔夫·斯蒂格利和伯纳德等人均受到很大的影响。

The arts and crafts movement originates from time when artists can not resolve the problems created by industrialization. The artists try to evade from reality and retreat back to Gothic in the middle ages. The movement denies the mass industrialization and machinery production and claims that it can not become the leading primary style. It is negative from ideological perspective, but it provides designers references later on and has a profound influence on the novel artistic movement.

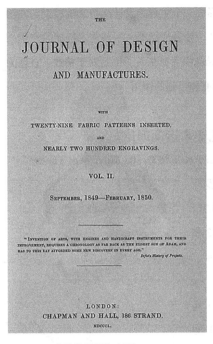

图 3.1.2　《设计学报》扉页

Fig.3.1.2　The Title page of 《*Journal of Design*》

图 3.1.3　《设计学报》内文字黑白页

Fig.3.1.3　The Word-page of 《*Journal of Design*》

图 3.1.4　《设计学报》彩页

Fig.3.1.4　The Colorpage of 《*Journal of Design*》

到了世纪之交，工艺美术运动形成一个主要的设计风格影响因素，它的影响遍及欧洲各国，促使欧洲的另外一场设计运动——新艺术运动的产生。虽然工艺美术运动风格在 20 世纪开始就失去其势头，但是对于精致、合理的设计，对于手工艺的完好保存迄今还有相当强的作用。

3.2　约翰·拉斯金与工艺美术运动理论
Section Ⅱ　John Ruskin and the Arts and Crafts Movement Theory

约翰·拉斯金（又译作约翰·罗斯金），英国作家、艺术家、艺术评论家，图 3.2.1 所示为拉斯金雕像，图 3.3.2 和图 3.2.3 为拉斯金的代表作。1843 年，他因《现代画家》（Modern Painter）一书而成名，书中他高度赞扬了约瑟·马洛德·威廉·特纳（J.M.W.Turner）的绘画创作。这以及其后的写作总计 39 卷，使他成为维多利亚时代艺术趣味的代言人。他是兴起于 19 世纪的工艺美术运动的精神指导者。

图 3.2.1　约翰·拉斯金雕像
Fig.3.2.1　The Imagery of Ruskin

As the founder of the ideological system of industrial design, Ruskin's thought is rich and complex. He mentioned the ways to acquire and use art, arguing that England had forgotten that virtue is the ture wealth, and that art is an index of a nation's well-being.

作为工业设计思想的奠基者，拉斯金的思想丰富而又庞杂，他在早期演讲中谈到了如何获得和使用艺术，认为英国忘记了艺术的最大财富是美德，而这正是一个国家幸福的指标之一。 他的思想集中在《建筑的七盏明灯》《威尼斯之石》等著作中，而其中"哥特式的本质"被当做一种宣言。后人对他思想的总结主要如下。

（1）对机械化大工业生产的不安，对人性的关注使拉斯金对工业化问题持中肯态度。他认为工业和美术已经齐头并进了，如果没有工业也就没有美术。但是机械化的工业生产外形丑陋，使他特别关注工艺，认为它是人性基本特征所决定的。

（2）主张艺术要密切联系大众生活，倡导为人民的艺术设计。同时他还提出了设计的实用性目的，主张取消艺术和设计之间的差别，要求美学家从事产品设计。

（3）拉斯金的理论带有强烈的道德主义色彩，他关注艺术和技术相互作用的伦理方面，从道德主义立场批判资本主义社会。

（4）关注工业产品的艺术质量，热衷复兴哥特风格。拉斯金主张"回归自然"，要求观察自然，并且把这种观察贯穿到自己的设计中去。拉斯金热衷于从哥特式风格中寻找出路，然而这种设计带有复古的色彩，同时又暗含了脱离大众的倾向。

图 3.2.2　约翰·拉斯金作品——《威尼斯石桥》

Fig.3.2.2　the Works of John Ruskin—《Venice Bridge》

图 3.2.3　约翰·拉斯金作品——《山岩石和高山玫瑰》

Fig.3.2.3　the Works of John Ruskin—《Yama Ishi and Alpine Roses》

此外，拉斯金还出版过《时至今日》（1862）、《芝麻与百合》（1865）、《野橄榄花冠》（1866）、《劳动者的力量》（1871）和《经济学释义》（1872）等著作。在这些作品中他提出了自己的伦理主张和经济主张。他认为资产阶级的政治经济原则是违反人性的。他反对英国的维护剥削制度的立法，认为劳资间的问题是一个道德问题，资本家不应榨取工人的血汗。他还认为机械技艺的发展扼杀了工人的主动性。他把中世纪手工业劳动加以理想化，主张回到古老的前资本主义时代。他高度评价文艺复兴前期的艺术作品，否定文艺复兴的现世的和肉欲的艺术。这样的艺术观同他的社会观是一致的。总之，他认为工业资本主义社会过于丑恶，没有艺术，没有美。

3.3　威廉·莫里斯与工艺美术运动实践

Section Ⅲ　William Morris and the Arts and Crafts Movement

1834 年 3 月 24 日，威廉·莫里斯生于英国沃尔瑟姆斯托一户富裕的中产阶级家庭，他的父亲是成功的股票经纪人，图 3.3.1 所示是莫里斯的故居，图 3.3.2 所示是莫里斯本人。14 岁时莫里斯进入莫尔伯勒学院（Marlborough College），受牛津运动影响很深。1853 年他进入牛津大学埃克塞特学院（Exeter College），为当牧师而学习神学。大学时期结识了正就任牧师的爱德华·伯恩·琼斯，二人结为终身挚友并在日后一同加入拉菲尔前派。莫里斯在谈到设计时说过：<u>设计的第一件事是要注意到力度、纯度以及物体优雅的轮廓。</u>

The first thing to consider in design is force, purity, and the elegance of object.

图 3.3.1　威廉·莫里斯故居
Fig.3.3.1　William Morris's For-
mer Residence

图 3.3.2　威廉·莫里斯
Fig.3.3.2　William Morris

　　莫里斯有感于 1854 年英国万国博览会展出的工业品过于粗糙，与拉斯金、普金等人主导了工艺美术运动（Arts and Crafts Movement），而莫里斯成为工艺美术运动的主导着，大力提倡恢复手工艺品，并成立了 MMF 商会（Morri Marhall Fanlker）与伦敦红狮广场。MMF 商会在 1861 年前期专精生产新歌特样式与中世纪风格的设计，后期开始发展更为有机的风格。生产的家具大致分为两大类别：豪华家具（State Furniture）、日作家具（Work-day Furniture）。

图 3.3.3　铅笔和水彩素描设计
Fig. 3.3.3　Tulips and Willow

图 3.3.4　莫里斯设计的木刻图案
Fig.3.3.4　Wood Pattern

莫里斯虽是画家，却主要是致力于工艺美术，用伯恩·琼斯的画稿，做漂亮的绒毯，从事绘画玻璃、陶器、家具、书籍装帧等各方面的工作，如图 3.3.3 和图 3.3.4 所示。在从事这些工作以外，不能忘记的，是他参加以拉斯金为中心的“美的社会主义运动”。**据说“现代社会的矛盾，生活的丑恶，是机械文明和物质文明过度繁荣的必然结果”，该活动要给由于物质文明而荒芜了的人们的心灵以美的东西，艺术的东西。**如果人们的心灵得到滋润，社会问题也就自然而然得到解决。因此，日常的家庭用具、家具、衣服等都必须做得价廉而物美，因此，工艺美术也就成为重要的一个方面。

It is said that:“Conflicts in modern society or the ugliness in life are the inevitable consequences of machinery civilization and excessive prosperity of material civilization.” The materialism hinders the beautiful and artistic side of people’s inner soul.

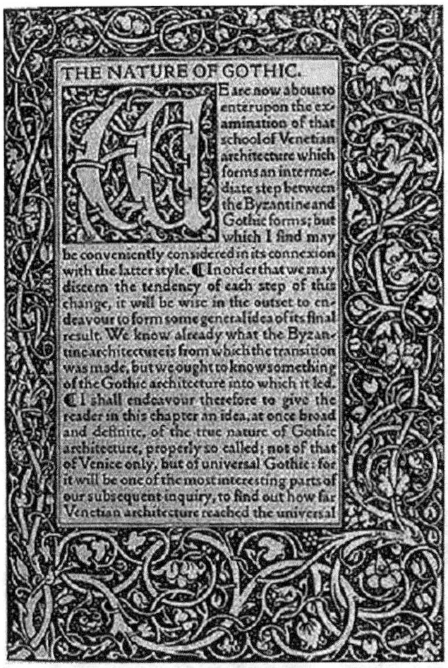
THE NATURE OF GOTHIC.

WE are now about to enter upon the examination of that school of Venetian architecture which forms an intermediate step between the Byzantine and Gothic forms; but which I find may be conveniently considered in its connexion with the latter style. ¶ In order that we may discern the tendency of each step of this change, it will be wise in the outset to endeavour to form some general idea of its final result. We know already what the Byzantine architecture is from which the transition was made, but we ought to know something of the Gothic architecture into which it led. ¶ I shall endeavour therefore to give the reader in this chapter an idea, at once broad and definite, of the true nature of Gothic architecture, properly so called; not of that of Venice only, but of universal Gothic: for it will be one of the most interesting parts of our subsequent inquiry, to find out how far Venetian architecture reached the universal

图 3.3.5　莫里斯的著作《哥特式的本质》

Fig. 3.3.5　《*The Nature of Gothic*》 Written by Morris

威廉·莫里斯作为英国工艺美术运动的奠基人，是真正实现约翰·拉斯金思想的一个重要设计先驱，是拉斐尔前派的主要成员（拉斐尔前派主张回溯到中世纪的传统，手工艺传统，设计的目的是诚实的艺术）。严格地来看，莫里斯并不是一个现代设计的奠基人：因为他探索的重点恰恰否定现代设计赖以依存的中心——工业化和机械化生产。他的目的是复兴旧时代风格，特别是中世纪、哥特风格，他一方面否定机械化、工业化风格，另一方面否定装饰过度的维多利亚风格。他认为只有哥特式、中世纪的建筑，家具、用品，书籍、地毯等的设计才是“诚实”的设计。其他的设计风格如果不是丑陋的，也是矫揉造作的，应该否定、推翻。只有复兴哥特风格和中世纪的行会精神才能挽救设计，保持民族的、民俗的、高品位的设计。**对于他来说，无论是古典风格还是现代风格，都不可取，唯一可以依赖的就是中世纪的、哥特的、**

Neither classic style nor modern style suits Morris, the only can depend on are the Middle Ages, Gothic and naturalism. He emphasizes the combination of practicality and aesthetics. But he only achieves this by simply combining Gothic and naturalism through the handcrafts manship. This setback makes it impossible for him to become a real founder for modern design.

自然主义这三个来源。他强调实用性和美观性的结合，但是如何达到这个目的，对于他来说，依然是采用手工艺的方式，采用简单的哥特式和自然主义的装饰，因而，他的这个局限使他不可能成为真正现代设计的奠基人。

莫里斯的主要思想如下。

（1）反对机械化、工业化风格，反对装饰过度的维多利亚风格，认为哥特式、中世纪设计才是诚实的设计。

（2）强调产品设计和建筑设计是为人民服务的，而不是为少数人。

（3）设计必须是集体活动，而不是个体活动。

（4）具体设计上强调实用性、美观性相结合。

莫里斯对于新的设计思想的第一次尝试是对他的新婚住宅"红屋"的装修，如图3.3.6所示。为了给新婚家庭购买生活用品，小商店里竟无法买到一件令他满意的家具和其他生活用品，这使他十分震惊。在几位志同道合的朋友合作下，他自己动手按自己的标准设计和制作家庭用品。在设计过程中，他将程式化的自然图案、手工艺制作、中世纪的道德与社会观念和视觉上的简洁融合在了一起。对于形式或者说装饰与功能关系，依莫里斯看来，装饰应强调形式和功能，而不是去掩盖它们。

图 3.3.6　莫里斯设计的红屋
Fig.3.3.6　The Red House Designed by Morris

位于伦敦贝克斯利希斯的红屋是建筑师菲利普·韦伯为莫里斯本人建造的，它是工艺美术运动早期的代表作。它故意表现使用的原材料是石头和瓦片的表面纹路。它本身不对称，结构古怪，图3.3.7所示为红屋的结构。

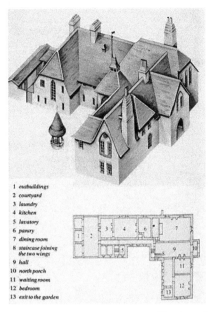
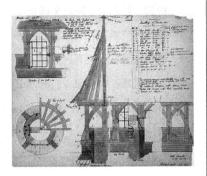

1 outbuildings
2 courtyard
3 laundry
4 kitchen
5 lavatory
6 pantry
7 dining room
8 staircase joining
  the two wings
9 hall
10 north porch
11 waiting room
12 bedroom
13 exit to the garden

图 3.3.7　红屋结构图
Fig.3.3.7　The Structure of the Red House

　　"红屋"建成后，莫里斯与几位好友建立了自己的商行——"莫里斯商行"，自己设计产品并组织生产。这是 19 世纪后半叶出现于英国的众多工艺美术设计行会的发端。尽管莫里斯与别人一道设计过家具，但他主要是一位平面设计师，即从事织物、墙纸、瓷砖、地毯、彩色镶嵌玻璃等的设计。另外，在印刷、书籍装帧设计方面，他也取得了十分突出的成就，他尤其讲究版面编排，强调版面的装饰性，通常采取对称结构，形成了严谨、朴实、庄重的风格。他的设计多以植物为题材，颇有自然气息并反映出一种中世纪的田园风味，这是拉斯金"师承自然"主张的具体体现，对后来风靡欧洲的新艺术运动产生了一定的影响。作为设计革新运动的思想领袖，拉斯金将产品粗制滥造的原因归罪于机械化批量生产，因而竭力指责工业及其产品。与拉斯金一样，莫里斯认为产品的问题是与机器生产联系在一起的。但是，莫里斯并不像拉斯金那样害怕和厌恶机器，他认为劳动分工割裂了工作的一致性，因而造成了不负责任的装饰。尽管莫里斯在对待机械化及大工业生产方面有他落后的一面，但他使先前设计改革理论家的理想变成了现实，更重要的是他不局限于审美情趣问题，而把设计看成是更加广泛的社会问题的一个部分。由于超越了"美学"的范畴，使他能接触到那些由来已久的更加重要的问题。因此，在某种意义上来说，他作为现代设计的伟大先驱是当之无愧的。

3.4　重点词汇

Section Ⅳ　Important Words

工艺美术运动：Arts and Crafts　Movement

约翰·拉斯金：John Ruskin

威廉·莫里斯：William Morris

豪华家具：State Furniture：

日作家具：Work-day Furniture：

MMF 商会：Morris Marshall Fanlker

师承自然：Learning From Nature

乌托邦幻想：Utopian Fantasy

Third

The Development Period of Modern Design（Early 20th century — 1945）

第三篇 现代设计发展时期（20世纪初—1945年）

第 4 章　各国新艺术运动概述
Chapter 4　Overview of the Art Nouveau States

4.1　霍尔塔、威尔德与比利时新艺术运动
Section Ⅰ　Horta, Wilde and Belgian Art Nouveau

1880 年代欧洲处于和平时期，不少新近独立或统一的国家力图打入竞争激烈的国际市场，这就需要一种新的艺术表现手法；又由于英国工艺美术运动的深刻影响，新艺术运动诞生并在 1890 年至 1910 年达到顶峰且风靡欧洲大陆。新艺术运动抛弃传统的装饰风格，走向自然装饰，使用充满活力的、波浪形和流动的线条来突出青春活力与现代感。它在设计历史上标志着古典传统走向现代运动的一个必不可少的转折与过渡，其影响十分深远。

在 19 世纪与 20 世纪之交的欧洲大陆，巴黎早已不能保持唯一中心的地位，比利时首都布鲁塞尔在文化领域散发着同样的影响力。被称为新艺术运动之都的布鲁塞尔，有 300 多个相关风格的建筑。这个时期的比利时由于煤矿富产，工业处在高速发展的阶段，所以对这个 1830 年刚建成的新国家来说，第二产业已经发展得稳定有余，在文化艺术上迫切需要树立一个崭新的民族特征使其不同于欧洲传统风格，所以这个时期的文学、绘画、建筑都经历了过渡阶段。尽管现代建筑倡导一个"新"字，但是城市整体建设并没有被各种新潮的建筑而打乱，不是破旧立新，而是保旧创新，所以这个城市建筑的处处充满着新旧的和谐，既保留了历史建筑文化，又体现现代人文实用价值，<u>依据这种哲学思想，设计被认为是表现生活的一种方式。</u>

比利时的新艺术运动规模仅次于法国。主要的设计组织有 1884 年成立的"二十人小组"和后来由它改名而成的自由美学社。重要的代表人物有维克多·霍尔塔（1867—1947）和享利·凡德·威尔德（1863—1957）。

享利·凡德·威尔德（Henry Vander Wilder），堪称 19 世纪末和 20 世纪初叶比利时最为杰出的设计家、设计理论家和建筑家。他对于机械的肯定，对设计原则的理论，以及他的设计实践，都使他成为现代设计史上最重要的奠基人之一。他于 1906 年在德国魏玛建立的一所工艺美术学校，成为德国初期现代设计教育的中心，也就是日后世界著名的包豪斯设计学院。威尔德在比利时期间，一方面从事"新艺术"风格的家具、室内、染织品设计和平面设计；另一方面，作为"二十人小组"和"自由美学社"的主要领导者，领导比利时的新艺术设计运动。

维克多·霍尔塔（Victor Horta），1861 年出生于比利时的根特古城，在

According to this philosophy, the design is considered to be a way of life performance.

巴黎完成大学业后，他在布鲁塞尔定居，并继续在美术学院进修学习绘画和建筑。维克多·霍尔塔在巴黎工作过一段时间，后返回比利时。在独立进行建筑设计、实现自己的设计思想和理念之前，他一直为著名的古典建筑师巴赖特工作。如图4.1.1所示为霍尔塔照片。

尽管维克多·霍尔塔开创的新艺术运动中现代建筑的基本模式并没有为当代的现代建筑设计师所接受，但是他的建筑理念给予了许多现代派建筑师启发和灵感。霍尔塔一直是比利时新艺术

图 4.1.1　维克多·霍尔塔肖像
Fig.4.1.1　Victor Horta

运动的领导人，勇敢地成为了当时反对传统建筑思想的急先锋，直到新艺术运动走向没落。霍尔塔的大部分作品已经遭到彻底毁坏，在其助手德尔维德努力下，仅有几座作品被成功保留，其中包括1893年霍尔塔的第一批新艺术运动作品：塔塞勒家族设计的住宅和他亲自设计并居住过的奥尔塔住宅（见图4.1.2），现在已经成为了一座永久的建筑博物馆。

图 4.1.2　**奥尔塔住宅**
Fig. 4.1.2　Horta Residential

这不是传统意义上的博物馆，建筑内的一切装饰和物品都那么与众不同，引人注目。这座博物馆实际上是维克多·霍尔塔在19世纪末为自己设计建造的住宅，其建筑风格确立了维克多·霍尔塔在比利时和世界建筑发展史上的地位。<u>1893年—1918年，欧洲尤其是布鲁塞尔的新艺术运动蔚然成风，其主要风格是：在建筑结构上使用钢和铁等工业材料作为支撑结构或装饰，而不加以隐藏；</u>采用自然风格的装饰手段（例如，以鞭绳作为装饰主题，是一种在新艺术运动，尤其是维克多·霍尔塔作品中常见的风格）；在建筑物的

From 1893 to 1918, the Art Nouveau movement spread well throughout Europe, especially Brussels. The chief style was using steel or iron in architecture as supporting structure or decoration, without concealing them.

外表装饰以马赛克和釉雕等。这些特点我们基本上可以在博物馆中找到。奥尔塔住宅还显示了维克多·霍尔塔建筑理念的伟大创新：建筑物内的房间是围绕一个中心大厅设计的，光线透过巨大的美丽的玻璃屋顶，使得自然采光条件远远优于 19 世纪布鲁塞尔和比利时的其他传统建筑。

Horta think, architecture and sculpture, art, should have the freedom of style and innovation.

霍尔塔认为，建筑和雕刻、美术一样，应该具有自由的风格和创新。他十分迷恋藤蔓缠绕的曲线，在这所建筑中，凡是能够使用曲线的地方，他都坚决摒弃了直线和锐利的角度。在塔塞尔饭店里，不仅门窗、立柱、顶棚，甚至楼梯栏杆扶手都是曲线的，霍尔塔还在墙壁、地面和顶棚上绘满了复杂的曲线，令人赞赏的是这么多缠缠绕绕的曲线不仅不累赘，反而显现出高度的和谐优雅和与传统建筑大异其趣的金碧辉煌，无论细节还是总体结构，流畅的曲线如一首愉悦的旋律在空间里旋转回荡。

在布鲁塞尔，维克多·霍尔塔设计的主要城市建筑包括塔塞尔旅馆（Tael Houe）、索尔维旅馆、范埃特威尔德旅馆，及现今的奥尔塔博物馆是。他的作品是 19 世纪末建筑作品中积极进取、锐意改革的先锋，其建筑风格代表了典型的新艺术运动风格：明朗的设计、光线的传播、用大量的非几何弯曲线条对建筑物加以装饰，如图 4.1.3 所示。可以说，维克多·霍尔塔是新艺术运动的伟大创始者之一。

图 4.1.3 维克多·霍尔塔设计的范埃特威尔德府邸
Fig. 4.1.3 The Van Atwell de Manion

4.2 吉玛德与法国新艺术运动
Section Ⅱ Guimard and French Art Nouveau

新艺术运动是工艺美术运动在法国的继续深化和发展。法国设计师兼艺术品商人萨穆尔·宾于 1895 年在巴黎开设了设计事务所"新艺术之家"，并与一些同行朋友合作，决心改变产品设计现状。他们推崇艺术与技术紧密结合的设计，推崇精工制作的手工艺，要求设计、制作出的产品美观实用，他们对建筑、家具、室内装潢、日用品、服装、书籍装帧、插图、海报等进行全面设计，力求创造一种新的时代风格。他们在形式设计上的口号是"回归自然"，以植物、花卉和昆虫等自然事物作为装饰图案的素材，但又不完全写实，多以象征有机形态的抽象曲线作为装饰纹样，呈现出曲线错综复杂、富于动感韵律、细腻而优雅的审美情趣。在1900年的巴黎国际博览会上，法国设计师的精美作品引起世界广泛关注，在欧美各国引起广泛响应，并使"新艺术之家"的名称不胫而走，故以"新艺术"命名其运动。因此，法国自然成为新艺术运动的发源地和中心。

作为"新艺术"发源地的法国，在开始之初不久就形成了两个中心：一是首都巴黎；另一个是南斯市。其中巴黎的设计范围包括家具、建筑、室内、公共设施装饰、海报及其他平面设计，而后者则集中在家具设计上。1889年由桥梁工程师居斯塔夫·埃菲尔（1832—1923）设计的埃菲尔铁塔堪称法国"新艺术"运动的经典设计作品，如图4.2.1所示。这一纪念碑性质的建筑坐落于塞纳河畔，是法国政府为了显示法国革命以来的成就而建造的。在700多个设计方案中，埃菲尔大胆采用金属构造设计的方案一举中标。塔高328m，由4根与地面成75°角的巨大支撑足以支持着高耸入云的塔体，成抛物线形跃上蓝天。全塔共用巨型梁架1500多根、铆钉250万颗，总重量达8000吨，这一建筑象征现代科学文明和机械威力，预示着钢铁时代和新设计时代的来临。

图4.2.1　法国埃菲尔铁塔
Fig. 4.2.1　Eiffel Tower

法国"新艺术"运动时期，在巴黎和南斯，不仅出现了三个设计组织——新艺术之家（La Maion Art Nouveau）、现代之家（La Maion Moderne）和六人集团（Le Six）；而且涌现了一批著名的设计家。新艺术之家由萨穆尔·宾于1895年在巴黎普罗旺斯路22号开设称为新艺术之家的工作室与设计事务所而得名；"现代之家"由朱利斯迈耶——格拉斐于1898年在巴黎开设称为"现代之家"的设计事务所和展览中心而得名。而"六人集团"则成立于

1898 年，是由六个设计家组成的松散设计团体。在这三个组织及周围有名的设计师还有爱米勒·加雷（1846—1904）、路易·马若雷尔（1859—1926）、勒内·拉里克（1860—1945）、欧仁·格拉塞（1841—1917）、图卢兹·劳特列克（1864—1901）皮埃尔·波那尔（1867—1947）和赫克多·吉玛德（1867—1942）。

新艺术运动开始在 1880 年，在 1892 年—1902 年达到顶峰。新艺术运动的名字源于萨穆尔·宾（Samuel Bing）在巴黎开设的一间名为"新艺术之家"（La Masion Art Nouveau）的商店，他在那里陈列的都是按这种风格所设计的产品，如图 4.2.2 所示。

图 4.2.2　萨穆尔·宾的新艺术之家
Fig.4.2.2　La Masion Art Nouveau of Samuel Bing

1895 年 12 月 16 日晚，一家新改建的画廊在巴黎普罗旺斯路 22 号开张了，主人萨穆尔·宾是德国出生的犹太人，是人们公认的日本艺术鉴赏家，作家，商人。画廊不仅展出美术作品，同时也展出实用艺术品。如图 4.2.3 所示为萨穆尔·宾设计的作品。

图 4.2.3　萨穆尔·宾的设计作品
Fig.4.2.3　Design work of Samuel Bing

法国设计师赫克托·吉玛德是"新艺术"运动较具代表性的设计师，如图 4.2.4 所示。他将建筑设计、室内设计、家具设计整合到一个完整的设计体系当中，强调局部与整体的协调统一，设计中常通过结构的暴露来完成体量与立面的冲突，以表达一种非对称观念的情趣性。

　　1889—1898 年，吉玛德这一阶段的设计风格主要致力于一种非对称的方式构筑。 通过结构的暴露来完成体量与立面的冲突以表现非对称的观念，混凝土、彩砖、玻璃、铸铁等新材料的运用关注到了建筑结构、功能划分以及建筑立面的装饰，这说明他已注意到了建筑整体形式、结构同装饰之间的统一关系。图 4.2.5 所示为吉玛德设计的建筑。

图 4.2.4　吉玛德肖像

Fig. 4.2.4　The Portrait of Guimard

From 1889 to 1898, the design style of Guimard is mainly the non-symmetric construction.

图 4.2.5　吉玛德设计的建筑

Fig.4.2.5　Guimard's Deign

　　吉玛德第二阶段的设计为 1899 —1918 年。吉玛德将他在第一阶段使用到的设计手法，娴熟地运用到巴黎地铁公司的委托设计（见图 4.2.6）和洪堡特·德·罗曼斯音乐厅的设计中（见图 4.2.7）。

图 4.2.6　吉玛德设计的巴黎地铁站入口

Fig.4.2.6　The Entrance of Pairs Metro

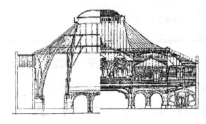

图 4.2.7　洪堡特·德·罗曼斯音乐厅

Fig.4.2.7　Shell Humbert de Romans

4.3　安东尼·戈地与西班牙的新艺术运动

Section Ⅲ　Anthony Gaudi with Spanish Art Nouveau

新艺术运动在欧洲各地都有不同的表现，虽然它的目的相似：都是对于矫饰的维多利亚风格的反对，都是对于机械、大工业化风格的不安的体现，都采用了自然主义的形式，特别是来自自然界中的各种有机形态，都反对采用直线，甚至极端地认为自然界中根本不存在直线，直线甚至被一些评论家挪揄为面条风格、蠕虫风格。而最为极端、最具有宗教气氛的"新艺术"运动却在地中海沿岸地区，特别是西班牙的巴塞罗那地区盛行，而建筑师戈地和蒙塔列分别代表着西班牙新艺术运动的两种不同的风格。

安东尼·戈地（1852—1926），是西班牙新艺术运动最重要的代表人物。他是一位具有独特风格的建筑师和设计家；他出身卑微，是一名普通手艺铜匠的儿子；他一生被肺炎折磨，从小就沉默寡言。17岁开始在巴塞罗那学建筑，其设计灵感大量来自他所阅读的书籍。他早期的设计具有强烈的阿拉伯摩尔风格特征，这也被称为其设计生涯的"阿拉伯摩尔风格"阶段。在这个阶段中，他的设计不单纯复古而是采用折中处理，把各种材料混合利用。他的属于这种风格的典型设计是建于1883—1888年间的位于巴塞罗那卡罗林区的文森公寓。这个设计的墙面大量采用了釉面瓷砖并作了镶嵌装饰处理。**戈地从中年开始在他的设计中糅合了哥特式风格的特征，并将新艺术运动的有机形态、曲线风格发展到极致，同时又赋予其一种神秘的、传奇的隐喻色彩，在其看似漫不经心的设计中表达出复杂的感情。** 戈地最富有创造性的设计是巴特洛公寓（The Casa Batllo），如图4.3.1所示，该公寓房屋的外形象征着海洋的海生动物的细节，整个大楼一眼望去就让人感到充满了革新味。

Gaudi starts to apply Gothic style in his design and give full play to the organic form and curve style into extreme,at the same time endows a sense of metaphorical feeling of mystery and legend We can always detect a sense of complicated feelings through his seemingly casual design.

图4.3.1　巴特洛公寓
Fig. 4.3.1　Casa Batllo

此外，米拉公寓（The Casa Mila）也是戈地的代表性作品，如图4.3.2所示。构成一二层凸窗的骨形石框，覆盖整个外墙的彩色玻璃镶嵌及五光十色的屋顶彩砖，呈现了一种异乎寻常的连贯性，赋予了大楼无限生气。公寓的窗子被设计成似乎是从墙上长出来的奇特起伏效果，进一步发挥了巴特洛公寓的形态。**该建筑物的正面被处理成一系列水平起伏的线条，这样就使多层建筑的高垂感与表面的水平起伏相映生辉。** 公寓不仅外部呈波浪形，内部也没有直角，包括家具在内都尽量避免采用直线和平面。由于跨度不同，他使

The apartment's front side is designed as a series of horizontal fluctuation, thus the vertical and horizontal of the multi-story building echoes

用的抛物线拱产生出不同高度的屋顶，形成无比震撼的屋顶景观，整座建筑好像一个正在融化的冰淇淋。米拉公寓由于风格极端，引起了巴塞罗那市民的指责，报纸以各种诨名来攻击这个设计，比如蠕虫、大黄蜂的巢等。

图 4.3.2　米拉公寓
Fig.4.3.2　Case MILà

with each other. Not only the outer layer of the apartment is in wavy shape, the inside of the apartment has no right angle, even the design of furniture tries to avoid straight line and flat surface. Due to the different spans,he successfully designs the roof of different height with parabolic arch forming the unprecedentedly shocking roof landscape just like a melting ice-cream.

　　在今天看来，戈地所有的设计中最重要的还是他为之投入 43 年之久，并且至死仍未能够完成的神圣家族教堂（The Sagrade Church），如图 4.3.3 所示。该教堂于 1881 年委托给戈地设计，1884 年开始建造，用了 42 年时间才建成。耗时如此之久主要是由于财力不足，以至于多次停工。教堂的设计主要模拟中世纪哥特式建筑式样，原设计有 12 座尖塔，最后只完成了 4 座。尖塔虽然保留着哥特式的韵味，但结构却简练得多，教堂内外布满钟乳石式的雕塑和装饰件，上面贴以彩色玻璃和石块，仿佛神话中的世界，整座教堂看不到一条直线，一点鲜明的规则，显示出向世界的工业化风格挑战的意味。

图 4.3.3　神圣家族教堂
Fig.4.3.3　The Sagrade Church

　　西班牙"新艺术运动"的另一位代表人物是路易·多米尼科·蒙塔列（1850—1930），其设计风格基本上与法国、比利时相似，但更重视设计作品功能的作用，其代表性的设计是卡塔拉兰音乐厅。

4.4　雷迈斯克米德与德国青春风格

Section Ⅳ　Richard Riemerschmid Germany and the German youth style

在德国，得名于《青春》杂志的新艺术被称为"青春风格"（Jugendtil）。"青春风格"组织的活动中心设在慕尼黑，这是新艺术转向功能主义的一个重要阶段。

德国的新艺术设计运动与法国、比利时、西班牙的运动类似。发起这个设计运动的人物主要是艺术家、建筑家，他们怀有同样的目标，希望通过恢复手工艺传统，来挽救当时颓败的设计。他们在思想上受到英国"工艺美术"运动的先驱拉斯金、莫里斯的影响和感召，开始的时期有明显的自然主义色彩。**但是，自从 1897 年以后，这场运动越来越脱离以曲线装饰为中心的法国、比利时和西班牙的"新艺术"运动主流，开始与格拉斯哥四人（特别是与查尔斯·麦金托什）的设计相似，从简单的集合造型、直线的运用上找寻新的形式发展方向。**与此同时，奥地利的一批设计家也公开提出与正宗的学院派分离，自称为分离派，在形式方面与德国的青春风格接近，成为了一股德文国家的新设计运动力量。

正当新艺术在比利时、法国和西班牙以应用抽象的自然形态为特色，向着富于装饰的自由曲线发展时，在"青春风格"艺术家和设计师的作品中，蜿蜒的曲线因素第一次受到节制，并逐步转变成几何因素的形式构图。理查德·雷迈斯克米德（Richard Riemerchmid，1868—1957）是"青春风格"的重要人物，他于 1900 年设计的餐具标志着对于传统形式的突破，以及对于餐具及其使用方式的重新思考，直至今日仍是质量优异的设计代表作，如图 4.4.1 所示。

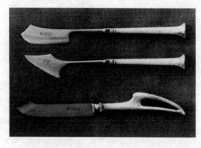

图 4.4.1　理查德·雷迈斯克米德设计的餐具
Fig. 4.4.1　Richard Riemerschmid's Design

在德国设计由古典走向现代的进程中，达姆施塔特（Darmtadt）艺术家村起到了极其重要的作用。达姆施塔特是德国黑森州的一个小城，1899—1914 年间，黑森州的最后一任大公路德维希（Grand Duke Ernt Ludwig Ⅱ）为了促进该州的出口，在达姆施塔特的玛蒂尔德霍尔（Mathildenhohe）高地建立了"艺术家村"（Küntlerkolonie），网罗了德国以及欧洲其他国家的建筑师、

But since 1897, the movement has started to evade from France which focused on curvy decorations, as well as Belgium and Spanish's novel art movement, and were incilned to have the design stylesimilar with Glasgow the four people, especially Charles Macintosh, it tries to explore the new direction of simple collective design and straight line application.

艺术家和设计师。这其中就有著名的奥地利建筑师奥布里奇（Joeph M. Olbrich，1867—1908）和德国设计师贝伦斯，从事产品设计工作。艺术家村很快成为德国乃至欧洲新艺术的中心，其目的是创造全新的整体艺术形式，将生活中所有的方面：建筑、艺术、工艺、室内设计及园林等形成一个统一的整体。

贝伦斯（见图4.4.2）也是"青春风格"的代表人物，他早期的平面设计受日本水印木刻的影响，喜爱荷花、蝴蝶等象征美的自然形象，但后来逐渐趋于抽象的几何形式，标志着德国的新艺术开始走向理性。贝伦斯于1901年设计的餐盘则完全采用了几何形式的构图，如图4.4.3所示。

图4.4.2 贝伦斯的肖像
Fig.4.4.2 The Portrait of Peter Behrens

His early graphic design is affected by Japanese wood block printing, which prefers nature symbol like lotus and butterflies.

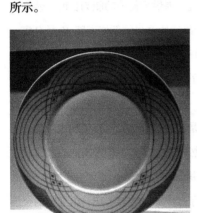

图4.4.3 贝伦斯设计的餐盘
Fig.4.4.3 Dinner Plate Designed by Peter Behrens

4.5 奥地利新艺术运动与维也纳分离派

Section V Austrian Art Nouveau and Secession

奥地利的新艺术运动是由维也纳分离派发起的。这是一个由一群先锋艺术家、建筑师和设计师组成的团体，成立于1897年，最初被称为"奥地利美术协会"。因为他们所标榜的理念是与传统和正统艺术分道扬镳，故自称"分离派"。其口号是"为时代的艺术，为艺术的自由"。主要代表人物有：建筑家奥托·瓦格纳（1841—1918）、约瑟夫·霍夫曼（1870—1956）、约瑟夫·奥尔布里希（1867—

图4.5.1 奥托·瓦格纳肖像
Fig. 4.5.1 The Portrait of Otto Wagner

He pointed out that the new structure and new material will inevitably lead to new forms of design, using retro style in building area is extremely ridiculous,because buildings are designed for modern people, not for the classical people.

1908）、科罗曼·莫瑟（1868—1918）和画家古斯塔夫·古里姆特等。

奥托·瓦格纳（Otto Wagner）是奥地利新艺术的倡导者，如图 4.5.1 所示，他早期从事建筑设计，并逐渐发展形成自己的学说。他早期推崇古典主义，后来受工业技术的影响，逐渐形成自己的新观点。其学说集中地反映在 1895 年出版的《现代建筑》一书中。<u>他指出新结构和新材料必然导致新的设计形式的出现，建筑领域的复古主义样式是极其荒谬的，设计是为现代人服务，而不是为古典复兴而产生的。</u>他对未来建筑的预测是非常激进的，认为未来建筑"像在古代流行的横线条，平如桌面的屋顶，极为简洁而有力的结构和材料"，这些观点非常类似于后来以"包豪斯"为代表的现代主义建筑观点。他甚至还认为现代建筑的核心是交通或者交流系统的设计，因为建筑是人类居住、工作和沟通的场所，而不仅仅是一个空洞的环绕空间。建筑应该以交流、沟通、交通为中心设计考虑，以促进交流、提供方便的功能为目的，装饰也应该为此服务。他在 1900—1902 年设计建造的维也纳新修道院 40 号公寓，就体现了他的"功能第一，装饰第二"的设计原则，并抛弃了"新艺术运动"风格的毫无意义的自然主义曲线，采用了简单的几何形态，以少数曲线点缀达到装饰效果。

维也纳邮政储蓄银行位于奥地利，是由建筑师奥托·瓦格纳设计的，它高六层，立面对称，墙面划分严整，仍然带有文艺复兴式建筑的敦实风貌，但细节处理新颖，表面的大理石贴面板采用铝制螺栓固定，螺帽完全露在外面，产生奇特的装饰效果。银行内部营业大厅做成满堂玻璃天花，由细窄的金属框格与大块玻璃组成。两行钢铁内柱上粗下细，柱上的铆钉也是裸露出来的。大厅白净、简洁、新颖。这座建筑物建于 20 世纪初，具有开创性的意义，如图 4.5.2 所示。

图 4.5.2 瓦格纳设计的维也纳邮政储蓄银行
Fig.4.5.2 The Autrian Postal Saving Bank Designed by Dtto Wagner

约瑟夫·奥尔布里希（Joseph Olbrich）和约瑟夫·霍夫曼（Joseph Hoffmann）是瓦格纳的学生，他们继承了瓦格纳的建筑新观念。奥尔布里希为维也纳分离派举行年展所设计的分离派之屋，以其几何形的结构和极少数的装饰概括了分离派的基本特征。交替的立方体和球体构成了建筑物的主旋律，如同纪念碑一般简洁（见图4.5.3）。

图4.5.3　奥尔布里希设计的分离派会馆

Fig.4.5.3　Secession Building Designed by Olbrich

与奥尔布里希相比，霍夫曼（见图4.5.4）在新艺术运动中取得的成就更大，甚至超过了他的老师瓦格纳。他于1903年与莫瑟一道发起成立了维也纳生产同盟，这是一个近似于英国工艺美术运动时期莫里斯设计事务所的手工艺工厂，在生产家具、金属制品和装饰品的同时，还出版了杂志《神圣》，宣传自己的设计和艺术思想。霍夫曼一生在建筑设计、平面设计、家具设计、室内设计、金属器皿设计方面取得了巨大的成就。在他的建筑设计中，装饰的简洁性十分突出。由于他偏爱方形和立体形，所以在他的许多室内设计，如墙壁、隔板、窗子、地毯和家具中，家具本身被处理成岩石般的立体，如图4.5.5所示。**在他的平面设计中，图形设计的形体如螺旋体和黑白方形的重复十分醒目，其装饰手法的基本要素是并置的几何形状、直线条和黑白对比色调。**这种黑白方格图形的装饰手法为霍夫曼所始创，因此霍夫曼被学术界戏称为"方格霍夫曼"。

图4.5.4　霍夫曼肖像

Fig.4.5.4　The Portrait of Hoffmann

In his graphic design, the repeated graphic design forms, such as the spiral body and the black and white square are very eyecatching. The basic elements of his decorative techniques are collocating geometrical shapes, straight lines and contrastive monochrome colors.

图 4.5.5　霍夫曼设计的组合凳

Fig.4.5.5　The Combinative Stool Designed by Hoffmann

　　画家出身的古斯塔夫·克里姆特（Gustav Klimt）是"维也纳分离派"中最重要的艺术家，在绘画风格上同样采用大量简单的几何图形为基本构图元素，采用非常绚丽的金属色，如金色、银色、古铜色，加上其他明快的颜色，创造出非常具有装饰性的绘画作品，在当时画坛引起很大的轰动。他采用陶瓷镶嵌技术为建筑设计壁画，并利用其娴熟的绘画技巧，为设计增添了许多魅力。

图 4.5.6.1　古斯塔夫·克里姆特肖像

Fig.4.5.6.1　The Portrait of Gustav Klimt

图 4.5.6.2　克里姆特作品——吻

Fig.4.5.6.2　Kiss Designed by Klimt

　　维也纳分离派另一代表人物莫瑟（Mosel），虽以绘画见长，但与分离派设计家们的合作十分密切。他的装饰绘画风格简单明快，趋向于用单色或黑白颜色进行设计，与克里姆特的绘画风格形成鲜明对照。如 1898 年他为维也纳分离派设计的展览海报，就是新艺术运动的典型作品，如图 4.5.7 所示。

　　当然，维也纳分离派也有其局限性，主要表现在：①没处理好艺术与机器生产的关系问题；②设计不考虑成本，未能实现机械化生产的要求和满足大众消费；③形式与功能结合的不彻底。

图 4.5.7　莫瑟设计的海报

Fig. 4.5.7　A Poster Designed by Mosel

4.6 麦金托什与格拉斯哥学派

Section Ⅵ Mackintosh and Glasgow School

格拉斯哥学派由19世纪80年代至90年代活跃在格拉斯哥的一批水彩画家和油画家组成。它的创始人是威廉·麦克格雷戈（William Mac Gregor）和詹姆斯·佩特森（James Paterson），其他有关的人有大卫·卡梅伦（David Cameron）爵士，约瑟夫·克劳霍尔（Joeph Crawhall），爱德华·霍内尔（Edward Hornel），爱德华·沃尔顿（Edward Walton）及阿瑟·梅尔维尔（Arthur Melville，1884年后期加入），受法国印象派的影响，他们把充满活力的画风与形式和色彩的装饰性效果结合起来。图4.6.1所示为格拉斯哥的代表建筑：风山住宅。

图4.6.1 风山住宅
Fig.4.6.1 Wind Mountain Residence

由英国建筑师麦金托什和他的三个伙伴组成了"格拉斯哥四人组"。**他们主张建筑应顺应形势，不再反对机器和工业，也抛弃了英国工艺美术运动以曲线为主的装饰手法，改用直线和简洁明快的色彩。**

查尔斯·雷尼·麦金托什（Charles Rennie Mackintosh，1868—1928），是19世纪和20世纪之交英国最重要的建筑设计师和产品设计师，是格拉斯哥学派的代表人物之一，如图4.6.2所示。他发掘他称之为"旧的精神"而设计出具有新风格的独特的建筑和产品，麦金托什的风格不是突然产生的，而是英国设计运动和欧洲大陆设计运动的发展成果之一。他是工艺美术时期与现代主义时期一个重要的环节式人物，在设计史上具有承上启下的作用和意义。

麦金托什是新艺术运动中产生的全面设计

图4.6.2 麦金托什肖像
Fig. 4.6.2 The Portrait of Mackintosh

They advocated buildings should conform to the situation, and no longer opposed to machines and industry, but also abandoned the curve-based decorative techniques which were the chief methods during English Arts and Crafts movement, on the contrary,they adopted straight lines and concise colors

师的典型代表。他的平面设计具有鲜明的特征，特别是其中几何形态和有机形态的混合采用，简单而具有高度装饰味道。他的设计风格很大程度是受到日本浮世绘的影响。麦金托什早期的建筑设计一方面依然受到传统英国建筑的影响，另一方面则具有追求简单纵横直线形式的倾向。

他的室内设计非常杰出，基本采用直线和简单的几何造型，同时采用白色和黑色为基本色彩，细节稍许采用自然图案。因此达到了既有整体感，又有典雅的细节装饰的目的。他的著名设计有希尔家族住宅杨柳茶室等。他所设计的家具特别出名的是高背椅（Wing Chair），如图 4.6.3 所示，完全是黑色的高背造型，非常夸张，同时也是格拉斯哥四人风格的集中体现。

图 4.6.3　麦金托什设计的高背椅
Fig. 4.6.3　Wing Chairs Designed by Mackintosh

4.7　重点词汇

Section Ⅶ　Glossary

新艺术运动：Art Nouveau　　　　维克多·霍尔塔：Victor Horta

享利·凡德·威尔德：Henry van Der Wilder

塔塞尔旅馆：Tael House　　　　新艺术之家：La Maion Art Nouveau

六人集团：Le Six　　　　　　　萨穆尔·宾：Samuel Bing

吉玛德：Hector Guimard　　　　现代之家：La Maion Art Nouveau

安东尼奥·戈地：Antonio Gaudi　　巴特洛公寓：the Casa Batllo

米拉公寓：the Casa Mila　　　　神圣家族教堂：the Sagrade Church

青春风格：Jugendtil

查尔斯·雷尼·麦金托什：Charlse Rennie Mackintosh

格拉斯哥学派：Glasgow School　　高背椅：Wing Chair

第5章 现代主义设计的发展阶段
Chapter 5 Development Stage of Modernism Design

5.1 现代主义设计运动

Section Ⅰ Modernist Design Movement

现代主义设计是从建筑设计发展起来的，20世纪20年代前后，欧洲一批先进的设计师、建筑师形成了一个强力集团，推动所谓的新建筑运动，这场运动的内容非常庞杂，其中包括精神上的、思想上的改革，也包括技术上的进步，特别是新材料的运用，从而把千年以来设计为权贵服务的立场和原则打破了，也把几千年以来建筑完全依附于木材、石料、砖瓦的传统打破了。继而从建筑革命出发，又影响到城市规划设计、环境设计、家具设计、工业产品设计、平面设计和传达设计等领域，形成真正完整的现代主义设计运动。

本质上现代主义设计的基础是"功能主义"，主张形式追随功能（Form Follows Function）。德国现代主义设计大师D·拉姆斯阐述现代主义设计的基本原则是"简单优于复杂，平淡优于鲜艳夺目；单一色调优于五光十色；经久耐用优于追赶时髦，理性结构优于盲从时尚"。这种风格引领了世界范围内的设计主流，以致战后被称为"国际主义风格"。1919年包豪斯（Buahus）的成立，奠定了现代主义设计的基础。它主张以理性主义为出发点，以人类认识自然与改造自然为前提，强调一种以客观的物性规律来决定和左右人的主观的人性的规律。许多现代主义者，从德国的贝伦斯、格罗佩斯到美国的米斯、赖特，到法国的柯布西耶都以重视功能、造型简洁、反对多余装饰，奉行"少即是多"的原则作为自己从事设计和创作的依据。

当代现代主义的精神主要体现在以下4个方面：第一，注重形式与风格。第二，具象转向抽象。第三，表现比再现更重要。第四，创造高于审美。西方自古代开始其艺术创作的传统就是求真，注重对客观外物的真实刻画和记录描写，但是资本主义大工业时代的开始让人们发现物质的东西并不是那么重要了，人们因为经济发展变得异化了，变得心理变态了，变得心灵扭曲了，上帝死了，人们没有了精神支柱，孤独无依无靠，信仰缺失，唯利是图，于是作家开始在作品中寻找活着的意义，倾诉自己内心的苦闷，挖掘主体心灵世界深处的意识的流动。现代主义文学的这个转向与弗洛伊德精神分析学科对人的意识的专注也有一定的影响。

在形式上，现代主义采用了一系列西方古典文学从来没用过的创新笔法，比如在结构上按照古希腊诸神体系建构的《尤利西斯》，在语言上采取意识

In essence, the foundation of modernism design is functionalism. which proposed the idea of "form follows function" D. Lames, German modern design master, illustrated that the basic principles of modern design is that "simplicity outcompetes complexity, bland is better than glamorousness, monotonous color is superior than multicolors, being classic is more important than catching the fashion, being rational is better than following the fashion without clear intention". This style becomes the leading trend worldwide and is called "international style" after the war.

流不停歇的写作手法的《喧哗与骚动》，以及在情节上采取大胆给主角改变性别的《奥兰多》等，这些作品给西方文学注入了新鲜的活力。

前面叙述到的工艺美术运动时期和新艺术运动时期都是古典主义（新旧）向现代主义发展的过渡期。

1. 德国工业同盟

Federation of German Industries

创建背景：穆特修斯是德国工业同盟组织的开创者，他通过对英国设计发展状况的考察，发现工艺美术运动存在对工业化否定的局限性，认为机械化与新技术是提高德国设计的前提，宣传功能主义设计原则，并提出对传统的美术教育进行彻底改革的构想。德国工业同盟的目的是通过设计强调民族良心。

德国工业同盟的宗旨如下。

（1）提倡艺术、工业、手工艺结合。

（2）主张通过教育、宣传，努力把各个不同项目的设计综合在一起，完善艺术、工业设计和手工艺领域。

（3）强调走非官方的路线，避免政治对设计的干扰。

（4）大力宣传和主张功能主义和承认现代工业。

（5）坚决反对任何装饰。

（6）主张标准化的批量化。

德国工业同盟的成立是现代设计的一件重大事情，自从这个机构成立以后，德国的设计家就有一个可以聚集的中心，工业同盟组织的各种展览、讨论会都变成当时设计先驱人物研究发展、讨论问题的重要场所。格罗披乌斯的成就（他于1914年受工业同盟委托设计科隆展览馆）在很大程度上是与工业同盟分不开的。

1907年彼得·贝伦斯（Peter Behren）受聘担任德国通用电气公司 AEG 的艺术顾问，全面负责公司的建筑设计、视觉传达设计以及产品设计，使庞杂的大公司树立起了一个统一完整的、鲜明的企业形象，如图 5.1.1 和图 5.1.2 所示。他设计的电水壶和电钟如图 5.1.3 和图 5.1.4 所示。

图 5.1.1　彼得·贝伦斯设计的通用公司标志　　图 5.1.2　AEG 透平机制造车间
Fig.5.1.1　AEG Logo Designed by Peter Behrens　　Fig.5.1.2　AEG Turbine Factory

图 5.1.3　彼得·贝伦斯设计的电水壶

Fig.5.1.3　Electric Kettle Designed by Peter Behrens

图 5.1.4　彼得·贝伦斯设计的电钟

Fig.5.1.4　Electroclock Designed by Peter Behrens for AEG

2. 荷兰的"风格派"运动

Dutch De Stijl

"风格派"运动是荷兰的一些画家、设计师、建筑师在 1917—1928 年之间组织起来的一个松散的集体，主要的组织者是凡·杜斯伯格（Theo Van Doesburg），如图 5.1.5 所示，而维系这个集体的中心是《风格》杂志。

"风格派"运动提倡采用最简单的结构元素，形成基本设计语汇，从而使设计因其内在的认可性在全世界找到共同语言。<u>风格派一个共同的主张即坚持绝对抽象的原则，他们主张艺术应脱离于自然而取得独立，艺术家只有用几何形象的组合和构图来表现宇宙根本的和谐法则，才是最重要的。</u>因此，对和谐的追求与表现是"风格派"艺术设计师们的共同目标。

"风格派"对于世界现代主义风格的形成起有很大的影响，它简单的几何形式，以中性色（白、黑、灰）为主的色彩计划，以及立体主义造型和理性主义的结构特征在两次世界大战之间成为国际主义风格的标准符号。

"风格派"的设计代表作品中有几件流传甚广且影响世界的，例如：

De stijl stick to the principle of absolute abstract.They argued that art should be separated from nature and gain independence. The most important thing for artist is that they should manifest the harmony of universe fundamental laws through combination of geometrical compositions.

图 5.1.5　凡·杜斯伯格肖像

Fig.5.1.5　Portrait of Theo Van Doesburg

（1）里特威尔德（Gerrit Rietveld，见图5.1.6）的什罗德房子和他设计的红蓝椅子（Schroeder House），如图5.1.7和图5.1.8所示。

图 5.1.6　里特威尔德肖像　　　　图 5.1.7　里特威尔德设计的什罗德住宅

Fig.5.1.6　The Portrait of Rietveld　Fig.5.1.7　Schroeder Residential Designed by Rietveld

图 5.1.8　里特威尔德设计的红蓝椅

Fig.5.1.8　Red and Blue Chair Designed by Rietveld

（2）彼埃·蒙德里安（Piet Mondrian）20年代画的非对称式的绘画，如图5.1.9和图5.1.10所示。

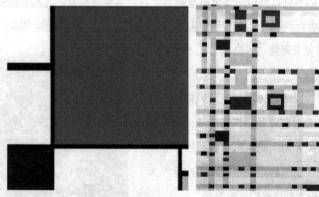

图 5.1.9　《红、黄、蓝构成》　　　　图 5.1.10　《百老汇爵士乐》

Fig.5.1.9　Red-Yellow-Blue Form　　　Fig.5.1.10　Broadway Jazz

（3）乌德的"乌尼咖啡馆（Unie Coffee Museum）"立面，如图5.1.11所示。

图 5.1.11 乌尼咖啡馆

Fig.5.1.11 Unie Coffee Museum

（4）凡·杜斯伯格和凡·依斯特伦的轴线确定式建筑预想图。

在"后现代主义"的辩论当中，对早期现代主义的讨论、重新评价和研究占有非常重要的地位。特别是那些被国际主义同化以前的现代主义试验，研究界的兴趣非常强烈。对"风格派"感兴趣是因为它提供了所谓的"经典现代主义"的最主要基础之一，20世纪80年代对于"经典现代主义"的复兴和修正主义热潮，使人们对它的兴趣再次兴起，人们对于它形成的设计和艺术上的循环方式和一再复兴现象非常感兴趣。**应该说，并没有一个统一的、一成不变的"风格派"风格，真正的"风格派"是变化的、进步的，它的精神是改革和开拓，它的目的是未来，它的宗旨是集体与个人、时代与个体、统一与分散、机械与唯美的统一的努力。**

3. 俄国构成主义

Russian Constructivism and Modernism Design Art

"俄国构成主义"是俄国十月革命胜利前后在俄国一小批先进的知识分子当中产生的前卫艺术和设计运动。

"俄国构成主义"者把结构当成是建筑设计的起点，以此作为建筑表现的中心，这个立场成为世界现代建筑的基本原则。他们利用新材料和新技术来探讨"理性主义"，研究建筑空间，采用理性的结构表达方式，对于表现的单纯性、摆脱代表性之后自由的单纯结构和功能的表现进行探索，以结构的表现为最后终结，最早的建筑设计方案之一是弗拉基米尔·塔特林（Vladimir Tatlin）（见图 5.1.12）设计的第三国际纪念塔方

图 5.1.12 塔特林肖像

Fig.5.1.12 The Portrait of VladiminTatlin

There is no unified and changeless style in De stijl, actually it is metabolic and progressive whose spirit is revolutionary and pioneering. it targets on the future and strive to realize the unification of collectivism and individualism, surroundings and individuals, unity and decentralization, machinery and arts.

案，完全体现了"构成主义"的设计观念，如图 5.1.13 所示。第三国际纪念塔是塔特林在 1920 年设计的，这座塔比埃菲尔铁塔高出一半，里面包括国际会议中心、无线电台、通信中心等，这个现代主义的建筑，其实是一个无产阶级和共产主义的雕塑，它的象征性比实用性更加重要。俄国构成主义坚持设计为政治服务、为无产阶级服务的原则。

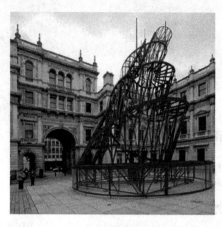

图 5.1.13　塔特林设计的第三国际纪念塔模型

Fig.5.1.13　Comintern Monument Designed by Tatlin

5.2　装饰艺术运动

Section Ⅱ　Art Deco

装饰艺术运动是一场用艺术进行装饰和加工的运动，但同时影响了建筑设计的风格，它的名字来源于 1925 年在巴黎举行的世界博览会。当其在 1920 年代初成为欧洲主要的艺术风格时并未在美国流行，大约 1928 年，快到现代主义流行的 1930 年前才在美国流行。Art Deco 这个词虽然是在 1925 年的博览会上创造的，但直到 1960 年对其再评估时才被广泛使用，其实践者并没有像风格统一的设计群落那样合作。

装饰艺术运动（Art Deco）演变自 19 世纪末的新艺术（Art Nouveau）运动，当时的艺术运动是资产阶级追求感性（如花草动物的形体）与异文化图案（如东方的书法与工艺品）的有机线条。**装饰艺术运动则结合了因工业文化所兴起的机械美学，以较机械式的、几何的、纯粹装饰的线条来表现，**如扇形辐射状的太阳光、齿轮或流线形线条、对称简洁的几何构图等，并以明亮对比的颜色来彩绘，如亮丽的红色、吓人的粉红色、电器类的蓝色、警报器的黄色，到探戈的橘色及带有金属味的金色、银白色以及古铜色等。同时，随着欧美资本主义向外扩张，远东、中东、希腊、罗马、埃及与马雅等古老文化的物品或图腾，也都成了装饰艺术的素材来源，如埃及古墓的陪葬品、非洲木雕、希腊建筑的古典柱式等。这种最早出现在法国博览会临时展示馆，看似既传

Art Deco adopts the mechanical aesthetic which spring up due to the industrial culture, it uses a more mechanical, geometric, purely decorative lines to performance.

统又创新的建筑风格，结合了钢骨与钢筋混凝土营建技术的发展，让象征着资本主义教堂的摩天大楼的建成成为可能，并且于资本主义中心国家的大城市里得到了实践。典型的例子是美国纽约曼哈顿的克莱斯勒大楼（Chrysler Building）与帝国大厦（Empire State Building），如图5.2.1和图5.2.2所示，其共同的特色是有着丰富的线条装饰与逐层退缩结构的轮廓。除了这些举世闻名的建筑物外，在其他类型的建筑物，私人或公共建筑、纪念性或地域性，都可以看见装饰艺术的影响，如方盒状的公寓、巨型的发电厂与工厂、流线形且充满异国色彩的电影院、金字塔状的教堂等，都因其寓意式的装饰或花纹状的浮雕而被称作装饰艺术建筑。

图 5.2.1　美国克莱斯勒大楼　　　　图 5.2.2　美国帝国大厦
Fig.5.2.1　The Chrysler Building　　Fig.5.2.2　The Empire State Building

1. 装饰艺术运动的源起

Origination of Art Deco

装饰艺术运动是19世纪20年代到30年代的欧美设计革新运动。在大工业迅速发展、商业日益繁荣的形势推动下，欧美的工业设计逐渐走向成熟。仍然经常留恋手工业生产的新艺术设计运动，已不能适应普遍的机械化生产的要求。以法国为首的各国设计师，纷纷站在新的高度肯定机械生产，对采用新材料、新技术的现代建筑和各种讲究形式美和装饰美的工业产品进行新的探索，其涉及的范围主要包括对建筑、家具、陶瓷、玻璃、纺织、服装、首饰等艺术更强的产品设计，力求在维护机械化生产的前提下，使工业产品更加美化。巴黎是装饰艺术运动的发源地和中心，1925年在巴黎举办了装饰艺术展，装饰艺术运动因此得名并在欧美各国掀起热潮。它受到新兴的现代派美术、俄国芭蕾舞的舞台美术、汽车工业及大众文化等多方面影响，设计形式呈现多样化，但仍具有统一风格，如注重表现材料的质感与光泽；在造型设计中多采用几何形状或用折线进行装饰；在色彩设计中强调运用鲜艳的纯色、对比色和金属色，形成强烈、华美的视觉印象。在法国，装饰艺术运动使法国的服饰与首饰设计获得很大发展，平面设计中的海报和广告设计也达到很高水平。格雷（Eileen Gray）的室内和家具设计，把富有东方情调的豪华装饰材料与结构清晰的钢管家具完美结合。在英国，装饰艺术风格始于19世纪20年代末，突出表现在大型公共场所的室内设计和大众化商品（如肥皂盒、爽身粉盒等）包装上。伦敦的克拉里奇饭店的房间、宴会厅、走廊和阳台，奥迪安电影连锁公司兴建的大量电影院等，都表现出英国装饰艺术风格与好莱坞风格的结合。在20世纪80年代，装饰艺术风格重新受到了后现代主义设计师的重视。

2. 法国装饰艺术运动

French Art Deco

巴黎是装饰艺术运动的发源地和中心。1925年在巴黎举办了"国际装饰艺术与现代工业展览会"，装饰艺术运动因此得名并在欧美各国掀起热潮。展览会中展品的设计者雇用技艺高超的手工匠人来制作自己的设计，所用材料大多是珍贵或富于异国情调的，如硬木、生漆、宝石、贵重金属和象牙等，色彩也极其绚丽。

活跃于法国装饰艺术运动的主要的设计师有艾林·格雷（Eileen Gray）、甲奎斯·艾米尔·鲁尔曼（Jacque Emile Ruhlmann）、简·杜南（Jean Dunant）、皮埃尔·勒格伦（Pierre Legrain）、马塞尔·柯尔德（Marcel Coard）等。

艾林·格雷设计了大量室内和家具艺术作品，把富有东方情调的豪华装饰材料与结构清晰的钢管家具完美结合。1919年，他设计了独木舟沙发，底部线条呈现波浪形，漆面如同融化了的巧克力，内侧使用了华丽的银饰，充分将异国情调融入设计中，如图5.2.3所示。

图5.2.3　艾林·格雷设计的独木舟沙发
Fig.5.2.3　Canoe Sofa Designed by Eileen Gray

甲奎斯·艾米尔·鲁尔曼主要从事家具和室内设计。他的代表作之一是1930年设计的"床—太阳"，是装饰艺术运动的代表作，设计简单大胆，造型上具有突破性，没有过多复杂的装饰，完全表现出木质本色之美，如图5.2.4所示。

让·杜南也是装饰艺术运动的重要代表人物之一，其代表作品主要体现在平面设计、首饰设计、家具装饰设计、装饰品设计等方面，表现形式主要是使用漆艺，并制作了大量优秀的装饰艺术作品。

图 5.2.4　甲奎斯·艾米尔·鲁尔曼设计的"床—太阳"

Fig.5.2.4 "Bed-Sun" Designed by Jacques Emile Ruhlmann

3. 美国装饰艺术运动

American Art Deco

在美国，装饰艺术运动受到百老汇歌舞、爵士音乐、好莱坞电影等大众文化的影响，同时又受到蓬勃发展的汽车工业和浓厚的商业氛围的影响，形成独具特色的美国装饰风格和追求形式表现的商业设计风格，它们从纽约开始，从东海岸逐渐扩展到西海岸，并衍生出好莱坞风格，尤其在建筑、室内、家具、装饰绘画等方面表现突出。纽约的帝国大厦和洛克菲勒大厦（见图5.2.5），在整体外观、室内、壁画、家具和餐具等方面的设计，都展现了典型的美国装饰艺术风格。

20世纪30年代在纽约完工的洛克菲勒大厦是这种风格的最杰出代表，无论是建筑结构、建筑风格，还是室内设计、壁画、雕塑、家具、壁版设计、餐具、电梯内部和电梯门的设计、屏风、墙面装饰、浮雕，甚至外部的广场设计，都有既统一又丰富的特点。位于该建筑内的无线电城市音乐厅更是登峰造极的"装饰艺术"风格典范。

位于洛杉矶的可口可乐公司大厦，如图5.2.6所示，其建筑设计表现出汽车式的流线形形态。美国装饰风格于20世纪30年代传至欧洲，使欧洲的装饰艺术风格更加丰富。

图 5.2.5　洛克菲勒大厦
Fig.5.2.5　Rockefeller Building

图 5.2.6　洛杉矶可口可乐公司大厦
Fig.5.2.6　Coca Cola Building in Los Angeles

　　美国最早的装饰艺术风格建筑是由麦肯兹·伍利·哥姆林建筑公司设计和建造的纽约电话与电报公司大楼，如图 5.2.7 所示。

图 5.2.7　纽约电话与电报公司大楼
Fig.5.2.7　New York Telephone and Telegraph Company Building

　　"装饰艺术运动"在美国的商业环境下，在设计和商业原则的驱动下，得到了巨大发展。美国的"装饰艺术运动"在服务对象上已逐渐把目光瞄准大众消费市场，涉及的领域更加广泛和深入。

5.3 重点词汇

Section Ⅲ Glossary

德国工业联盟：Federation of German Industries

荷兰风格派：The Netherlands Stijl

俄国构成主义：Russian Constructivism

塔特林：Vkadimin Tatlin

形式追随功能：Forms Follow Function

彼得·贝伦斯：Peter Behrens

里特威尔德：Gerrit Rietveld　　什罗德房子：Schroeder House

蒙德里安：Piet Mondrian　　　弗拉基米尔·塔特林：Vladimir Tatlin

装饰艺术运动：Art Deco　　　克莱斯勒大楼：Chrysler Building

帝国大厦：Empire State Building

第 6 章　现代主义设计教学的发展
Chapter 6　Development of Modernism Design Teaching

6.1　包豪斯的建立及其宗旨
Section Ⅰ　Establishment and Mission of Bauhaus

包豪斯（Bauhaus，1919 年 4 月 1 日—1933 年 7 月），是德国魏玛市的"公立包豪斯学校"（Staatliche Bauhaus）的简称，是一所德国的艺术和建筑学校，讲授并发展设计教育。由建筑师沃尔特·格罗佩斯（Walter Gropius）在 1919 年创立于德国魏玛。它的成立标志着现代设计的诞生，对世界现代设计的发展产生了深远的影响，包豪斯也是世界上第一所完全为发展现代设计教育而建立的学院。

由于包豪斯学校对于现代建筑学的深远影响，今日的包豪斯早已不单是指学校，而是其倡导的建筑流派或风格的统称，注重建筑造型与实用机能合二为一。而除了建筑领域之外，包豪斯在艺术、工业设计、平面设计、室内设计、现代戏剧、现代美术等领域上的发展都具有显著的影响。

包豪斯（Bauhaus）由德语的"建造"（Bauen）和"房屋"（Hauser）两个词的词根构成，粗略地理解为"为建筑而设的学校"，反映了其创建者心中的理念。

（1）确立建筑在设计论坛上的主导地位。

（2）把工艺技术提高到与视觉艺术平等的位置，从而削弱传统的等级划分。

（3）响应了 1907 年建于慕尼黑的"德国工业同盟的信条"，即通过艺术家、工业家和手工业者的合作而改进工业制品。

这样的理念旨在创造一个艺术与技术接轨的教育环境，培养出适合于机械时代理想的现代设计人才，创立一种全新的设计教育模式。这些集中地体现在包豪斯成立当天所发表的由格罗佩斯亲自拟定的《包豪斯宣言》中。《宣言》全文如下：

"**完整的建筑物是视觉艺术的最终目的。艺术家最崇高的职责是美化建筑。今天，他们各自孤立地生存着；只有通过自觉，并且和所有工艺技术人员合作才能达到自救的目的。建筑家、画家和雕塑家必须重新认识：一栋建筑是各种美观的共同组合的实体，只有这样，他们的作品才能灌注进建筑的精神，以免流为'沙龙艺术'。**"

艺术不是一门专门职业，艺术家与工艺技术人员之间并没有根本上的区别，艺术家只是一个得意忘形的工艺技师，然而，工艺技师的熟练对于每一个艺术家来说都是不可缺少的。真正的创造想象力的源泉就是建立在这个基础之上。不存在使得工艺技师与艺术家之间树起极大障碍的职业阶段观念。

宣言倡导一切艺术家转向实用美术，雕刻和绘画的实用化在于建筑的装饰，建筑是各门艺术的综合，它统一艺术。

6.2 包豪斯的发展历程
Section Ⅱ Development of Bauhaus

包豪斯的发展历程主要分为三个时期，即魏玛时期（1919—1925）、迪索时期（1925—1932）和柏林时期（1932—1933）。

格罗佩斯（Walter Gropius）是创始人。格罗佩斯的理想主义，汉斯·迈耶（Hannes Meyer）的共产主义，路德维希·密斯·凡·得·罗（Ludwig Mies van der Rohe）的实用主义，把三个阶段贯穿起来，包豪斯因而具有知识分子理想主义的浪漫和乌托邦精神。共产主义政治目标、建筑设计的实用主义方向和严谨的工作方法特征，造成了包豪斯的精神内容的多样性。

1. 魏玛时期

The Weimar Period

魏玛时期，包豪斯办学条件艰难而在教育上处于摸索时期。这一时期办学经费严重不足，在教学方面受到德国右翼势力的干预和制约，以致师资队伍成员复杂，教学思想和方法存在很大争议和矛盾。

起初格罗佩斯只聘任了三位新教授，分别是利奥尼·费宁格（Lyonel Feininger）、瑞士画家约翰·伊顿（Johannes Itten）、德国雕刻家格哈德·马可斯（Gerhard Marcks）和格罗佩斯共四人组成教职员阵容，直到后来才陆续有瑞士表现主义画家保罗·克利（Paul Klee，自1920年起），奥斯卡·史雷梅尔（Oskar Schlemmer，自1921年起），俄国表现主义画家瓦西里·康定斯基（Wassily Kandinsky，自1922年起）与匈牙利构成主义（Konstruktivismus）艺术家拉士罗·摩荷里·那基（László Moholy-Nagy，自1923年起）等的加入。他们与格罗佩斯有着相同的艺术理念，帮助格罗佩斯建立了一个新艺术设计教育体系。

魏玛时期是包豪斯教学体系的创建期，学校采用"工厂学徒制"的教学方式，师生以师徒相称。**教学上采用"双轨教学制度"，学生的每一门课程都由一位"造型教师"担任基础课教学和一位"技术教师"共同教授，这种双轨制教学体系成功地培养出了既具备现代艺术造型基础，又掌握机械生产、**

The institution adopts "dual track system", that is, every student has one "model teacher" who teaches the basic courses and one "technology teacher". A new generation of designers working on mechanical production and processing are created by this educational system.

加工技术的新一代设计师。 在"双轨教学制度"尤其是基础课教学体系的建立中，画家约翰·伊顿起了非常重要的作用。然而看似有道理的制度实际执行上却是困难重重，1925 年，包豪斯结束了双轨教学。

约翰·伊顿在基础课程训练的教学上，摆脱传统学院派的束缚，强调对材料的观察、研究与实际运用，使学生从经验中获得工艺技术上的启发，然而比起理论，他偏好应用直觉解决问题，引导学生脱离现实，去追求"未知"与"内在的和谐"，这种神秘主义色彩，给格罗佩斯与包豪斯的立场带来强烈的矛盾。

1921 年，荷兰风格派运动（De Stijl）精神领袖凡·杜斯伯格（Theo van Doesburg）来到包豪斯，使包豪斯出现了转机。对于同样追求知性与秩序、工业发展导向的包豪斯，他对其被伊顿的神秘主义风格所垄断感到震惊，并提出严厉批评，1922 年杜斯伯格在魏玛举办"风格派新艺术演讲"，主要批判表现主义的弊病，以及阐述构成主义的理论，规律富有秩序、非个人的、理性化的设计风格，与包豪斯的工业生产、面向实际的宗旨相吻合。风格派开始影响包豪斯，同时也让格罗佩斯慎重地考虑往后的走向，他开始放弃战后初期的乌托邦理想与手工艺倾向，提出应该从工业化倾向来发展设计教育的理念。

为了纠正包豪斯的错误方向，1922 年 6 月，格罗佩斯聘请了瓦西里·康定斯基（Wassily Kandinsky），凭借他理性的科学理论课程让教学重新走上轨道。1922 年 10 月，格罗佩斯公开劝退伊顿，并在 1923 年由拉士罗·摩荷里·那基（László Moholy-Nagy）取代他的职务。在保罗·克利、康定斯基与那基的教学努力下，包豪斯风格逐渐走向理性主义与构成主义。

康定斯基 1922 年至 1933 年在包豪斯任教。在教学中，他建立了自己独特的基础课教学体系，开设了"自然的分析与研究""分析绘图"课程，从抽象的色彩与形体开始，然后把这些抽象的内容与具体的设计结合起来。康定斯基对包豪斯基础课的主要贡献体现在"分析绘画"和"色彩与形体的理论研究"两个方面。

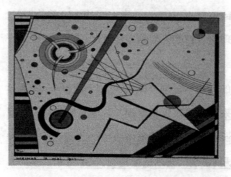

图 6.2.1　康定斯基作于 1924 年的无题作品

Fig.6.2.1　Untitled Work of Kandinsky Created in 1924

作为抽象派绘画大师的克利，堪称包豪斯基础课教学的奠基人之一。在包豪斯当基础课教师时，他开设自然现象分析、造型、空间、运动和透视研究等课程。他在教学中十分注重不同艺术形式之间的相互关系，强调感觉与创造的关系，把点、线、面、体都赋予心理内容和象征意义，并注重它们之间的内在联系。这种在教学中从有意识和无意识双重方向分析艺术创作的基本问题，并寻求它们与所有人类经验的关系，不仅成为包豪斯基础课教学的特色，而且也为 20 世纪的设计艺术教育树立了典范。

图 6.2.2　魏玛包豪斯设计学院作品——平面类（1）

Fig.6.2.2　Design Works of Weimar Bauhaus School—Plane Class（1）

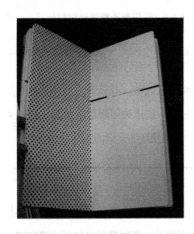

图 6.2.3　魏玛包豪斯设计学院作品——平面类（2）

Fig.6.2.3　Design Works of Weimar Bauhaus School—Plane Class（2）

1923 年，包豪斯成立后第四年，德国图林根（Thüringen）政府正式要求包豪斯举办一次综合展览，事实证明在短短 4 年间，包豪斯在设计上的探索与尝试所建立的自信与风格，可以说是非常成功的。包豪斯第一次展览会共吸引了一万五千多名观众，受到欧洲各国、美国和加拿大等国家评论家的热烈赞扬。而在德国，赞成派与反对派时常在报章上发表评论，争执十分激烈。

1924 年，包豪斯参加德国莱比锡展览会（Leipzig Exhibition），其参展作品获得极高评价，有英国、法国、荷兰、奥地利等国五十余家厂商向包豪斯订购设计作品，但由于当时学校设备与资金有限，全体师生忙碌五个月也未能完成全部订单。

图 6.2.4　魏玛包豪斯设计学院作品——平面类（3）

Fig.6.2.4　Design Works of Weimar Bauhaus School—Plane Class（3）

图 6.2.5　魏玛包豪斯设计学院作品——平面类（4）

Fig.6.2.5　Design Works of Weimar Bauhaus School—Plane Class（4）

包豪斯的发展呈蒸蒸日上之势，魏玛地方选举，右翼势力上台，包豪斯受到了各方面的限制。1925 年 3 月底，包豪斯被迫关闭魏玛的校园，应迪索市政府的邀请，全部一起迁到迪索，开始了包豪斯的迪索时期。

2. 迪索时期

The Dessau Period

1925 年包豪斯迁校至迪索（Dessau）。此时期是包豪斯发展的重要转折点，在这一时期制定了新的教育计划、教育体系，课程设置也趋于成熟完善，实习车间也相应建立起来。

包豪斯开设的课程完全从现代工业设计这一新概念要求出发，奠定了现代设计艺术教育的基础，初步形成了现代设计艺术教育的科学体系。

此外格罗佩斯与那基担任编辑，聘请包豪斯教授与具领导地位的建筑师与艺术家共同撰写，出版了一套规模宏大的设计理论丛书"包豪斯丛书（Bauhaus Book）"，系统介绍学院的教学和研究成果，使包豪斯逐渐走向正规的发展历程。

1926年12月4日，由格罗佩斯亲自设计的包豪斯迪索校舍（见图6.2.6）全面落成，延续法古斯工厂的设计理念，大片玻璃立面和曲折的校舍能增加采光面积，各种构造被灵活运用，各立面皆有独自造型特色的律动感，校舍简洁却又整合多功能，表现了崭新的建筑空间观念，成为格罗佩斯不朽的"建筑宣言"。较特别的是全体师生皆参与建筑过程，集会厅、金属管家具、室内装饰均由师生设计。同时格罗佩斯设计的包豪斯教员宿舍（见图6.2.7），以住宅手法操作，将包豪斯建筑示范性地结合，表达了住宅创作发展意向。这时期包豪斯最有影响的设计是出自纳吉负责的金属制品车间和布劳耶负责的家具车间。例如，华根菲尔德设计的著名的镀铬钢管台灯（见图6.2.8），又称为导航灯，其遵循了包豪斯产品设计的原则，乳白的透明玻璃灯罩，金属质地的支架，充分利用产品本身材料的特性。这一简洁的设计在当时一举突破了工业革命之前装饰意味过浓的灯饰设计，成为实用性灯饰的开创者。

经典作品还有布兰德设计的"康登"台灯（见图6.2.9）、烟灰缸（见图6.2.10）、茶壶（见图6.2.11）。"康登"台灯，具有可弯曲的灯颈、稳健的基座、造型简洁优美，功能效果好，并且适于批量生产，成了经典的设计，也标志着包豪斯在工业设计上趋于成熟。

图 6.2.6　包豪斯迪索校舍
Fig.6.2.6　The Dessau Schoolhouse of Bauhaus

图 6.2.7　包豪斯教员宿舍
Fig.6.2.7　Bauhaus's Faculty Dormitory

图 6.2.8　华根菲尔德设计的镀铬钢管台灯
Figure6.2.8　Chrome-plated Steel Tube Lamp
Designed by Wilhelm Wagenfeld

图 6.2.9　"康登台"灯
Fig.6.2.9　The "Condon" Lamp

图 6.2.10　烟灰缸
Fig.6.2.10　The Ashtray

图 6.2.11　茶壶
Fig.6.2.11　The Teapot

　　1928 年 4 月 1 日，格罗佩斯在为包豪斯校务奋斗了 9 年之后，由于种种压力被迫辞去了领导人职务，并推荐迈耶成为新的领导人。迈耶对包豪斯的期望不只是以全民需求取代奢华需求，而且是密集地结合工厂一起操作。在迈耶的领导下，包豪斯各车间都大量接受企业设计委托。然而迈耶的极左派、泛政治化与反艺术立场，使他开始与教职员、迪索政府的关系恶化，布鲁耶、拜耶、那基相继辞职。1930 年 6 月，在政府与舆论的压力下，格罗佩斯逼迫迈耶辞去校长职务。

　　格罗佩斯期待能有一位公正客观、立场中立的人来挽救包豪斯的声誉，便邀请路德维希·密斯·凡·德·罗（Ludwig Mies van der Rohe）接手领导包豪斯。路德维希·密斯·凡·德·罗是著名的建筑师，于 1928 年提出了"少就是多"的名言，1929 年他设计了巴塞罗那博览会德国馆（见图 6.2.12），这座建筑本身和他为其设计的巴塞罗那椅（见图 6.2.13）成了现代建筑和设计的里程碑。1927 年他还设计了著名的魏森霍夫椅（见图 6.2.14）。上任后，他的第一个动作就是终止学校内所有政治运动，并积极推动建筑教育研究，使教学逐渐走上轨道，然其方向已转变为机能主义，课程也与原先的包豪斯大不相同。

图 6.2.12　巴塞罗那博览会德国馆
Fig.6.2.12　German Pavilion Expo in Barcelona

图 6.2.13　巴塞罗那椅
Fig.6.2.13　The Barcelona Chair

图 6.2.14　魏森霍夫椅
Fig.6.2.14　The Weissenhof Chair

3. 柏林时期

The Berlin Period

1932 年，包豪斯迁至柏林的史得可立兹（Berlin-teglitz）一处废弃电话工厂继续教学，此时基本上算是苟延残喘，经济已陷入困境，仅由包豪斯本身的设计专利费用，魏玛政府答应支付至 1935 年的经费，和师生们的作品收入来支持教职员的薪资。

1933 年 1 月，纳粹政府取得国家政权，4 月德国文化部下令关闭包豪斯，4 月 11 日师生被盖世太保强制驱离并占领学校，路德维希·密斯·凡·德·罗多方奔走交涉，仍不敌纳粹的全面封杀。8 月 10 日，路德维希·密斯·凡·德·罗以经济困难为由，宣布包豪斯永久解散。

包豪斯的主角，如约瑟夫·阿伯斯、沃尔特·格罗佩斯、雷斯洛·摩荷里·那基及路德维希·密斯·凡·德·罗之后流亡至美国，这些包豪斯的教师在美国黑山学院（Black Mountain College）继续着他们的影响力与设计理念。尤其在建筑领域与产品 - 平面沟通设计上，快速地建立了包豪斯的方法与理论。

格罗佩斯于 1934 年前往英国短暂居住，1937 年赴美国任哈佛大学建筑系主任。马歇尔·布鲁耶也跟随格罗佩斯前往美国。路德维希·密斯·凡·德·罗于 1937 年赴美，任教于伊利诺伊理工学院（Illinoi Institute of Technology）。摩荷里·那基 1937 年前往美国芝加哥，创立新包豪斯（New Bauhaus），即芝加哥设计学院（IIT Institute of Design, Chicago）前身。约瑟夫·阿伯斯被聘任美国北卡罗来纳州黑山学院（Black Mountain College）讲授艺术及耶鲁大学教育平面设计。

6.3 包豪斯的设计艺术教学体系
Section Ⅲ Bauhaus Design Art Teaching System

包豪斯的设计教育理论体系是教学、研究、实践三位一体的现代设计教育模式。

包豪斯的创始人沃尔特·格罗佩斯（Walter Gropius）针对工业革命以来所出现的大工业生产"技术与艺术相对峙"的状况，提出了"艺术与技术新统一"的口号，这一理论逐渐成为包豪斯教育思想的核心。包豪斯教育注重对学生综合创造能力与设计素质的培养。

1. 包豪斯的设计艺术教学体系的主要特征

The Main Characteristics of Design and Artistic Education System of the Bauhaus

包豪斯的设计艺术教学体系的主要特征如下。

（1）设计中强调自由创造，反对模仿因袭，墨守成规。

（2）将手工艺同机器生产集合起来。

（3）强调各类艺术之间的交流融合。

（4）学校教育同社会生产相结合。

2. 包豪斯的三个基本观点

Bauhaus proposed three basic views

包豪斯提出了以下三个基本观点。

（1）艺术与技术的新统一。

（2）设计的目的是人而不是产品。

（3）设计必须遵循自然与客观的法则来进行。

3. 包豪斯学校的两个目标

The two goals of the Bauhaus

包豪斯的两个目标如下。

（1）打破艺术界限。

（2）提高手工艺人的地位，使其与艺术家平起平坐。

包豪斯以前的设计学校，偏重于艺术技能的传授，如英国皇家艺术学院前身的设计学校，设有形态、色彩和装饰三类课程，培养出的大多数是艺术家而极少数是艺术型的设计师。**包豪斯为了适应现代社会对设计师的要求，建立了"艺术与技术新联合"的现代设计教育体系，开创类似三大构成的基础课、工艺技术课、专业设计课、理论课及与建筑有关的工程课等现代设计教育课程，培养出大批既有美术技能又有科技应用知识技能的现代设计师。**

In order to adapt to the requirements of modern society to designers, Bauhaus established a modern design education system of "new union of art and technology" which includes the modern design education course, such as technology courses, professional design courses, theory courses, construction-related engineering courses and so on. This system has cultivated a large number of modern designers with artistic skills and technology application ability.

包豪斯的整个教学改革是对主宰学院的古典传统进行冲击，它提出"工厂学徒制"。整个教学历时三年半，最初半年是预科，学习"基本造型""材料研究""工厂原理与实习"三门课，然后根据学生的特长，分别进入后三年的"学徒制"教育。合格者发给"技工毕业证书"。然后再经过实际工作的锻炼（实习），成绩优异者进入"研究部"，研究部毕业方可获得包豪斯文凭。学校里不以"老师""学生"互相称呼，而是互称"师傅""技工"和"学徒"。所做的东西既合乎功能又能表现作者的思想——这是包豪斯对学生作品的要求。其教学强调直接经验。包豪斯的主要课程一直处于变化发展中。

包豪斯课程包括：实用指导、材料研究、工作方法、正式指导、观察课（自然与材料的研究）、绘画课（几何研究、结构练习、制图、模型制作）、构成课（体积、色彩的研究与设计）。每一门课程最初由一位造型教师与一位技术教师共同教授，传授美术与设计，又传授技艺与方法。为贯彻包豪斯的教学体系，学院内设置了供各门课程实习所用的相关工厂，既是课堂，也是车间。

其课程设置如下所示。

师资	课程
瓦西里·康定斯基（Wa-ssily Kandinsky）	①自然的分析与研究； ②分析绘图
保罗·克利（Paul Klee）	①自然现象的分析； ②造型、空间、运动和透视的研究
摩荷里·那基（Mo-holyNagy）	①悬体练习； ②体积空间练习； ③不同材料结合的平衡练习； ④结构练习； ⑤质感练习； ⑥铁丝、木材结合的练习； ⑦构成及绘画
约翰·伊顿（Johannes Itten）	①自然物体练习； ②不同材料的质感练习； ③古代名画分析
艾伯斯（Albers）	①结合练习； ②纸造型练习； ③纸切割造型练习； ④铁板造型练习； ⑤铁丝造型练习； ⑥错视练习； ⑦玻璃造型练习

教师中还包括20世纪绘画大师费宁格、建筑家路德维希密斯·凡·德·罗、汉斯·迈耶，家具设计师马赛尔·布鲁尔，灯具设计师威廉·华根菲尔德等。

其他基本课程还有：色彩基础、绘画、雕塑、图案、摄影等。

工艺基础课程包括：木工、家具、陶瓷、钣金工、着色玻璃、编织、壁纸、印刷等。

其他专门设计课程包括：展览、舞台、建筑、印刷设计等。

建筑研究班特别选修工程课及各类专题研究，这些课程基本涵盖了现代设计教育所包含的造型基础、设计基础、技能基础三方面的知识。此课程体系为现代设计教育奠定了重要基础。

6.4 包豪斯的历史地位和重要影响
Section Ⅳ Bauhaus' Remarkable Historical Status and Influence

包豪斯在实践中探索，确立了现代设计的基本观点和教育方向：①设计的目的是人而不是产品。②设计必须遵循客观、自然的法则。其教育体系、设计理论与设计风格在实践中逐渐成熟、完善。包豪斯的主要教学内容是由艺术和技术构成。其早期的教学体制可称为"工厂学徒制"，学生的身份是"学徒工"，担任艺术形式课程的教师称"形式导师"，担任技术、手工艺制作课程的教师称"工作室师傅"，每一门课都由这两种教师共同担负，学校还设立了木工、陶瓷、编织和印刷工作室，供学生实习，使其兼具艺术和技术能力。

包豪斯最重要的成就之一是形成了设计教育中平面构成、立体构成与色彩构成的基础教育体系，并以科学、严谨的理论为依据。1923年8~9月，包豪斯举办了名为"艺术与技术的新统一"的大型展览会。师生的作品吸引了欧洲著名的艺术家与设计师，从而进行了各种学术交流活动，宣传了包豪斯的设计思想，并将欧洲现代主义设计运动推向高潮。当时，沃尔特·格罗佩斯（Walter Gropius）作了题为"论综合艺术"的演讲并发放其著作《包豪斯的设想与组织》。其后，他在教学上又做了较大改革，把数学、物理、化学作为必修课，使教学体系向着更加理性和科学化的方向发展，更加适应大工业生产的需要。由于右翼政治势力的迫害，1925年3月，包豪斯迁至迪索市，开始其发展的第二阶段。1926年，其校名又加上"设计学院"，进一步明确了学校的性质。教学不再由形式导师和工作室师傅共同进行，而是聘请技术熟练的工匠协助教授工作。**包豪斯是现代设计的摇篮，其所提倡和实践的功能化、理性化和单纯、简洁、以几何造型为主的工业化设计风格，被视为现代主义设计的经典风格，对20世纪的设计产生了不可磨灭的影响。**

Bauhaus is the father of modern design,His design style,which proposed as functionalization,rationalization and simplicity,is regarded as the classic style of the modern design and poses a long-term influence on 20th century design.

1. 包豪斯设计思想对现代设计教育体系的影响

Bauhaus's Design Ideas on the Impact of Modern Design Education System

（1）包豪斯的奠基人——沃尔特·格罗佩斯（Walter Gropius）对设计思想的影响

The Founder of Bauhaus — The Impact of Walter Gropius's Design Ideas

格罗佩斯是著名的现代主义建筑师，在设计思想方面，他具有鲜明的民主色彩和社会主义特征，他主张设计面向大众，采用钢筋混凝土、玻璃等现代新材料，为了压低造价，他强调摒除一切不必要的装饰，实质上，他是希望通过设计为社会提供更多更好的产品，希望每个人都可以享受设计，而不仅仅局限于少部分人的需要。另一方面，他主张设计要有团队精神和集体工作的方式，如建筑与设计的合作关系，在当今的教育体系中，就有艺术与建筑相融合的教育方式。

（2）包豪斯设计思想对现代设计体系具有重要的影响

Bauhaus's Design Philosophy has Important Implications on the Modern

Design System

包豪斯的设计思想主要有以下几点。

（1）强调美学要与技术相结合，设计师要了解现代化的生产技术，为大众服务；

（2）提倡新技术、新材料在设计中的应用；

（3）强调运用最简洁的几何形态为工业化大生产服务，强调理性主义设计原则；

（4）设计的目的是人，而不是产品。该设计给现代的影响主要体现以人为本的设计理念；

（5）设计必须遵循自然与客观法则进行。

包豪斯的设计思想为现代设计思想的拓展和完善提供了可遵循的依据和准则，使现代设计思想更趋于系统化、规范化。**包豪斯所提倡的功能化的设计原则，使现代设计对产品功能的物质载体重新加以探索，有效地利用载体，使载体多功能化，对材料、造型、使用环境等诸要素也进行了更深入的研究。**包豪斯的发展是坎坷的、短暂的，但其影响在世界范围内却是巨大的，我们在吸收包豪斯的设计理论和教育思想的同时，应该结合现实中具体的问题，将科学探索精神及现代审美意识与本民族传统文化有机地结合起来，更好地促进现代设计的发展。

2. 包豪斯对建筑思潮的影响

Bauhaus' Influence on Architectural Thought

19 世纪末 20 世纪初，西方文化思想领域发生了大动荡。在这种社会背景下，德法两国成了当时激进建筑思潮最活跃的地方。德国建筑师沃尔特·格罗佩斯（Walter Gropius）、路德维希密斯·凡·德·罗（Ludwig Mies van der Rohe）、法国建筑师勒·柯布西耶（Le-Corbuier）三人是主张全面改革建筑的最重要的代表人物。1919 年格罗佩斯创立新型的设计学校"包豪斯"，在20 年代成为建筑和工艺美术的改革中心。1923 年勒·柯布西耶发表《走向新建筑》，提出激进的改革建筑设计的主张和理论。1927 年，于德国斯图加特市举办展示新型住宅设计的建筑展览会。1928 年各国新派建筑师成立"国际现代建筑会议"组织。到 20 年代末，经过许多人的积极探索，一种旨在符合工业化社会建筑需要与条件的建筑理论渐渐形成了，这就是所谓的现代主义建筑思潮。

现代主义建筑思潮本身包括多种流派，各家的侧重点并不一致，创作各有特色。但从 20年代格罗佩斯，勒·柯布西耶等人发表的言论和作品中可见

The functionalized design Principle that Bauhaus proposesd tries to explore the the importance of material carrier in production function in order to use the carrier efficiently and multi-functionalize it.Apart from these,it is also important to have a deeper research into the materials, design and circumstances.

以下一些基本的特征。

（1）强调建筑随时代发展变化，现代建筑应同工业时代相适应。

（2）强调建筑师应研究和解决建筑的实用功能与经济问题。

（3）主张积极采用新材料、新结构，促进建筑技术革新。

（4）主张坚决摆脱历史上建筑样式的束缚，放手创造新建筑。

（5）发展建筑美学，创造新的建筑风格。

现代主义建筑思潮是20世纪诸多建筑思潮中最重要和影响最深远的建筑思潮。现代主义建筑思潮在50～60年代达到高潮。"国际风格"的出现为现代主义提供了理论借口，他们"开拓机器生产时代的新的创造潜能，怀有对机器的热忱"。**强调功能决定形式、不讲民族特色、个性特征，力求纯粹、反对装饰，这种国际语言逐渐推向理性、标准化使现代主义最终走向了极端。**之后与现代主义建筑原则相反的论点和创作主张不断兴起，相继出现诸如单纯反对现代主义的后现代主义；复古的新古典主义；甚至新新古典主义；充分坦露结构，显示多种机电设备的本来形状的高技术派；理性、情感的结合，抽象和历史的结合的理性主义；解构主义、后结构主义及反构成主义等建筑思潮。

The standardization of international trend, which emphasize functionality over the formality, overlooking ethnic features and individual characteristics, pursing purity and anti decoration push the modernism to the end.

建筑上的革命也推动了工业设计的发展。**设计产品的目的是满足人的需要，产品形态的发展也是无止境的，因此审美设计没有极致和终点。**正如包豪斯的旗手格罗佩斯在《全面建筑观》中所指出的："历史表明，美的观念随着思想和技术的进步而改变，谁要是以为自己发现了'永恒的美'，他就一定会陷于模仿和停滞不前。真正的传统是不断前进的产物，它的本质是运动的，不是静止的，传统应该推动人们不断前进"。产品设计迫切要求人们正确认识产品的形式与审美的关系，用"美"的尺度，设计制造富有形式美感的现代"艺术品"——产品设计。

The purpose of designing products is to satisfy people's requirements, and the development of products form can be endless. Therefore, there is no so-called perfection of aesthetic design.

20世纪20年代初，现代资本主义世界的生产力依凭科学技术的进步发展，既改变了人们的物质生活环境，又改变了人们内心的思想观念，包豪斯强调"艺术与技术的新统一"，继承了莫里斯"人性化"的一面，而更提倡创造精神。包豪斯所开始的新的视觉语言，乃是以建立一个作为现代工业社会的视觉表现的新的文化统一体，实现文化的再结合为目标。这种态度是建立在把人作为尺度的整体观念上的，艺术家应该是完整的人的典型，要恢复艺术家在生产世界中的原位，与科学家、事业家一道制导自然，使我们的生存环境具有美的形式与意义。艺术家凭他对生活进行有机安排的创造，必定会有利和促进生活之美的显现。

3. 包豪斯对现代设计的影响

Bauhaus' Influence on Modern Design

包豪斯被迫解散后，包豪斯的设计家们纷纷流亡法国、瑞士、英国、美国等国家，大部分去了美国。欧洲建筑和工业设计的中心转到了美国。如格罗佩斯在英国居留三年后又于1937年赴美国任哈佛大学建筑系系主任。此后，布鲁耶投奔格罗佩斯并在美国执行建筑业务，密斯暂居德国，1937年赴美国任教于伊利诺伊理工学院（Illioni Institute of Technology），希尔伯西摩和彼得汉斯等也前往该校任教。克利前往瑞士，康丁斯基前往巴黎。巴耶在纽约任一家广告公司的艺术指导。1937年包豪斯的教师摩荷里·那基（Mo-holy Nagy）在芝加哥筹建了"新包豪斯"，继续弘扬德国时期的包豪斯精神。后来更名为芝加哥设计学院（Institute of Deign Chicago）。以后又与伊利诺工学院合并，成为美国最著名的设计学院。从此，欧洲设计运动便在美国蓬勃开展，形成高潮。

包豪斯的建校历史虽仅14年零3个月，毕业学生不过520余人，但它却奠定了机械设计文化和现代工业设计教育的坚实基础。**包豪斯的办学宗旨是培养一批未来社会的建设者。他们既能认清20世纪工业时代的潮流和需要，又能充分运用他们的科学技术知识去创造一个具有人类高度精神文明与物质文明的新环境。**正如格罗佩斯所说："设计师的第一责任是他的业主"。又如那基所说："设计的目的是人，而不是产品"，事实上，包豪斯在调和"人"与"人为环境"的工作方面所取得的丰硕成果已远远超过了19世纪的科学成就。包豪斯的产生是现代工业与艺术走向结合的必然结果，它是现代建筑史、工业设计史和艺术史上最重要的里程碑。

Bauhaus' school mission is to develop a batch of the builders for the future society. They can not only realize the trend and needs of twentieth century industry and can fully use their knowledge of science and technology to create a highly spiritual civilization and material civilization of the new environment.

6.5 重点词汇

Section V Important words

包豪斯：Bauhaus

现代设计：Modern Design

包豪斯宣言：Bauhaus Declaration

视觉艺术：Visual arts

共产主义：Communism

工厂学徒制：Factory Apprentice System

双轨教学：Two-trail Teaching

技术教师：Technology Teacher

设计教育：Design Education

建筑学：Architecture

工艺技术：Technology

理想主义：Idealism

实用主义：Pragmatism

造型教师：Modeling Teacher

机械生产：Mechanical Production

神秘主义：Mysticism

荷兰风格派运动：De Stijl

构成主义：Constructivism

理性主义：Rationalism

乌托邦理想：Utopian Ideal

设计教育：Design Education

基础课：Basic Course

教育计划：Education Program

教育体系：Education System

实习车间：Internship Workshop

自然：Nature

分析：Analysis

造型：Modeling

结构：Construction

质感：Texture

色彩：Colour

工业设计：Industrial Design

艺术教育：Art Education

科学体系：Scientific System

包豪斯迪索校舍：The Bauhaus Desscal Schoolhouse

玻璃立面：Glass Facade

律动感：Rhythm

简洁：Concise

建筑空间观念：The Concept of Architectural Space

住宅手法：Residential Technique

金属制品车间：Metal Products Workshop

家具车间：Workshop to Make Furniture

全民需求：Universal Demand

奢华需求：Luxury Demand

批量生产：Mass Production

极左派：Radical Leftism

机能主义：Functionalism

转折点：Turning Point

教学：Teaching

研究：Research

实践：Practice

三位一体：Trinity

大工业生产：Massive Industrial Production

综合能力：Comprehensive Capacity

设计素质：The appreciating Ability of Design

自由创造：Create Freely

墨守成规：Ideologism

手工艺：Handicraft

交流融合：Communication and Integration

社会生产：Social Production

遵循自然：Follow the Natural Rules

客观法则：The principle of Objective

目标：Destination

艺术界限：The Boundaries of Art

艺术技能：Artistic Skills

三大构成：The Three Constitute

美术技能：The Fine Arts Skills

科技应用：Technological Application

直接经验：Direct Experience

变化发展：Change and Development

平面构成：The Plane Constitution

色彩构成：The Color Constitution

立体构成：Three-dimensional Constitutes

科学：Scientific 严谨：Rigorous

形式导师：In the Form of a Mentor 展览会：Exhibition

钢筋混凝土：Reinforced Concrete 新材料：New Material

团队精神：Team Spirit 集体工作：Team Work

服务大众：Serving the Public 几何形态：Geometric Shape

以人为本：People First 系统化：Systematization

规范化：Standardization 产品功能：Product Function

现代建筑思潮：Modernist Trend of Modern Architecture

技术革新：Technological Innovation

建筑美学：Architectural Aesthetics

国际风格：The International Style 标准化：Standardization

审美设计：Aesthetic Design 传统：tradition

尺度：Level 人性化：Hommization

整体观念：Holistic Thinking 新包豪斯：The New Bauhaus

人为环境：Man-made Environment 里程碑：Milestone

第 7 章　美国现代设计的发展（1945 年以前）

Chapter 7　The Development Period of Modern Design in America（Before 1945）

7.1　芝加哥学派的兴起

Section I　Rise of the Chicago School Section

一把大火为芝加哥学派烧掉了障碍，以其独特的"芝加哥窗"打破了原有建筑的沉闷枷锁，真正阐述了"形式追随功能"的设计信条。

1871 年大火以后平地重建的芝加哥城开创了新的建筑风格。为了避免大火悲剧的再次发生，芝加哥学派的先驱建筑师们创新地采用了钢框架结构及大面积的玻璃，由此树立了现代摩天大楼的模板。路易斯·沙利文摒弃了以往建筑的传统，确立了芝加哥学派乃至现代建筑的审美哲学。

芝加哥学派突出功能在建筑设计中的主要地位，明确提出形式追随功能的观点，力求摆脱折衷主义的羁绊，探讨新技术在高层建筑中的应用，强调建筑艺术反映新技术的特点，主张以简洁的立面符合时代工业化的精神。工程师威廉·勒巴隆詹尼（William Le Baron Jenney, 1832—1907）是芝加哥学派的创始人，他 1879 年设计建造了第一拉埃特大厦。1885 年他完成的"家庭保险公司"十层办公楼（Lnsv rancr Building），标志着芝加哥学派的真正开始，是第一座钢铁框架结构。**路易丝·沙利文是芝加哥学派的一个得力支柱，他提倡的"形式追随功能"为功能主义建筑开辟了道路。**

沙利文主持设计的"芝加哥 CP 百货公司大楼"描述了"高层、铁框架、横向大窗、简单立面"等建筑特点，立面采用三段式：底层和二层为功能相似的一层，上面各层办公室为一层，顶部设备层。以芝加哥窗为主的网络式立面反映了结构功能的特点。芝加哥 CP、芝加哥大楼、沙利文中心等是芝加哥建筑学派中有力的代表作。

沙利文中心原名卡森·皮尔·史考特公司大楼（Carson Pirie and Scott Company Building）（见图 7.1.1），位于 State 大街与 Madion 大街交界处，建于 1899 年，是路易斯·沙利文为史勒辛格和梅尔零售公司设计的百货大楼兼写字楼。这个奢华的新艺术风格的铸铁装饰上曲线，错综复杂却又流畅婀娜。**上层的办公楼铺满了白色陶砖配以大面积的窗户，简洁大方又富有美感，充分体现了沙利文"形式服从功能"的设计理念。**

芝加哥大楼是霍拉伯德和罗切（Holabird & Roche）建筑公司设计的办公楼，建于 1905 年，如图 7.1.2 所示。这栋钢框架结构建筑是芝加哥学派风格

Louis Sullivan was an important pillar figure of the Chicago School. He advocated "form follows function" which blazes trail for functional architecture.

The upper building, covered with white ceramic tiles and large windows, is concise, generous, and rich in beauty, it fully reflects Sullivan's "form follows function" design philosophy.

的教科书范例。由于芝加哥学派采用钢框架结构使大面积玻璃窗成为可能，即"芝加哥窗户"，大楼采光得到了显著提升。在 State 大街上的芝加哥大楼毗邻"卡森·皮尔·史考特公司大楼"和曾经的曼德尔兄弟商场，在建成之初是芝加哥最繁华的地区，被称为"世界最繁忙的街角"。

图 7.1.1　沙利文中心
Fig.7.1.1　Sullivan Center

图 7.1.2　芝加哥大楼
Fig.7.1.2　Chicago Tower

The exterior wall of the building is covered by polished black granite and the roof of the tower is adorned with gold leaf trim and green brick. It is said the appearance, designed by Daniel and Hubert Heim, has imitated the dark green champagne bottles sealed with the gold leaf.

Carbide & Carbon 大楼位于密歇根大街上，如图 7.1.3 所示，建于 1929 年。由丹尼尔·玻恩海姆（Burham & Root 创始人）与儿子休伯特·海姆设计。<u>大楼外墙用黑色抛光花岗岩覆盖，楼顶高塔用金叶装饰并配以绿色陶砖。传说丹尼尔和休伯特·海姆设计的外观是模仿金叶封口的深绿色香槟酒瓶。</u>大楼设计之初是用作办公楼，2004 年改为芝加哥硬石酒店（Hard Rock Hotel Chicago）。由于它是芝加哥历史文物，硬石酒店在装修时保留了大楼第三层原本的装饰风格。自 2007 年起，该楼顶的金塔每晚都有灯光照明，格外显眼。

1892 年的世界博览会不仅将芝加哥放进了世界版图上，并由此确立了美国新兴世界强国的地位。作为博览会地址的白城也给芝加哥带来了一阵新古典及美术风格的建筑风潮。1920 年代的装饰艺术风格则给芝加哥建筑增添了些许硬朗阳刚的色彩。

图 7.1.3　Carbide & Carbon 大楼
Fig.7.1.3　Carbide & Carbon Tower

提出"形式追随功能"的沙利文是美国现代建筑，特别是摩天楼设计美学的奠基人、建筑革新的代言人、历史折衷主义的反对者。他做了大量工作，以使建筑师重新成为从事创作性工作的人物。他早年任职于芝加哥学派的建筑师詹尼的事务所，后赴巴黎入艺术学院。1875年返回芝加哥任绘图员，1881年与艾德勒合组建筑事务所，共事14年，设计了百余栋建筑，其中许多作品，特别是商业建筑，成为美国建筑史上的里程碑。芝加哥的会堂大厦（1889）是他的早期成熟作品之一，这是一栋10层的花岗岩和灰石岩大厦，附有一座17层的塔楼，兼做旅馆和办公楼。大厦呈"U"字形，环绕着一座有3982个座位的歌剧院。外部装饰朴素、淡雅，内部装饰富丽、豪华。在这个时期内，赖特曾作为他的学徒六年，受到了他的影响。圣路易斯的十层的温赖特大厦是沙利文最重要的摩天楼设计，通体采用钢框架，不使用承重外墙。在立面处理上摆脱了历史风格而有所创新，以最下两层作为基座，其上各层强调直线条而尽量少用横线条，最上一层作为装饰的檐壁，上覆简单檐口。赖特的设计与上述温赖特大厦相反，采用了横向线条，其特点为矩形的"芝加哥窗"，用大片固定玻璃窗扇，两旁有可开启的小窗。与上部简洁处理成对比的是最下两层的陈列橱窗，用丰富的铸铁装饰围成画框。这座大厦的装饰，特别是主要入口上方，表现了他在建筑装饰中的最高成就。

赖特对建筑设计的观点是，装饰是建筑所必需而不可分割的内容。 经过仔细思考与和谐处理的具备装饰的建筑，不可能删除其装饰而无损于其个性。过去流行的看法好像装饰是可以随意取舍、可有可无的。赖特对此不以为然，他认为装饰的有无，在设计（当然是指严肃的设计）的最初阶段就必须予以确定。和在朴素的平面和立体形式上的应用一样，他在装饰上也同样有所革新。他的装饰并不取材于历史程式，而是以几何形式和自然形式为基础，具有独特的风格。

Wright's view for architectural design is that decoration is an essential and indivisible part of building.

7.2　弗兰克·劳埃德·赖特及其设计理念
Section Ⅱ　Frank Llyod Wright and His Design Concept

赖特从小就生长在威斯康星峡谷的大自然环境之中，在农场赖特过着日出而作、日落而息的生活。他在向大自然索取的艰苦劳动中了解了土地，感悟到蕴藏在四季之中的神秘力量和潜在的生命流，体会到了自然的旋律和节奏。赖特认为住宅不仅要合理安排卧室、起居室、餐橱、浴厕和书房使日常生活便利，而且更重要的是增强家庭的内聚力，他的这一认识使他在新的住宅设计中把火炉置于住宅的核心位置，使它成为必不可少但又十分自然的场所。赖特的观念和方法影响了他的建筑。

赖特的一生经历了一个由摸索开始而建立了空间的意义和它的表达的过程，从实体转向空间，从静态空间到流动和连续空间，再发展到四度的序列展开的动态空间，最后达到戏剧性的空间。**布鲁诺·塞维拉如此评价赖特的贡献："有机建筑空间充满着动态、方位诱导、透视和生动明朗的创造，动态是创造性的，因为其目的不在于追求耀眼的视觉效果，而是寻求表现生活在其中的人的活动本身"。**

The comments on Wright's contribution by Bruno Sevilla is that organic architectural space is dynamic, clear and vivid. The dynamics is creative and its purpose is not to pursue dazzling visual effects, but rather seek living performance in which human activities can take place.

赖特提出了崇尚自然的建筑观，赖特的草原式的住宅反映了人类活动、目的、技术和自然的综合，它们使住房与宅地发生了根本性的改变，花园几乎伸入到了起居室的心脏，内外混为一体。就如同人的生命。这样，居室就在自然的怀抱之中。他认为：我们的建筑如果有生命力，它就应该反映今天这里的更为生动的人类状况。我们不应该无视后代的要求，但更应该寻求现时的欢乐和丰富的生活，革命不能无视过去的创造，但我们应该努力消化吸收使之进入我们的思想。

到19世纪初，美国的住宅普遍采用了门廊作为一个娱乐休息的面积，赖特接受了这一传统构件，但在他的草原式住宅中他不是用门廊围绕住宅内部而是把它用来保持和延长住宅的平面构图，如温斯路住宅。还有一个就是十字行平面的运用，这原来是美国传统住宅的固有形式，这种平面有利于三面采光，赖特继承了这种形式，但他使空间向外伸展，上下穿差，从而产生新的空间效果，如图7.2.1所示。

图7.2.1　南佛罗里达学院
Fig.7.2.1　University of South Florida

Wright believes "Only when the relationship between parts and whole is same ,then we can say that the organism is a living thing,this relationship,which can be found in any kind of animal and plant,is the fundamental of organic life... The so-called organic architecture presented here is the presentation of human spirit,and living building, this kind of building is certainly and must be a true portrayal of human social life,the living building is entirely a new entity in modern life".

建筑师应与大自然一样地去创造，一切概念意味着与基地的自然环境相协调，使用木材、石料等天然材料，考虑人的需要和感情。**赖特认为"只有当一切都是局部对整体如同整体对局部一样时，我们才可以说有机体是一个活的东西，这种在任何动植物中可以发现的关系是有机生命的根本……我在这里提出所谓的有机建筑就是人类的精神生活，活的建筑，这样的建筑当然而且必须是人类社会生活的真实写照，这种活的建筑是现代新的整体"。**

进入 20 世纪，西方资本主义世界的科学技术有了长足的发展，各类机器相继问世并逐渐进入人们的日常生活中，使社会发生了前所未有的变革，这对长期处于传统形式的建筑师提出了挑战。在新技术面前赖特在设计实践中鞭打自己对新的机器时代的热情，他觉得住宅应该有轮船、飞机、汽车的流线形，因此结构应该表现出连续性和可塑性，寻求新时代的空间感。他说："科学可以创造文明，但不能创造文化，仅仅在科学统治之下，人们的生活将变得枯燥无味……工程师是科学家，并且可能也有独创精神和创造力，但他不是一位有创造的艺术家"。

赖特的建筑作品充满着天然气息和艺术魅力，其秘诀就在于他对材料的独特见解。泛神论的自然观决定了他对材料天然特性的尊重，他不但注意观察自然界浩瀚生物世界的各种奇异生态，而且对材料的内在性能，包括形态、纹理、色泽、力学和化学性能等进行仔细研究，"每一种材料有自己的语言……每一种材料有自己的故事""对于创造性的艺术家来说，每一种材料有它自己的信息，有它自己的歌"。

赖特并不认为空间只是一种消极空幻的虚无，而是视作一种强大的发展力量，这种力量可以推开墙体，穿过楼板，甚至可以揭开屋顶，所以赖特越来越不满足于用矩形包容这种力量了，他摸索用新的形体去给这种力量赋形，海贝的壳体给他这样一种启示，运动的空间必须有动态的外壳——一种无穷连续的可塑性。

现代建筑运动中的"有机建筑"流派认为每一种生物所具有的特殊外貌，是它能够生存于世的内在因素决定的。同样每个建筑的形式、构成，以及与之有关的各种问题的解决，都要依据各自的内在因素来思考，力求合情合理。赖特主张设计每一个建筑，都应该根据各自特有的客观条件，形成一个理念，把这个理念由内到外，贯穿于建筑的每一个局部，使每一个局部都互相关联，成为整体不可分割的组成部分，建筑之所以为建筑，其实质在于它的内部空间。

这种思想的核心是"道法自然"，就是要求依照大自然所启示的道理行事，而不是模仿自然。自然界是有机的，因而取名为"有机建筑"。这个流派主张建筑应与大自然和谐，就像从大自然里生长出来似的。

这个流派对待材料，主张既要从工程角度，又要从艺术角度理解各种材料不同的天性，发挥每种材料的长处，避开它的短处；认为装饰不应该作为外加于建筑的东西而应该是从建筑中生长出来的，要像花从树上生长出来一样自然。它主张力求简洁，但不像某些流派那样，认为装饰是罪恶、认为机

The core of this idea is "nature", that is, acting according to the revelation of nature, rather than imitate the nature. Nature is organic, and therefore named as "organic architecture." This genre should advocate building in harmony with nature, as if growing out of nature.

器是人的工具，建筑形式应表现所用工具的特点，有机建筑接受了浪漫主义建筑的某些积极面，而抛弃了它的某些消极面。赖特的流水别墅是有机建筑的实例。

图 7.2.2　流水别墅
Fig.7.2.2　Falling Water

　　流水别墅是赖特为卡夫曼家族设计的别墅。在瀑布之上，赖特实现了"方山之宅"（House on themea）的梦想，悬空的楼板铆固在后面的自然山石中。主要的一层几乎是一个完整的大房间，通过空间处理而形成相互流通的各种从属空间，并且有小梯与下面的水池联系。正面在窗台与天棚之间，是一金属窗框的大玻璃，虚实对比十分强烈。整个构思是大胆的，成为无与伦比的世界最著名的现代建筑。

　　从流水别墅的外观，我们可以读出那些水平伸展的地坪、腰桥、便道、车道、阳台及棚架，沿着各自的伸展轴向，越过山谷而向周围凸伸，这些水平的推力，以一种诡异的空间秩序紧密地集结在一起，巨大的露台扭转回旋，恰似瀑布水流曲折迂回地自每一平展的岩石突然下落一般，无从预料的整个建筑看起来像是从地里生长出来的，但是它更像是盘旋在大地之上。流水别墅的建筑造型和内部空间达到了伟大艺术品的沉稳、坚定的效果。这种从容镇静的气氛、力与反力相互集结的气势，弥漫在整个建筑内外及其布局与陈设之间。

　　流水别墅可以说是一种以正反相对的力量在微妙的均衡中组构而成的建筑。也可以说是用了水平或倾斜穿插推移的空间手法，交错融合的稀世之作。

　　<u>1937 年，赖特又提出了"美国风格"住宅建筑，这种建筑是针对中产阶级设计的中等价格的住房，采用现代主义的简单几何形式，没有装饰细节，内部空间可以自由安排，赖特为这种建筑设计了模式系统，作为设计与施工的基本标准。</u>这一类建筑虽然不如赖特其他建筑那么显赫，然而对美国住宅建筑的影响却最大，第二次世界大战后美国各地兴建的大量中产阶级住宅基本上都采用了他的"美国风格"住宅建筑原则。此后，赖特依然不断从事设计，1943 年开始着手设计的古根海姆博物馆是他的经典代表作，如图 7.2.3 所示。

　　赖特的设计中有装饰性的细节设计，爱使用暖色系的色彩，擅长将现代

In 1937, Wright proposed the "American style" residential construction. This middle-priced housing is designed for middle class, using simple geometric forms of modernism.There are no decorative details and interior space can be freely arranged. Wright designed the model for this architecture system, and the model became basic criteria for design and construction.

材料和自然材料配合使用，在空间的自由运用和建筑与自然关系的处理方面有非常独到的地方，不同于普通的现代主义建筑设计师。他讨厌拘泥于机械美学而把建筑空间变得冷漠的做法，发展了"有机建筑"的理论，不同于现代主义的简单理性方式。赖特本人也曾否认与现代主义的关系，但是，他在毕生的设计实践中都坚持使用现代建筑材料，采用现代建筑结构，作品有强烈的功能主义倾向，赖特是一个具有强烈个人风格的现代主义大师。

图 7.2.3　古根海姆博物馆
Fig.7.2.3　Solomon R. Guggenheim

赖特对有机建筑提出了以下 6 个原则。

（1）简练应该是艺术性的检验标准。

（2）建筑设计应该风格多种多样，好像人类一样。

（3）建筑应该与它的环境协调，他说："一个建筑应该看起来是从那里成长出来的，并且与周围的环境和谐一致。"

（4）建筑的色彩应该和它所在的环境一致，也就是说从环境中采取建筑色彩因素。

（5）建筑材料本质的表达。

（6）建筑中精神的统一和完整性。

有机建筑的观点并不是呆板的，而是充满了灵活性。赖特曾经表示喜好用钢筋混凝土仿照植物的结构来设计建筑，结构中间是一个树干，深埋在地下，每层楼好像是在树干上长出来一样，层层加上，阳光从上至下穿过天窗进入室内，造成自然照明的感觉，日光与月光都有类似的效果，赖特称这为"有机建筑"。

7.3　消费主义与流线型样式
Section Ⅲ　Consumerism and Streamlined Style

消费主义指相信持续及增加消费活动有助于经济的意识形态。创造出在生活态度上对商品的可欲及需求（多消费是好事）让资本主义可以提高工资及提高消费。消费主义为发达国家的经济引擎，使现代人有购买与获得商品的社会及经济上的信念及集体情绪。消费主义文化兴起于 20 世纪二三十年代的美国，五六十年代扩散到西欧、日本等地。主张追求消费的炫耀性、奢侈性和新奇性，追求无节制的物质享受、消遣与享乐主义，以此求得个人的满足，并将它作为生活的目的和人生的终极价值。消费主义文化是西方国家进入消费社会后所出现的消费文化的最初形态，是资本主义从生产型社会向消费型社会转型时期和阶段所形成的一种影响深远的经济与社会文化现象。而 70 年代以后所形成的后现代消费文化则是早期现代消费主义文化的进一步延伸和发展。尽管消费主义文化的出现是诸多经济、社会、文化因素共同作用的结果。但现代媒体在传播与建构消费文化的过程中却发挥着独特而不可替代的作用。

20 世纪初美国福特主义的出现带来了大规模的生产和大规模的消费，但三四十年代，资本主义经济危机的爆发和随后出现的第二次世界大战，在给国家和人民带来了经济萧条、饥饿、动荡的同时，也把整个人类带进了战争痛苦的漩涡。为了摆脱危机，以美国为代表的西方国家采用了英国经济学家凯恩斯开出的药方：鼓励消费、增加投资，从而使鼓励消费的经济政策在资本主义国家得到了广泛的重视和实施，减轻了经济大萧条与战争给人们带来的痛苦与不安。但寻找快乐，创造快乐，享受快乐的本能追求，使人们并没有在萧条和战争年代只盯住饭碗和枪杆。相反，由于传播媒介本身具有传递信息、监视社会、引导舆论的功能，使它不可避免地成为了这一时期加速消费主义文化传播、建构消费主义文化、联系现代与后现代的桥梁，如图 7.3.1 所示。

In order to overcome the economy crisis, US and other western countries adopted the prescription made by John Maynard Keynes, the English economist : encouraging consumption and increasing investment. Thus, government economic policy encourages consumption in these capitalist countries. This economic policy is highly valued and well implemented in capitalist countries so as to ease people's pain and anxiety caused by economic depression and war.

图 7.3.1　消费主义
Fig.7.3.1　Consumerism

　　由于技术进步导致的劳动生产率的大幅度提高和产品的过剩，消费者的欲望对商品交换价值的实现具有越来越大的作用，这种情况在战后西方更是突出。马尔库塞、弗洛姆等人早就看到，鼓励和扩大国民的消费需求，成了资本主义良性运行的条件之一。为达此目的，消费者的欲望、需要和情感便成为资本作用、控制和操纵的对象，并变成一项欲望工程或营销工程。因此，今天的生产已经不仅仅是产品的生产，而同时是消费欲望的生产和消费激情的生产，是消费者的生产。只有"生产"出一批有消费欲望和激情的消费者，产品才能卖得出去，商品生产的目的才能实现。

消费不仅仅体现在物质文化上，更体现在文化含义上，消费体现个人身份，消费的不是商品和服务的使用价值，而是它们的符号象征意义。**消费主义是指这样一种生活方式：消费的目的不是为了实际需求的满足，而是不断追求被制造出来、被刺激起来的欲望的满足。**美国就是由消费者构成的国度，美利坚式的消费主义灌输给美国人的是个人成功只有通过金钱上的成功来实现，财富是通过购买商品体现的。美国的消费主义从根本上来说是文化所孕育的，促使消费主义在美国蔓延的因素如下。

Consumerism signifies a kind of way of life: the purpose of the consumption is not to meet the actual demand, but to meet desires that are either created or stimulated.

1. 经济因素

第二次世界大战后，资本主义国家的经济有了迅速增长，由此使社会财富大量增加。这使许多人都以为，社会财富取之不尽，用之不竭。于是，一种主张人们可以任意占有和消耗财富的消费主义思想便产生出来，并得到社会大众的认同，产生了日益广泛深刻的社会影响。

2. 政策因素

随着凯恩斯主义成为资本主义国家制定经济政策的指导思想和理论依据，鼓励和刺激消费的经济政策就相继出台。有了来自国家政策的鼓励和推动，消费主义就有了更为适宜生存发展的环境和土壤。

3. 市场因素

销售分析家维克特·勒博宣称："我们庞大而多产的经济……要求我们使消费成为我们的生活方式，要求我们把购买和使用货物变成宗教仪式，要求我们从中寻找我们的精神满足和自我满足。我们需要消费东西，用前所未有的速度去烧掉、穿坏、更换或扔掉，是生产商和销售商在为消费主义推波助澜"。

伴随着第二次世界大战（"二战"）后西方资本主义经济的长期稳定和繁荣，人们对消费的态度发生了根本性的变化。消费主义和享乐主义——企业借助广告等大众传媒手段而传播的意识形态，成为西方发达国家消费生活中的主流价值观。随着信用或信贷消费的出现、及时行乐和享受，成为"二战"后西方大众消费者时髦的消费生活方式。而卢卡奇曾指出：**消费文化是一种肯定文化，它为社会提供一种补偿性的功能，它提供给异化现实中的人们一种自由和快乐的假象，用来掩盖现实中的真正缺憾。**它从表面上看只要有钱

Consumer culture is a kind of culture of affirmation. It provides the community with a compensating function and gives the people an illusion of freedom and happiness to cover what is actually missed in real life.

就可以随心所欲地消费，但实际上，人们是按厂商的意图，按广告上的意旨来消费的。在消费领域中如同在劳动中，人们也不是自由的。

在消费主义的引导下，一种新的设计风格——流线型在美国孕育而生。流线型作为一种风格是独特的，它主要源于科学研究和工业生产的条件而不是美学理论。新时代需要新形式、新的象征，与现代主义刻板的几何形式语言相比，流线型的有机形态毕竟易于理解和接受。**流线型原是空气动力学名词，用来描述表面圆滑、线条流畅的物体外部形状，这种形状能减少物体在高速运动时的风阻。但在工业设计中，它却作为一种象征速度和时代精神的造型语言而广为流传，不但发展成了一种时尚的汽车美学，而且还渗入家用产品的领域中，影响了从电熨斗、烤面包机到电冰箱等的外观设计，并成为 20 世纪 30 至 40 年代最流行的产品风格，如图 7.3.2 ～ 图 7.3.4 所示。**

Streamlined aerodynamics was originally used as aerodynamic noun, to describe the smooth surface, sleek exterior shape of an object. This design is popular because it can reduce wind drag when the object is moving at high speed. It has also become a symbol of velocity and zeitgeist in the field of industrial design. The design is not only widely applied in fashionable automobiles but also in housing appliances, for instance, irons, toasters, and refrigerators. This kind of design became the most popular style in the1930s and 1940s, For example Fig.7.3.2 to Fig.7.3.4.

图 7.3.2　气流牌汽车

Fig.7.3.2　Airflow car

图 7.3.3　V8-81 型汽车

Fig.7.3.3　Car V8-81

Any discussion about popular styles inevitably involves the commercialization of products, as well as the psychological links between the designs and the consumers.

任何有关流行风格的讨论都不可避免地要涉及产品的商业化，以及它们和消费者之间在心理学上的联系。早期的现代主义无视工业资本主义以市场为主导的消费特点，片面强调批量生产的民主理想和产品的实用价值。在最具商业气息的环境中产生的美国流线型风格（Treamlining）正是给现代主义的清高以巨大冲击。流线型在实质上是一种外在的"样式设计"，它反映了两次世界大战之间美国人对设计的态度，即把产品的外观造型作为促进销售的重要手段。为了达到这个目标，就必须寻找一种迎合大众趣味的风格，流线型由此应运而生。大萧条期间产生的激烈的商业竞争，又把流线型风格推向高潮。它的魅力首先在于它是一种走向未来的标志，这给20世纪30年代大萧条中的人们带来了一种希望和解脱。因此，流线型在感情上的价值超过了它在功能上的质量。**在艺术上，流线型与未来主义和象征主义一脉相承，它用象征性的表现手法赞颂了"速度"之类体现工业时代精神的概念。**正是在这个意义上，流线型是一种不折不扣的现代风格。

图 7.3.4　卷笔刀
Fig.7.3.4　Pencil Sharpener

Artistically, streamlining design has the same strain with futurism and symbolism. It symbolizes and eulogizes velocity and other spirits in industrial age.

20世纪30年代，塑料和金属模压成形方法得到广泛应用，并由于较大的曲率半径有利于脱模或成形，这就确定了设计特征，无论是冰箱还是汽车的设计都受其影响。工业设计师多仁（Harold Van Doren）曾在《设计》杂志上发表了一篇题为《流线型：时尚还是功能》的文章，论述了冰箱形式与制造技术发展的关系。他以一系列图示说明了尽量减少冰箱外壳构件的趋势。1939年，威斯汀豪斯公司推出了以单块钢板冲压整体式外壳的技术，完全消除了对结构框架的需要，圆滑的外形也是这种生产技术的结果。

流线型与艺术装饰风格不同，它的起源不是艺术运动，而是空气动力学试验。有些流线型设计，如汽车、火车、飞机和轮船等交通工具是有一定科学基础的。但在富于想象力的美国设计师手中，不少流线型设计完全是由于它的象征意义，而无功能上的含义。其外形颇似一只蚌壳，圆滑的壳体罩住了整个机械部分，只能通过按键来进行操作。这里，表示速度的形式被用到了静止的物体上，体现了它作为现代化符号的强大象征作用。在很多情况下，即使流线型不表现产品的功能，它也不一定会损害产品的功能，因而流线型变得极为时髦。

但是滥用流线型风格并没有掩盖流线型的真正成就。在一些工程设计师

Streamlining is different from Art Deco style. Its origin is not art movement, but aerodynamic test.

的作品中，流线型有力地综合了美学与技术的因素而极富表现力。流线型的起源可以追溯到19世纪对自然生命的研究以及对于鱼、鸟等有机形态的效能的欣赏。这些观念被应用到了潜艇和飞艇的设计上，以减少湍流和阻力。到1900年，"泪滴"状已作为最小阻力形状而被接受，并在第一次世界大战前后用于小汽车的外形设计上。1921年，一位在德国齐柏林工厂工作的匈牙利工程师加雷（Paul Jaray）开始在风洞中试验流线型汽车模型的空气动力学特性，他所试验的形式对于两次世界大战之间欧洲的汽车设计产生了深远影响，从增加速度和改善稳定性两个方面为流线型提供了科学的解释。

7.4 美国设计的职业化

Section Ⅳ Professionalization of American Design

"工业设计"一词在美国最早出现于1919年，当时一个名叫西奈尔（Joeph Sinel，1889—1975）的设计师开设了自己的事务所，并在自己的信封上印上了这个词。至20世纪30年代，"工业设计"一词更加流行。

在第一批职业工业设计师中，不少是受雇于大企业的驻厂设计师，美国通用汽车公司的设计师哈利·厄尔（Harley Earl，1893—1969）就是其中的一个代表。**厄尔是美国著名的汽车设计师，他于1919年发明了一种用泥塑模型设计车身的标准技术，使汽车车身设计更加自由。**20世纪20年代早期，通用汽车公司为了与福特公司抗衡，开始预料到外观将是销售活动中的一个有利因素，于是在1925年邀厄尔到了底特律。1928年1月1日，通用汽车公司成立了"艺术与色彩部"，并由厄尔负责。之后又委任他为"外形设计部"副主任。厄尔在众多的车型上取得了巨大的商业成功，使他成为其他汽车设计师所不可企及的有影响力的人物。作为世界上最大的工业企业的主任设计师，他还为在公司组织中树立设计师新作用与地位起了关键作用。与此同时，在一些大公司也成立了各种名义的设计部门，聘用设计师专门进行产品的设计工作。除驻厂设计师以外，自行开业、接受企业设计委托的自由设计师在20世纪20至30年代也非常活跃。他们许多来自于广告、绘图有关的行业，如商业艺术、展览、陈列或舞台设计等，因而惯于综合各种矛盾的意见而做出决断。由于有这些行业的经验，他们能适应设计咨询机构的组织与工作方式，为各种各样的顾主服务。

沃尔特·多温·提革（Walter D. Teague，1883—1960）是最早开业的工业设计师之一。他原是一位成功的平面设计艺术家，经营过广告业，并享有促进高质量产品销售的声誉，他于1926年越洋到欧洲学习柯布西埃、格罗披

Earl is a well known American automobile designer. He invented a standard clay model technique for making automobile exteriors and thus enhances freedom for automobile designers.

乌斯等人的设计理论，回国之后，他马上成立了自己的设计事务所，把在法国学到的东西应用于商业。提革的目标一直是为其业主增加利益，但又不以过多损害美学上的完整为代价，并以省略和简化的方式来改善产品的形象。自1927年起，他受柯达公司之托设计照相机及包装，如图7.4.1所示。他于1928年设计的柯达便携式照相机偏重于时尚，机身和皮腔采用带镀镍金属饰条的各种色彩进行装饰，并附有一只带丝绸衬里的盒子，其后的设计显示出他对技术因素更加重视。1936年的柯达135相机设计简练，操作方便，其外壳上的水平金属条纹似乎仅仅是装饰性的，但实际上它们凸于铸模成形的机壳之上是为了限制涂漆的面积，以减少开裂和脱皮之虞。在每个设计中，他都与公司的工程师合作，减少一系列的齿轮、杠杆、螺丝、螺杆和累赘的凸起，从而得到一个简洁统一的形式，不仅外观更吸引人，而且由于重点放在基本的工作部件和控制件上，使机器更易于使用。

图 7.4.1　提革设计的相机

Fig.7.4.1　Teague's Design

　　雷蒙德·罗维（Raymond Loewy，1893—1986）是第一代自由设计师中最负盛名的，曾登上《生活》及《时代》周刊的封面。在《生活》周刊列举的"形成美国的一百件大事"中，雷蒙德·罗维于1929年在纽约开设设计事务所被列为第87件，可见影响之大。他出生于巴黎，曾在军中服役，后来到美国从事插图和橱窗陈列工作。雷蒙德·罗维将改善外观与提高操作效率及减少清洁面积结合起来，使原来油腻、零乱的机器变成一种时髦的流线型产品，影响至今。雷蒙德·罗维于1935年设计的"可德斯波特"牌电冰箱提供了一个设计对于销售活动产生重大影响的范例。早期的冰箱在外观上一直是纪念碑式的，置于高而弯曲的腿上，还有一个暴露的散热器。雷蒙德·罗维的设计将整个冰箱包容于一个朴素的白色珐琅质钢板箱之内，箱门与门框平齐，其镀镍的五金件试图给人一种珍宝般的质感，在光洁的背景下十分耀眼。冰箱内部经过精心设计后可放置不同形状和大小的容器。这种冰箱有半自动除霜器和即时脱冰块的制冰盘等装置。这一型号成了冰箱设计的新潮流，年度销量从1.5万台猛增到27.5万台。

诺尔曼·贝尔·盖茨（Norman Bel Geddes，1893—1958）也是美国最早开业的职业设计师之一。与提革一样，他也曾经营过广告业，并由此转入舞台设计而取得很大成功，而后又成了一位有名望的商店橱窗展示设计师，其展示设计极富戏剧性。由于职业关系，他对工业产品的设计与改型深感兴趣，进而开始从事工业设计工作，其设计的橱柜如图7.4.2所示。在设计上，盖茨是一位理想主义者，有时会不顾公众的需要和生产技术上的限制去实现自己的奇想，因此他实现的作品不多。但由于他1932年出版了《地平线》一书而奠定了其在工业设计史中的重要地位。

图 7.4.2　盖茨设计的橱柜
Fig.7.4.2　Geddes's Design

盖茨十分憧憬通过技术进步从物质上和美学上改善人们的生活。《地平线》一书包括了一系列未来设计的课题，如为飞机、轮船和汽车等所作的预想设计，有些设想的运输工具的大小和速度仅在4年后就成为现实，这使他成了名噪一时的"未来学"的大师之一，其设计的海轮如图7.4.3所示。在美国早期的工业设计师中，盖茨最精确地描述了他所从事的职业，他总是强调设计完全是一件思考性的工作，而视觉形象出现于设计的最终阶段。他的事务所所采用的设计程序是有典型意义的，在着手产品设计时，他考察以下6点。

（1）确定产品所要求的精确性能。

（2）研究厂家所采用的生产方法和设备。

（3）把设计计划控制在经费预算之内。

（4）向专家请教材料的使用。

（5）研究竞争对手的情况。

（6）对这一类型的现有产品进行周密的市场调研。

在完成了这些调查研究工作之后，所设计的产品就会清晰地出现于头脑之中，设计师就可以进行下一步工作，做出设计预想图。根据盖茨的说法，这种视觉形象化的工作是最后，也是最快完成的部分。尽管盖茨的工业设计程序清晰明了，但他的设计却不像他的竞争对手那样容易为人所接受，因为在实际的设计中他常过于强调自我意识。

盖茨不是流线型的发明者，但却是流线型风格的重要人物。1932 年，盖茨为标准煤气设备公司设计的煤气灶具就是一件流线型的作品，同年他设计了全流线型的海轮。他于 1939 年设计的双层公共汽车也是流线型的，如图 7.4.4 所示。这一年，他还为纽约世界博览会通用汽车公司展览馆设计了 20 世纪 60 年代的未来景象，大受欢迎，达到了他在事业上的高峰。

图 7.4.3　盖茨设计的海轮

Fig.7.4.3　The Seagoing Vessel Designed by Geddes

图 7.4.4　盖茨设计的公共汽车

Fig.7.4.4　Bus Designed by Geddes

亨利·德雷夫斯（Henry Dreyfuss，1903—1972）是与罗维、提革和盖茨同时代的人和竞争对手。在第一代工业设计师中，他在许多方面与众不同。**他不追求时髦的流线型，尽量避免风格上的夸张，并拒绝出于商业上的利益而对先天不足的产品做纯粹的整容术。**德雷夫斯对人机学很有兴趣，他的著作《为人民的设计》开创了关注这一学科的先河。他出身于经营道具和戏装的世家，16 岁离开学校进入剧院，在那里结识了盖茨并共事多年。在 20 世纪 20 年代，许多舞美设计师和广告画家纷纷走出剧院和广告业，而进入更加广阔的工业舞台。当时的美国工业似乎为胸怀大志的年轻设计师提供了几乎是无限的机遇，德雷夫斯就是其中的一位。

他于 1929 年开设了自己的设计事务所，1930 年，贝尔电话公司为 10 位艺术家每人提供 1000 美元，以资助他们设计未来电话机的形式，德雷夫斯就是其中之一。他认为仅凭臆想的外观设计是行不通的，因而坚持与贝尔的工程师合作，"从内到外"地进行设计。贝尔公司开始认为这种方法可能会限制艺术性的发挥，但当发现提交的某些设计方案并不合适时，公司便改变了主意，而委托德雷夫斯以自己的方法进行设计。由于当时电话服务尚未受到市场的压力，这就要求电话机具有一种不会很快过时的形式、良好的使用性

He did not pursue fashionable streamlined style. To avoid exaggerating style, he also refused to make purely cosmetic changes to the congenitally deficiencies for commercial interests.

能和低廉的使用成本。1921 年，贝尔公司曾率先推出一种由该公司工程师设计的手机以取代老式的竖式机型。1937 年，这种手机又为德雷夫斯的"组合型"手机所取代，该机先是用金属制成的，20 世纪 40 年代早期改用塑料机壳，如图 7.4.5 所示。这种新型手机的设计毫不哗众取宠，因而适应于家庭、办公室等各种环境。机身的设计十分简练，只保留了必要的部件。反复的前期研究和实用测试保证了这种电话机易于使用。外形的简洁，方便了清洁和维修，并减小了损坏的可能性。由于这一设计获得了很大的成功，使贝尔公司聘请德雷夫斯作为设计顾问负责设计公司的全部产品。

图 7.4.5　德雷夫斯设计的电话机
Fig.7.4.5　Telephone Designed by Dreyfuss

　　1935 年，德雷夫斯为胡佛（Hoover）吸尘器公司设计了一种新型吸尘器，同样取得了成功，如图 7.4.6 所示。早期的胡佛吸尘器使用效率高，但外观粗陋，表面饰有类似缝纫机花纹的图案，表明它是为家庭主妇设计的。德雷夫斯的设计把电动机包容于一个简洁的外壳之中，与圆滑的吸尘罩水平相接，两者浑然一体。与其他厂家的吸尘器相比，他的设计是极为克制的，这反映了设计师一贯严谨的设计态度。当时不少吸尘器刻意模仿科幻电影中仿生太空船的形状，并采用闪闪发光的镀铬材料，借以取悦消费者。

<u>**德雷夫斯成功的核心在于他对于人的关注，**他认为适应于人的机器才是最有效率的机器。</u>多年来，他一直潜心研究有关人体的数据以及人体的比例和功能等，这些研究工作总结在他于 1961 年出版的《人的度量》一书中，这本书帮助建立了作为设计师基本工具的人机学体系。

　　美国的家具工业是职业设计师的一个重要训练基地，在 20 世纪早期就已达到了当时世界上领先的机械化和大规模生产水平。不少公司成立了设计室，许多设计师就出自这种设计室

图 7.4.6　德雷夫斯设计的胡佛吸尘器
Fig.7.4.6　Hoover Vacuum Cleaner Designed by Dreyfuss

The core of Dreyfus's success lay in his concerns for the people. He believed that machines that can adapt to people' wants are the most efficient machines.

而跨入别的行业。其中最有才华的是拉瑟尔·赖特（Russel Wright，1904—1976），他受过美术训练，在转入家具行业前曾从事舞台设计。他的"美国现代风格"系列家具由康兰巴尔公司从1935年起开始生产，这套家具采用结实的漂白枫木，包括了各种配套的品种。通过采用朴素、方正的体型以及带有装饰意味的大半径倒角、粗壮有力的把手而获得整体感。在这套家具出现的同年，赖特与理查德（Irving Richard，1907—2003）合组成立了事务所。理查德是一位热心现代设计的商人，赖特重新设计"我们周围每一件东西"的梦想与理查德把握市场的技巧在合作中得到平衡。

美国工业设计的成功在于它独特的思维方式和特点，主要体现在以下3点。

（1）强调工业设计的程序与方法。早在美国工业设计职业化的初期，美国不少设计事务所就制定了详尽的工业设计的程序与方法，以保证产品设计的商业成功。美国的设计教育也同样重视培养学生严谨的设计程序与方法。教师在设计课前制定了详细的设计指导书，对设计过程的每个阶段，如选题、市场调研、成本分析、市场营销、产品设计都有明确的要求，尤其重视学生规范化的设计表达，设计表达不仅包括文字表达、视觉形象表达，也包括口头的设计表达。通过这种严谨的训练，使学生具有较高的职业素养，并且对工业设计的内涵有较完整的理解，也有利于学生顺利进入就业市场。通过几年的专业学习，工业设计的学生通常可以积累一些完整的设计案例，成为他们求职的重要资料。

（2）顺应社会需求，培养务实人才。美国工业设计的就业市场竞争激烈，企业要求工业设计的毕业生能尽快进入角色。为了适应社会的要求，学校的设计教育必须尽可能地与企业对设计师的具体要求衔接。除了在课程设置上满足企业需要外，学校还特别注意与企业的密切合作，不仅与企业共同开发产品，也鼓励学生到企业进行较长期的实习，了解企业工业设计的具体运作情况。学生的设计课题通常也来自企业。学校在计算机辅助设计的软硬件配置方面也尽量与企业接轨。

（3）注意与相关学科的合作、培养设计师的协作精神。工业设计在企业中的运作通常需要与管理、市场、技术等方面密切合作，一个合格的工业设计师必须具有协作精神，善于与各方面的专家打交道。为了培养设计师的团队观念，设计院系的一些课题是由工业设计的学生与管理学院、工程学院的学生组织课题组，充分发挥各自的专业知识，共同完成从消费者调查、市场分析、产品定位、产品开发设计、工程分析、市场营销的全过程。这样做的结果不仅培养了工业设计学生的协作精神，使他们更加全面理解了产品开发设计的特点，确保产品能在商业上取得成功；而且也使管理及工程的学生对设计有了较深入的了解，有助于将来在企业中与设计师合作。

7.5 重点词汇

Section Ⅴ Important words

芝加哥学派：The Chicago School

沙利文：Sullivan

形式追随功能：Form Follows Function

审美理念：Aesthetic Concept

建筑设计：Architectural Design

功能主义建筑：The Functional Architecture

钢框架结构：Steel Frame Construction

建筑风潮：Architectural Movement

装饰：Decoration

设计理念：Design Concept

流水别墅：Fallingwater

有机建筑空间：Organic Architectural Space

自然特征：Natural Features

可塑性：Plasticity

功能主义：Functionalism

个人风格：Personal Style

简洁：Concise

有计划的商品废止制：Planned Obsolescence of Commodity

合意型废止：Consensus-based Abolished

质量型废止：Quality Abolished

商业设计：Commercial Design

视觉识别：Visual Identity

理性主义：Rationalism

消费文化：Consumption Culture

享乐主义：Hedonism

流线型：Streamline

协作精神：Spirit of Collaboration

Fourth
The Modern Design Maturity Period
（1945 — 21th century）

第四篇 | 现代设计的发展与成熟时期

第 8 章　成熟的现代设计
Chapter 8　Mature Modern Design

8.1　美国多元化的设计

Section Ⅰ　America's Diversified Design

美国是一个由来自世界各地不同民族的移民融合组成的国度，对于来自不同民族的移民方面，表现出相当大的弹性与包容性。因而形成了全新的整体文化，这个强大的文化体系也创造出多元化的设计。美国设计主张多元风格，反对设计上的单一风格垄断，在建筑设计、产品设计、平面设计、服装设计等各种领域，都具有多种多样的风格。

20 世纪 40 至 50 年代，美国和欧洲的设计主流是在包豪斯理论基础上发展起来的现代主义。其核心是功能主义，强调实用物品的美应由其实用性和对于材料、结构的真实体现来确定。 与第二次世界大战战前空想的现代主义不同，第二次世界大战战后的现代主义已深入到了广泛的工业生产领域，体现在许多工业产品上。

随着经济的复兴，西方在 20 世纪 50 年代进入消费时代，现代主义也开始脱离战前刻板、几何化的模式，并与战后新技术、新材料相结合，形成了一种成熟的工业设计美学，由现代主义走向"当代主义"。现代主义在战后的发展集中体现于美国和英国。这两个国家的设计机构通过各种形式扩大了现代主义在本国设计界和公众中的影响，并为现代主义设计冠以"优良设计"（Good Deign）之类的名称加以推广，取得了很大的成效。这一时期的口号是形式追随功能；其特点是"优良设计"风格，风格简洁无装饰形态；其代表人物有查尔斯·伊姆斯（Charles Eames, 1907—1978）和埃罗·沙里宁（Eero Saarinen, 1910—1961）。

伊姆斯是美国最杰出、最有影响力的少数几个家具与室内设计大师之一，他曾在圣路易的华盛顿大学学习建筑学，1936 年起在美国最著名的设计学院之一匡溪学院任教。1940 年他与沙里宁一道设计的胶合板椅在美国现代艺术博物馆举办的设计竞赛中获得大奖。

1940 年，伊姆斯与沙里宁在该馆举办的"家庭装修中的有机设计"竞赛中获首奖。1946 年，该馆专门为伊姆斯举办了他的胶合板家具展览，取得了很大成功。伊姆斯不少作品都是为米勒公司设计的，这些设计使他成为 20 世纪最杰出的设计师之一。1946 年，伊姆斯与其妻子在洛杉矶设立了自己的工作室（见图 8.1.1），成功地进行了一系列新结构和新材料的试验。他多年研究胶合板的成形技术，试图生产出整体成形的椅子，但他最终还是使用了分开的部件以便于生产。之后，他又将注意力放在铸铝、玻璃纤维增强塑料、钢条、钢管等材料上，产生了许多极富个性但又适于批量生产的设计。

图 8.1.1　伊姆斯和他的妻子

Fig.8.1.1　Eames and His Wife

伊姆斯为米勒公司设计了第一件作品——餐椅（见图 8.1.2），这是他早年研究胶合板的结果。椅子的坐垫及靠背模压成微妙的曲面，给人以舒适的支撑；镀铬的钢管结构十分简洁，并采用了橡胶减震节点。所有构件和连接的处理都非常精致，使椅子稳定、结实而且很美观。1958 年又设计了铸铝结构、发泡海绵做面料的转椅。这些设计都产生了较大影响。

图 8.1.2　1945 年木质餐椅

Fig.8.1.2　1945 Wooden Chair

伊姆斯的设计具有合乎科学与工业设计原则的结构、功能与外形，这一特征成为了他与之合作的米勒公司的设计特征，使米勒公司能在市场上立于不败之地。1946 年，伊姆斯采用多层夹板热压成形工艺设计的大众化廉价椅子是米勒公司在现代设计上的一次大转折（见图 8.1.3），使其走向轻便化、大众化，并关注新材料及其制作工艺。伊姆斯是一个设计上的多面手，除从事产品设计外，还从事平面设计、展示设计与摄影等工作，他在自己的设计中设法把这些学科联系在一起，组成一种边缘学科式的工业设计。伊姆斯设计的座椅等在整个世界都有相当的影响力，不少作品到目前还在继续生产和流行。他在 1956 年设计的躺椅（见图 8.1.4），堪称躺椅设计中最杰出的代表。他设计的飞机场候机厅公用椅，简单而牢固，具有强烈的时代感，迄今仍为大多数美国机场使用，是美国设计在 20 世纪 70 年代的杰出代表。

图 8.1.3　1946 年餐椅
Fig.8.1.3　1946 Chair

图 8.1.4　1956 年躺椅
Fig.8.1.4　1956 Recliner

现代国际主义建筑大师埃罗·沙里宁（见图 8.1.5）是芬兰著名建筑大师埃利尔·沙里宁的儿子，在父亲创办的著名设计学院——克兰布鲁克艺术学院（Cranbrook Academy of Art）学习，这个学院把欧州的现代主义设计思想和体系有计划地引入美国高等教育体系，重视设计观念的形成，重视功能问题的解决，学院的重点是建筑和家具设计。受到这个教育思想的影响，埃罗·沙里宁成为美国新一代有机功能主义的建筑大师和家具设计大师。

图 8.1.5　埃罗·沙里宁
Fig.8.1.5　Eero Saarinen

1940 年他与伊姆斯合作，设计了一套组合家具参加现代艺术博物馆举办的设计竞赛，被诺伊斯授予一等奖，以表彰他们利用先前从未用于家具的生产技术和材料，并创造了新的三度空间形式。沙里宁是一位多产的建筑师，同时也是一位颇具才华的工业设计师。他的家具设计常常体现出"有机"的自由形态，而不是刻板、冰冷的几何形，这标志着现代主义的发展已突破了正统的包豪斯风格而开始走向"软化"。这种"软化"趋势是与斯堪的纳维亚设计美学联系在一起的，被称为"有机现代主义"。与伊姆斯一样，沙里宁也对探索新材料和新技术非常感兴趣。

　　他最著名的设计是"胎"椅及"郁金香"椅。"胎"椅是设计于1946年（见图8.1.6），采用玻璃纤维增强塑料模压成形，覆以软性织物。"郁金香"椅设计于1957年（见图8.1.7），采用了塑料和铝两种材料。由于圆足的特点，不会压坏地面。这两个设计都被视为20世纪50至60年代"有机"设计的典范。这些形式是认真考虑了生产技术和人体姿势才获得的，并不是故作离奇，它们的自由形式是其功能的产物，并与某种新材料、新技术联系在一起。正如沙里宁自己所说的，如果批量生产的家具要忠于工业时代的精神，它们就"决不能去追求离奇"。

图 8.1.6　"胎"椅　　　　　　　图 8.1.7　"郁金香"椅
Fig.8.1.6 "Child" Chair　　　　　Fig.8.1.7 "Tulip" Chair

　　美国现代艺术博物馆成立于1929年，它从成立之日起就致力于宣传现代主义的设计，使美国公众对于欧洲，特别是包豪斯的设计有了一定了解。该馆利用举办竞赛和各种展览的方式来推动现代主义设计在美国的发展。20世纪30年代后期，现代艺术博物馆举办了几次"实用物品"展览，展品是直接从市场上的功能主义设计商品中挑选出来的，以向公众推荐实用的、批量生产的、精心设计的和价格合理的家用产品。1940年，现代艺术博物馆为工业设计提出了一系列"新"标准，即产品的设计要适合于它的目的性，适用于所用的材料，适用于生产工艺，形式要服从功能等。这种美学标准在20世纪40年代大受推崇，并作为该馆组织的第二批"实用物品"展览的选择标准。这些实用物品被誉为"优良设计"，在1945年以后的一段时间内大行其道，被视为道德和美学意义上的典范。库尔特·沃森（Kurt Verens，1889—1943）设计的台灯（见图8.1.8），采用黑色金属管支架，亚麻布灯罩，非常精练质朴，被认为是高雅趣味的体现。

图 8.1.8　沃森于 20 世纪 40 年代设计的台灯
Fig.8.1.8　The Table Lamp Designed by Vers-
en in the 1940s

为了促进工业设计的发展，现代艺术博物馆于 20 世纪 30 年代末成立了工业设计部。经格罗佩斯推荐，著名工业设计师诺伊斯（Eliot Noyes，1910—1977）被任命为工业设计部第一任主任。他和他的继任者埃德加·考夫曼（Edgar Kaufmann Jr.，1910—1989）都竭力推崇"优良设计"，并把它作为反抗流线型一类纯商业性设计的武器。

诺伊斯和小考夫曼在推动将功能主义作为美国现代设计美学的努力中，最重要、最富有成效的手段是现代艺术博物馆举办的设计竞赛。到 20 世纪 40 年代，尽管实用的家庭用品已能满足需要，但美国人需要更多更好的现代用品。为此，现代艺术博物馆与部分有志于现代设计的厂商合作，举办了几次设计竞赛，以促进低成本家具、灯具、染织品、娱乐设施及其他用品的设计，并在现代技术基础上创造出一种自然形式的现代风格。竞赛中的获奖产品被投入生产，并在全国各地销售。这些竞赛获得了极大成功，一位英国评论家对此发表评论说："美国在战后最初几年显示了比前 20 年更为明显的现代主义运动，在 1939 年，美国对于现代主义知之甚少，但如今的迹象表明，他们自己的现代设计形式正在发展，应用各种材料和材料组合的当代设计已经出现。原木、胶合板、层积木、玻璃纤维材料、钢管、钢条、铝合金、玻璃、塑料等都被以各种方式来生产新的形式"。出自低成本产品竞赛并在整个 20 世纪 50 年代以"优良设计"为特点的风格，适于战后住宅较小的生活空间。这种风格具有简洁无装饰的形态，可以用合理的价格批量生产，特别是家具轻巧而移动方便，有时还具有多功能。这些设计探索了新的塑料材料和黏结技术，多少反映了当时材料的匮乏和资金的限制。

现代艺术博物馆在力图促进美国现代主义设计方面并不是孤立的，一些

These competitions were very successful, one British critic commented that: "Compared with the previous 20 years, there are more modernism movement after the war in America. In 1939, the United States has little knowledge about modernism, yet today, their own modern design patterns are sprouting out and modern design which applied to various materials and material combination start to emerge. Stock, adhesive-bonded panel, plank base, glass fiber, steel pipe, steel gilder, aluminum alloy, glass, plastics are all

企业也投身于这项工作，特别是两家进行室内设计的生产家具的厂家——米勒公司和诺尔公司。它们将现代主义的目标与其所爱好的新生产技术结合在一起，开发和生产了由美国设计师设计的家具。这些美国设计师将包豪斯的理论与 20 世纪的斯堪的纳维亚设计美学相结合，创造出了许多有影响的作品。

为了宣传"优良设计"，即那种形式与功能完美结合，并揭示一种实用的、简洁的、易于感受的美的设计，现代艺术博物馆在 1950—1955 年间陆续举办了一系列一年两度的"优良设计"展览，以促进优良设计在美国的发展。"优良设计"展览把现代设计介绍给了美国各地的百货商店和家用品商店，报社、杂志社、建筑师、设计师乃至家庭经济学教师都认为这种新颖、激动人心的风格是居家环境的最佳设计。

20 世纪 50 年代，美国的现代主义设计仍具有浓厚的道德色彩，认为追求时尚和商品废止制度都是不道德的形式，只有简洁而诚实的设计才是好的设计。这种设计不玩弄花招，没有假造的古董光泽，也没有适于材料本身处理以外的表面修饰。例如伊姆斯的塑料椅与金属支架的节点就不加掩饰地暴露出来。同样，如果一把椅子事实上是塑料制成的，就应该体现这种材料，而不能把其伪装成由皮革或其他昂贵材料制成的。这种设计哲学实际上是英国工艺美术运动思想的延续。

随着经济的发展，现代主义越来越受到资本主义商业规律的压力，功能上好的设计往往是与"经济奇迹"背道而驰的，因为资本主义社会要求把设计作为一种刺激高消费的手段，而不只是建立一种理想的生活方式。现代主义试图以技术和社会价值来取代迄今似乎仍是不可缺少的美学价值，这在商业上是行不通的。就在"优良设计"展览的早年，小考夫曼就发现现代主义由于对市场的依赖，不得不做出妥协。"优良设计"并不体现我们设计师所能做出的最好设计，只是表明了设计师能得到社会认可的最好设计，因为可买卖的产品是有限制的。正因为如此，现代主义在 20 世纪 50 年代不得不放弃先前一些激进的理想，使自己能与资本主义商品经济合拍。甚至格罗佩斯来到美国之后也修正了他在包豪斯时期的主张，更加强调设计的艺术性与象征性。1959 年，他为罗森塔尔陶瓷公司设计的茶具就体现了这一点，茶具不但造型更加有机，而且还由他在包豪斯时的同事拜耶设计了表面装饰（见图 8.1.9）。

termed as new production materials. Low-cost production contests are popular in the 1950s for its 'eminent design'traits, Designs for small spaces, made by assembly lines, are portable and multi-functional".

图 8.1.9 格罗佩斯于 1959 年为罗森塔尔公司设计的茶具

Fig.8.1.9 Tea Set Designed by Gropius in 1959

优良设计强调功能和形式的完美结合，并试图去揭示一种实用、简洁、易于感受美的设计，同时它也背离了大众的需求——过分的形式主义无法得到大众的认可，这导致当艺术家和设计师在认为某一设计为优良设计时，大众们却不以为然。

现代主义在 20 世纪 50 年代取得了极大的成功，但是与其平行发展并同样有影响力的设计流派非"美国商业性设计"莫属，其本质是形式主义，它强调在设计中形式第一，功能第二；其口号是设计追随销售；<u>其核心是使有计划的商品废止制度通过人为的方式使产品在较短时间内失效，从而迫使消费者不断地购买新产品</u>。其商品废止的形式是：①功能型废止，也就是使新产品具有更多、更完善的功能，从而让先前的产品"老化"。②合意型废止，由于经常性地推出新的流行款式，使原来的产品过时，即因为不合消费者的意趣而废弃。③质量型废止，即预先限定产品的使用寿命，使其在一段时间后便不能使用。

20 世纪 50 年代的美国汽车设计是美国商业主义的典型代表。美国通用汽车公司、克莱斯勒公司和福特公司的设计部把现代主义的信条打入冷宫，不断推出新奇、夸张的设计，以纯粹视觉化的手法来反映美国人对于权力、流动和速度的向往，取得了巨大的商业成效。

The core of the new design aims to make consumers to discard old products and keep on buying new ones.

图 8.1.10 克莱斯勒公司于 1955 年生产的战斗机式小汽车

Fig.8.1.10 Fighter-style Car Designed by Chrysler in 1955

20 世纪 50 年代的美国汽车虽然宽敞、华丽，但它们耗油多，功能也不尽完善。有计划的商品废止制在汽车行业中得到了最彻底的实现，通过年度换型计划，设计师们不断推出时髦的新车型，让原有车辆很快在形式上过时，使车主在一两年内即放弃旧车而买新车。这些新车型一般只在造型上有变化，内部功能结构并无多大改变。

商业主义的代表人物有哈利·厄尔（Harley Earl，1893—1969）和雷蒙德·罗维（Raymond Loewy，1893—1986）——美国工业设计之父。

厄尔在第二次世界大战后的汽车业中继续发挥着重要作用。他在汽车的具体设计上有两个重要突破。**其一是他在 20 世纪 50 年代把汽车前挡风玻璃从平板玻璃改成弧形整片大玻璃，从而加强了汽车的整体性；其二是改变了原来对镀铬部件的使用方式，从只是在边线、轮框上部分镀铬，变成以镀铬部件做车标、线饰、灯具、反光镜等，这称为镀铬构件的雕塑化使用。**厄尔主要为通用汽车公司进行设计。通用汽车公司的主要目标是国内市场。根据美国的道路条件及消费者的要求，通用汽车公司从 20 世纪 40 年代起就定下了一个基本模式，即采用大功率发动机和低底盘，从而提高车速，这也为厄尔的汽车设计确定了基调。厄尔在车身设计方面最有影响力的创造是给小汽车加上尾鳍（见图 8.1.11），这种造型在 20 世纪 50 年代曾流行一时。早在 1948 年，由厄尔设计的卡迪拉克双座车就出现了尾鳍，它成了这一阶段最有争议的设计特征。到 1955 年，卡迪拉克"艾尔多拉多"型小汽车的尾鳍已趋成熟，其整个设计是一种喷气时代高速度的标志，车篷光滑地从车头向后掠过，尾鳍从车身中伸出，形成喷气式飞机喷火口的形状。1959 年，他又推出了"艾尔多拉多"59 型轿车（见图 8.1.12），其使车身更长、更低、更华丽的手法达到了顶峰。厄尔的设计方法是形式主义的，汽车的造型与细部处理和功能并无多大关系，这显然是与现代主义的设计原则背道而驰的。

Firstly, the windshield are changed into carved shape from the flat ones, and thus reinforce the vehicle's integrity; secondly, chrome,which used to be plated on the sidelines and wheels,now are applied to the Auto Logos,decorations, lights, and back-mirrors, these are considered as the carving function of the chromate.

图 8.1.11　汽车尾鳍
Fig.8.1.11　Car's Tail Fin

图 8.1.12　"艾尔多拉多" 59 型轿车
Fig.8.1.12　"El Dorado" Type 59 Car

随着经济的衰退、消费者权益意识的增加和后来能源危机的出现，大而昂贵的汽车不再时髦。同时，从欧洲、日本进口的小型车提供了不同形式和功能的概念，并开始广泛地占领市场，迫使制造商放弃有计划的商品废止制，设计由梦幻走向现实。

Lowey, the well known industrial designer in the 20th century, is regarded as a pioneer in design industry. By combining the linear shape and European modernism, he created unique artistic value.He is also the first one to initiate industry design and promote the combination of design and commerce. Through his business intuition, infinite imagination and remarkable design, he infuses new elements into the industry.

　　罗维（见图8.1.13）——20世纪最著名的工业设计师，设计行业的先驱——首先将流线造型与欧洲现代主义融合，建立起独特的艺术价值。首开工业设计的先河，促成设计与商业的结合；并凭借敏锐的商业意识、无限的想象力与卓越的设计天赋为工业的发展注入新的生命元素。他一生设计数目之多，范围之广令人瞠目结舌：大到汽车、宇宙空间站，小到邮票、口红、公司的图示。可以说美国人的生活都离不开罗维的作品。

图 8.1.13　罗维
Fig.8.1.13　Loewy

图 8.1.14　罗维于 1929 年设计的吉斯特纳速印机
Fig.8.1.14　Gisborne Turner Duplicator Designed by Loewy in 1929

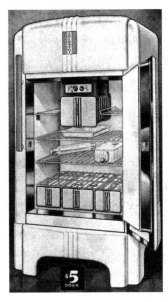

图 8.1.15 罗维于 1935 年设计的"可德斯波特"牌电冰箱

Fig.8.1.15 "But Fernandez Potter" Brand Refrigerator Deigned by Loewy in 1935

　　罗维还长于运输工具的设计，在 20 世纪 30 年代设计了各种汽车、火车和轮船，影响很大。他也是流线型风格的积极倡导者，在这一时期所做的大多数设计都带有明显的流线型风格。1932 年，罗维设计了"休普莫拜尔"小汽车（见图 8.1.16），该车是获得美国汽车阶层好评的首批车型之一，标志着对于老式轿车的重大突破。1937 年，罗维为宾夕法尼亚铁路公司设计了 K45/-1 型机车（见图 8.1.17）。这是一件典型的流线型作品，车头采用了纺锤状造型，不但减少了 1/3 的风阻，而且给人一种象征高速运动的现代感。

图 8.1.16 罗维于 1932 年设计的"休普莫拜尔"小汽车

Fig.8.1.16 "Hugh Primoten Bayer" Car Deigned by Loewy in 1932

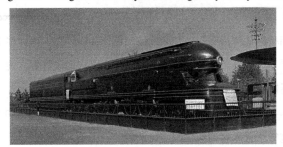

图 8.1.17 罗维于 1937 年设计的 K45/-1 型机车

Fig.8.1.17 Type K45/-1 Locomotive Deigned by Loewy in 1937

　　可口可乐标志及饮料瓶的设计也是罗维 20 世纪 30 年代的成功之作（见图 8.1.18）。他采用白色作为字体的基本色，并采用飘逸、流畅的字形来体现软饮料的特色。深褐色的饮料瓶衬托出白色的字体，十分清爽宜人，加上颇具特点的新瓶造型，使可口可乐焕然一新，畅销全球。1940 年，罗维重新设计了"法玛尔"农用拖拉机（见图 8.1.19）。在此之前的农用拖拉机常被烂泥沾满铁制轮子，使之变得笨重，影响耕作效率且很难清洗，外观上也显得零乱烦琐。罗维的设计采用了人字纹的胶轮，易于清洗，四个轮子的合理布局增大了稳定性。这一设计为后来拖拉机的发展指出了方向。为了应付大量和门类繁多的设计业务，罗维建立了自己庞大的设计组织。除了在美国有几家事务所外，还在英国、法国、巴西等国设立了事务所，设计师达数百人之多，多数事务所都任用一批在工程、市场调查和模型制作方面的专门人才。

图 8.1.18　可口可乐饮料瓶
Fig.8.1.18　Cola Bottle

图 8.1.19　罗维于 1940 年设计的"法玛尔"农用拖拉机
Fig.8.1.19　"Farmar" Farm Tractor Deigned by Loewy in 1940

　　罗维将自己的设计哲学归纳为 MAY A（Mot Advanced Yet Acceptable）原则，即"创新但又可接受"，并透过他的创作加以传播，深深地影响了美国的设计业界。他在第二次世界大战后仍活跃于美国的设计界，他战后初期的一些设计还带有商业性设计的特征。

　　1948 年设计的可口可乐零售机就采用了流线型（见图 8.1.20），该产品一度成为流行于世界各地的美国文化的象征。同年，罗维设计了微型按钮电视机（见图 8.1.21），他简化了早期型号的控制键，采用了一种更适于家庭环境的机身，其标志清晰，外观也很简洁，这说明罗维已开始脱离流线型风格。1963 年，罗维设计的"皮特尼·鲍斯"邮件计价打戳机完全采用了简洁的块面组合（见图 8.1.22），标志着其设计风格的巨大转变。

图 8.1.20 可口可乐零售机
Fig.8.1.20 Coca-Cola Vending Machine

图 8.1.21 微型按钮电视机
Fig.8.1.21 Micro Button TV

图 8.1.22 "皮特尼·鲍斯"邮件计价打戳机
Fig.8.1.22 "Pitney Bowe" Mail-denominated Tamp Machine Playing

20 世纪 50 年代美国工业设计的重大成就，还应首推 1955 年设计成功的波音 707 飞机（见图 8.1.23）。这架喷气式客机是由波音公司设计组与美国著名工业设计师提革的设计班子共同完成的。提革与工程人员密切合作，使波音飞机具有很简练的现代感外形。美国总统的座机"空军一号"就采用了波音 707 飞机，并由罗维完成了它的色彩设计。

图 8.1.23　波音 707 飞机
Fig.8.1.23　Boeing 707

从 20 世纪 50 年代末起，美国商业性设计走向衰落，工业设计更加紧密地与行为学、经济学、生态学、人机工程学、材料科学及心理学等现代学科相结合，逐步形成了一门以科学为基础的独立完整的学科，并开始由产品设计扩展到企业的视觉识别设计。这时工业设计师不再把追求新奇作为唯一的目标，而是更加重视设计中的宜人性、经济性、功能性等因素。60 年代以来，美国工业设计师与政府和国家合作，走进尖端科学领域。美国宇航计划草创之初，肯尼迪总统便委任罗维为国家宇航局 NAA 的设计顾问，从事有关宇宙飞船内部设计、宇航服设计及有关飞行心理方面的研究工作（见图 8.1.24）。20 世纪 70 年代中期，罗维还参与了英国、法国合作研制的"协和"式超音速民航机的设计工作，这些都标志着工业设计发展到了一个新的水平。

图 8.1.24　罗维为宇宙飞船内部设计所做的分析图
Fig.8.1.24　Spacecraft Analysis Diagram　Interior Designed by Rowey

现代主义进入美国，在战后成为独霸一方的设计风格，它的排他性，风格上的单调性，逐渐取消了原来的民主特点，在意识形态上走向了自己的反面。人们开始对现代主义单调、无人情味的风格感到厌倦，开始有人追求更加富于人情的、装饰的、变化的、个人的、传统的、表现的形式，这大概就是所谓后现代主义产生的背景和原因。

美国评论家、建筑家和作家查尔斯·詹克斯（Charles Jencks）是后现代主义设计理论的权威之一，他是最早提出建筑和设计上"后现代主义"这个术语的人，出版了一系列著作，其中包括《后现代主义》（*Post Modernism*）、《今日建筑》（*Architecture Today*）等。他认为后现代主义设计开始得比较早，应该是从 20 世纪 60 年代的反文化运动、波普文化和波普艺术运动中发展起来的。

后现代主义设计起源于人们对传统设计思想的不满，在设计风格上意欲冲破现代主义思想的桎梏，从广泛的意义来看，后现代主义的主要特征有以下 4 点。

（1）注重人性化、自由化

后现代主义作为现代主义内部的逆动，是对现代主义的纯理性及功能主义、尤其是国际风格的形式主义的反叛，后现代主义风格在设计中仍秉承设计以人为本的原则，强调人在技术中的主导地位，突出人机工程在设计中的应用，注重设计的人性化、自由化。

（2）注重体现个性和文化内涵

后现代主义作为一种设计思潮，反对现代主义的苍白平庸及千篇一律，并以浪漫主义、个人主义作为哲学基础，推崇舒畅、自然、高雅的生活情趣，强调人性经验在设计中的主导作用，突出设计的文化内涵。

（3）注重历史文脉的延续性，并与现代技术相结合

后现代主义主张继承历史文化传统，强调设计的历史文脉，在世纪末怀旧思潮的影响下，后现代主义追求传统的典雅与现代的新颖相融合，创造出集传统与现代，融古典与时尚于一体的大众设计。

（4）矛盾性、复杂性和多元化的统一

后现代主义以复杂性和矛盾性去洗刷现代主义的简洁性、单一性。采用非传统的混合、叠加等设计手段，以模棱两可的紧张感取代陈直不误的清晰感，非此非彼，亦此亦彼的杂乱取代明确统一，在艺术风格上，主张多元化的统一。

美国是人体工程学最发达的国家，其人体工程学协会创立于 1957 年，之后人体工程学得到了迅速发展。它的研究机构设立于大学，如哈佛大学等开展了许多人体工程学方面的研究工作，发行了许多关于人体工程学方面的书刊，其服务对象主要是国防工业。

8.2 德国理性设计

Section Ⅱ Germany's Rational Design

德国是现代设计诞生的国家之一。长期以来，德国的设计在世界设计中占有一个举足轻重的地位，德国设计影响到世界设计的发展，德国的设计理

论也影响到世界设计理论的形成，德国对于设计的理性态度，对于设计的社会目的性的立场，使德国的现代设计具有最为完整的思想和技术结构。

第二次世界大战后德国能够把理性设计、技术美学思想变成现实的关键是建立于 50 年代初期的乌尔姆设计学院，这所学院是德国战后设计思想和理论集大成的中心。

1945 年夏天，德国无条件投降，第二次世界大战结束了，德国满目疮痍，面临着一个被战争造成的全国大废墟和一个基本被摧毁的国民经济，重建的任务艰难而困苦。40 年代末和 50 年代初的一系列政治变化更加重了德国的不稳定感。东西方的对立，以德国被划分为东德、西德而成为战后的现实，冷战的中心就在德国的本土上。工业的振兴，设计的发展，都有一段漫长的道路要走。

战后的德国设计界除了应付经济复苏期的基本设计要求之外，其实已经开始重新考虑一些战前甚至是 20 世纪初期就开始研究和探讨的设计问题了，比如"功能主义"的合理性，产品和平面设计上机械几何形式与有机形式的关系，什么是本世纪初提倡的"好的外形"的真实含义，设计教育的合理结构应该是什么，等等。包豪斯的主要人物都已经移居到美国，德国人必须继续走自己的设计道路，而不是单纯模仿美国人的设计，其中也包括旅居美国的德国包豪斯人所推崇的战后国际主义风格的道路。这一点，对于大多数德国设计师来说，是十分清楚的。德国是现代主义产生的国家，20 年代的包豪斯，以及一系列重要的现代主义设计活动，使德国成为现代主义建筑、现代主义设计和现代主义设计教育的摇篮。但是，自从 1933 年纳粹政府上台以来，德国的现代主义设计遭到几乎毁灭性的打击，设计运动一蹶不振。特别是第二次世界大战爆发以后，大批重要的德国设计大师，包括包豪斯的主要成员们都纷纷离开德国，对于德国的设计发展来说无疑是非常大的打击。德国战后很长一个时期都处在逐步的恢复之中，到 60 年代以后，德国的设计才得到比较全面的恢复。

德国现代设计的一个特点是建筑的痕迹和建筑对于产品设计的明显影响。德国现代主义运动的第一代和第二代大师们基本上都是建筑师出身，比如现代主义的奠基人物沃尔特·格罗佩斯、密斯·凡·得·罗等，在他们的影响之下，德国的现代设计具有非常重的建筑设计痕迹，从形式到功能的考虑，都与建筑有千丝万缕的关系。比如包豪斯研究生马谢·布鲁尔设计的钢管家具，就有明显的建筑构造特点。**应该说，整个欧洲的现代设计都与建筑设计有千丝万缕的关联，这与美国现代设计受到工程技术、展示设计影响大相径庭，完全是两个**

One trait of German modern design is that the architecture traces and influence on the product design.

It's fair to say that the entire European modern designs and architectural designs are inextricably linked. But this mutual influence is totally

不同的体系。战后初期的德国产品，同样有类似的建筑设计影响的倾向。**德国真正形成产品设计与建筑设计分离，是六七十年代的事。但是，作为观念来说，德国产品的高度理性化倾向却依然是与建筑设计的观念分不开的。**

　　战后德国的设计界面临着许多复杂的任务，设计如何能够迅速地为国民经济服务，促进德国产品的水准，提供国内市场的需求，并且为出口服务；设计如何能够与生产相结合，振兴德国的制造业；设计如何能够使德国产品形成自己的面貌，而不是亦步亦趋地仿效外国流行风格，等等，都迫在眉睫，而大量优秀的德国设计人员在第二次世界大战期间流亡美国和其他国家，造成了德国设计力量的大大削弱。因此，设计界面临着非常艰巨的任务。在这些任务之中，非常重要的一个就是促成设计职业化。设计界很多人都认为，他们的首要使命是要使设计成为一个独立的职业，而不是仅仅依附于工程、建筑的装饰或一个附庸而已。要完成这种职业化的专业过程，其首要的条件当然是企业中行业间的进一步专业化分工。战后初期的德国经济基本上处于恢复阶段，整个 50 年代都还没有办法恢复到战前的水准，因此工业设计也只是处在逐步恢复之中。德国的经济在 60 年代开始迅速发展，企业，特别是大企业在设计上有越来越高的要求，而企业内部结构也日益完善，分工日益精细，工业设计逐步成为一个独立的、高度专业化的行业。因此，从经济发展的角度来看，设计专业化和分工精细化是德国发展的必然结果。

　　多少年以来，德国人对于设计的科学技术性和艺术性双重因素始终是困惑的。德国设计中的一对比较长期的互相依存又互相抗衡的因素是理性主义设计系统和艺术性、表现性设计系统的关系。从德国的具体国家情况来看，德国民族的理性传统，战后德国重建所需要的理性与秩序，德国人所熟悉的系统化、计划化风格等决定了工艺设计的趋向。但是，设计作为一种针对人的服务方式来说，同时也不能忽视人的感性、心理的需求方面。理性方式为人类提供了功能需求的满足，而艺术的方式则为人类提供心理需求的满足，所以，任何一种走极端、否定另外一个方面的方式，都会造成设计上的不平衡，因此，在设计上如何摆正理性与艺术性两者的关系，长期以来都在德国的设计界中有所争议。通过从包豪斯以来的长期实践，德国人可以说已经找到一个比较好的平衡点，既是理性主义的，同时也不失人情味的设计在战后越来越多见。

　　与理性主义和艺术倾向的设计原则的关系讨论相比，设计师本身工作的职业定位是 20 世纪 50 年代更加激烈的一次争论。其实这是上面这个问题在具体职业化上的延伸：到底设计家是艺术范畴、手工艺人范畴的工作者呢，

different form America, because different systems lie in the two countries. The post-war German products have similar architecture design tendency. German's products design distinguished itself completely from architecture design in the 1960s and 1970s. But , German products' extreme rationalization tendency is closely linked to its architecture design ideology.

还是工程范畴的工作者。这个问题也并不仅仅是单纯的职业定位或者理论关系的讨论，其中包含了相当一部分意识形态的争议内容在内。战后新生代的设计师们，大部分希望能够把自己归于非艺术、非手工艺的范畴，把设计奠立在科学、技术的坚实基础之上，他们比较趋向技术引导型设计；而另外一些设计家，特别是属于战前成长起来的老一代设计家，则有相当多人希望能够不与艺术表现、手工艺传统完全断裂，使设计与传统手工艺保持比较密切的关系。

手工艺的问题，在战后的德国比较复杂，原因与德国现代政治史有密切的关系。强调手工艺在当时德国往往与第三帝国时期的意识形态相关联，因为纳粹政权为了强调日尔曼传统的优越性、强调德意志民族的超人优越性，一向强调德国手工艺的重要性，要求在德国的建筑设计、家具设计、室内设计等设计活动中体现手工艺的民族特征。反过来看，强调设计的工业化特征，则代表德国的发展和未来，代表战后的、摆脱独裁政权以后的现代化、民主化发展，这种风格同时也因为比较理性化，比较缺少意识形态色彩，因此更加具有民主特点，更加符合战后国际主义的精神。所以，无论从技术上来看还是从意识形态来看，把设计家归于非手工艺、非艺术的立场和范畴，对德国设计家来说是比较保险的。

从具体的发展来看，事实上德国设计师并没有可能完全走科学技术型或者艺术、手工艺型任何一个极端，德国战后的设计基本是按照具体的产品类型而有所侧重，德国战后的设计是在大工业化生产与手工艺发展两者并存的情况下发展起来的。除了大量优秀的工业产品设计以外，德国也生产了相当多杰出的手工艺品。 设计家在两个完全不同的领域中工作，相得益彰。格罗佩斯本人，从来就是理性主义的重要代表人物，但是，他在 1969 年却为德国最大的陶瓷企业罗森泰尔设计了一套非常具有人情味道的茶具，有机形态，非常具有浪漫色彩（见图 8.2.1）。可以说德国设计师们从本身来讲，都兼具两个方面的特色。产品种类繁多，顾客种类也繁多，根本不可能以不变应万变，设计只能根据不同的具体对象和不同的顾客、不同的市场细分来进行不同侧重点的选择。

From the specific derelopment point of view, in fact, German designers do not pursue the extremes of either technological or craftsmanship design. The German postwar design usually relies on the specific product types, and developed from the combination of mass production and handcraftsmanship. Despite large quantities of industrial design products, lots of remarkable handcrafts are also born in Germany.

图 8.2.1　罗森泰尔设计的茶具
Fig.8.2.1　Tea Set Designed by Rosenthal

德国的设计正因为有这样一个争议的背景，因此也就产生了两种完全不同体系的设计风格，一种是理性主义的、系统化的、冷漠的、工业化的产品；另外一种则是有机形态的、人情味的、浪漫的作品。前者以德国的布劳恩公司产品为典型代表，而后者则以鲁吉·可拉尼的有机形态式的设计为典范（见图 8.2.2）。

图 8.2.2　鲁吉·可拉尼的有机形态式设计

Fig.8.2.2　Organic Form Car Designed by Luigi Colani

德国设计界在第二次世界大战后开始研究的议题之一是形式与材料、形式与加工过程的关系。早在包豪斯时期，课程中就已经设立了材料分析内容，表明德国设计界对于产品设计与材料关系的重视。他们认为，古往今来，所有的形式与特定的材料是密切相关的。大量采用自然材料，当然导致人类对于自然形式的了解和喜爱，在设计中以自然材料作为参考，或者把自然材料和自然形态一并兼纳，出现完全模拟自然形式的设计风格。**德国的"青年风格运动"，作为欧洲"新艺术"运动的组成部分之一，其实就是一个力图采用自然材料，模拟自然形式的设计运动。**这场运动的几个重要的设计大师，特别是比利时籍的亨利·凡德·威尔德，一向主张吸取自然的形式动机和自然材料。但是，无论新艺术还是青年风格，都把自然形状，特别是扭曲的线条、像面团一样的有机形式当作自己最高的形式追求，因此，出现了大量的违背设计功能基本要求、违反设计成本考虑的设计，同时，不考虑地点和时间采用有机形态和曲线，对于特定的设计来说是具有消极效应的。因此，这场并不太成功的运动给德国设计师提出一个明确的问题：什么是真正的好形式。

"好的形式"这个口号是德国设计联盟 1907 年提出来的，德国设计界直到现在都希望找到一个标准的答案：什么是好的形式？形态和材料的结合、有机的或者是理性的造型，长期以来依然是德国设计师和设计理论界津津乐道的一个讨论主题。德国人对于材料的认识随着工业化的发展也迅速扩展，他们对于新的工业材料、天然金属、水泥、玻璃、塑料等等，都采取非常积极进取的态度，而他们的高度发达的工业技术，也促进了国民对于新技术和新材料的认同。

German's "youth style movement", a part of European "new art" movement, is actually a design movement that attempts to adopt natural materials and simulates nature.

The term "Good form" is proposed by German design alliance in 1907. Until now, German design seeks to find a standard answer: what is the definition of good form? The unity of form and material, organic and rational design are still hot discussion topics among German designers and design theorists.

These vehicles' exteriors are characterized by the features-fine aerodynamic exterior—organic, compact and futuristic. They share highly unified form and function. Therefore, choosing form and material according to usage is gradually recognized by German designers. Linear exterior and metals are the only choice for high-speed vehicles. There is no other option regarding formality and material in front of the new technology.

当欧洲不少国家还在讨论什么是真正未来设计需要的技术和材料的时候，德国飞速发展的工业其实已经在 20 世纪上半期回答了这个问题。1909 年，当未来主义宣言刚刚在意大利发表、意大利前卫的设计家梦想有一天汽车能够飞驰的时候，德国人制造的、具有 200 马力的奔驰（Benz）汽车速度已经在公路试车时达到每小时 205 公里（见图 8.2.3）；1937 年，费迪南·波什（F. Porche）设计的赛车在柏林的阿乌斯赛车场（the Avu Trackin Berlin）又创造了新的纪录，这些汽车都具有良好的空气动力学外形——有机的、紧凑的、未来的，它们都是形式和功能高度统一的设计代表。因此，什么样的用途采用什么样的形式和什么样的材料，逐渐被德国的设计家们认识。流线型的外形和金属的外壳，是这种高速汽车的唯一选择，在新技术的面前，形式和材料的问题几乎没有其他的选择余地。当然，汽车的流线外形促进了 30 年代的流线运动，这场运动不单在德国，在美国也发展得如火如荼，影响到各个设计领域。

图 8.2.3　1909 年 "闪电奔驰"

Fig.8.2.3　Biltzen Benz in 1909

德国战前战后初期都有不少设计是基于有机形式的。它们不是青年风格的衍生，而更多是受到汽车这类现代用品的外形影响、受到流线运动的影响，甚至是受到德国表现主义艺术中的某些大师的风格影响，如弗朗兹·马克（Franz Marc）的作品（见图 8.2.4）、德国有机形式雕塑家卡尔·哈同（Karl Hartung）的作品（见图 8.2.5）、包豪斯形式导师奥斯卡·施莱莫的作品（见图 8.2.6）等。战后初年的设计，如罗涅（Benedikt Ruhner）1952 年设计的两件一套、模仿阴阳形式的小茶几，奥芬斯·迈耶 1950 年设计的快速电烫斗，奥托·艾舍 1950 年为乌尔姆设计学院设计的海报，保罗·波德（Paul Bode）1952 年设计的阿尔汉布拉电影院内部（Alhambra motion-picture theater, 1952，采用瓦楞版装饰内部）等，都具有类似的特征。虽然形式动机的来源不同，但是这些设计与 20 世纪初的青年风格、"新艺术"风格都有相似的地方，所不同的是运用的对象已经不是 20 世纪初期的手工艺品，而是现代产品、建筑和平面设计作品了。

图 8.2.4　弗朗兹·马克的作品

Fig.8.2.4　Design Works of Franz Marc

图 8.2.5　卡尔·哈同的雕塑设计

Fig.8.2.5　Sculpture Designed by Karl Hartung

图 8.2.6　奥斯卡·施莱莫的油画作品《包豪斯的阶梯》

Fig.8.2.6　Painting "Bauhaus Ladder" of Oskar Schlemmer

德国在第二次世界大战以后出现有机形式和自然材料的设计风格，受到各个方面的影响。当时斯堪的纳维亚国家出现的有机功能主义风格，对于德国的设计家们来说就是一种直接的影响，特别是芬兰建筑家和设计大师阿尔瓦·阿图的家具和建筑内部设计，给主张有机现代外形的德国设计师一个非常有力的借鉴。德国战前在包豪斯出现的以马谢·布鲁尔为中心的立体主义风格家具，在战后面临美国重视人体工程学因素的家具设计师查尔斯·伊姆斯的有机形态、具有适应人体工程学特点的新型家具的很大冲击，而伊姆斯的设计不但更加舒适，并且形式也更符合当时流行的风格，因此德国设计面临一个相当大的从包豪斯的建筑师设计的立体主义、功能主义风格向更加现代化的有机风格转变的局面。从建筑到平面设计，20世纪50年代德国设计中的这个现象不是偶然的。

1. 西德现代设计理论的发展——理性主义与理想主义的交锋

战后德国设计上的重要发展之一是设计理论的发展。战后一批新的青年理论家提出应用美学或者技术美学的理论，这是现代美学发展中的非常重要的一个贡献，第一次把设计体现出来的形态作为美学研究的对象。他们提出应用的美，其实与19世纪初期德国的毕达迈耶学派所提倡的原则，以及20世纪初期德国现代设计的重要奠基人之一的赫尔曼·穆特修斯提出的技术与美学的统一观点都有密切的联系。

所谓技术美学，主要是衡量产品和设计美的各种要素和可能性因素的综合理论体系。持有技术美学理论的德国理论家认为设计美学与一般美学虽然有很多原则上的共同点，但是，技术美学具有本身强烈的个性特征，他们认为对于设计美的解释应该可以通过观察和统计进行定量。早在20世纪20年代的包豪斯，已经开始有人提出类似的看法，比如包豪斯的第二任校长汉斯·迈耶就在当时提出建筑学、生物学的过程，建筑不是美学的过程的理论，把美学的研究归之于科学的研究。他在当时反复强调把设计，特别是建筑设计和城市规划设计建立在科学的基础之上，并且强调这种设计中政治因素的重要性。20年代的包豪斯已经把人民的生活设计理解为组织社会的设计活动，而并非个体的活动。所谓的合理化设计，是社会总体的合理化，无论从餐具还是城市规划，都应该建立在体系、系统、组织的基础上，个人必须服从这个基础。包豪斯强烈反对以个人为中心的美学原则，他们追求统一、同一、集体化、标准化，个性必须服从于共性，个人必须服从于整体，美的原则必须是在理性的、科学的基础上的发展。这种理论，对于战后德国发展起来的技术美术原则产生了非常深刻的影响。

The so-called technical aesthetics is a comprehensive theory system that measures products and design aesthetics.

Some experts proposed similar opinions in the 1920s, like Hans Meyer, Bauhaus' second president, he mentioned the process of architecture and biology, that is, architecture is not the theory of aesthetic process. It can be ascribed into scientific research. He reiterated that architecture design and urban planning are based on science and emphasized the importance of the political elements in the design.

The so-called rational design, is the overall rationalization of society, both cutlery and urban planning should be established on the basis of the structure, system, and organization, individuals must obey this foundation. Bauhaus strongly opposed to the aesthetic principle that regard individual as the

战后德国能够把理性设计、技术美学思想变成现实的关键是建立于 20 世纪 50 年代初期的乌尔姆设计学院（Ulm Institute of Deign）。这所学院是德国战后设计思想和理论集大成的中心，它对于德国现代设计的影响作用并不比包豪斯小。战后德国的设计经历了几个阶段的发展，而奠定基础的阶段是 50 年代初到 70 年代初。这个阶段中非常重要的一个西德设计发展因素是乌尔姆设计学院的成立和发展，以及乌尔姆与德国电器制造厂商布劳恩公司（Braun）的设计关系，这个发展造成了战后德国新理性主义的基础，影响到许多其他的德国设计范畴，并且影响到世界上其他一些国家的设计，荷兰、比利时、日本的电器设计就深受这个模式的影响。

德国设计理论的大发展开始于 20 世纪 60 年代。当时西方，特别是美国掀起了以青年人为中心的反对各种传统观念的运动，其中包括反对美国卷入越南战争、美国黑人要求平等权益、争取人权的一系列运动。这股运动的发展，达到反对一切正统体制的极端高度。这种反权威的运动、反中心文化的运动在西方各个国家都有强烈的反应和发展，其中，在德国的知识界中的一个反应，就是"新左派运动"的发展。这场运动是基于德国的"法兰克福学派"而发展起来的，它们的宗旨在于反对当时的资本主义福利国家体制，也反对它们认为毫无意义的经济高速发展和膨胀。"法兰克福学派"是早在第二次世界大战以前就已经在以法兰克福大学为中心的一批青年哲学家中出现的反传统资本主义哲学运动，哲学家们自称新马克思主义理论家，运用马克思主义的某些哲学原理，来解释、否定资本主义社会的某些内容。"法兰克福学派"影响了不少青年知识分子，导致了思想界和文化界的左翼运动，称为新左派运动。

但是，德国的设计界却基本置之度外，没有卷入这个洪流中，原因是设计师们已经发现自己的地位受益于德国的资本主义经济飞速发展，德国在 20 世纪 60 年代已经成为世界第三大经济强国，设计在这个经济的飞速发展中不但起到重要的作用，并且它的地位也已经在企业中牢牢地确立了，没有任何道理去反对经济的发展，也没有任何理由去否定社会制度，虽然这个制度并非十全十美。可以说德国的现代设计基本没有出现第二次世界大战以前现代主义运动时期的那种左倾的浪潮，德国的设计家在 20 世纪 60 年代中再没有第一次世界大战后表现出来的那种前卫的、左倾的、激进的倾向和立场了。他们在新的经济前提下，作为经济发展的既得利益者表现出稳健、保守和温和的政治倾向，在意识形态上成为资本主义经济体制的建造者和积极参与者，这是德国设计界的一个非常显著的质的变化。

center. Those principles they stick to,including unification, similarity, collectivization, standardization, and person-ality must obey the univer-sal, individual must obey the whole.Aesthetics principle should develop on the basis on the reason and science.

The major contri bution of Ulm's design is his scientific attitude towards the design process and method.And the seconcl president of the Ulm Institluce of design Maldonado pointed out: the principle of the institute is the combination of scientific theories and operation modes.

在这种前提之下，德国的设计界开始谨慎地发展自己的设计理论，理论研究的主要中心是乌尔姆设计学院的教师和研究人员。奥托·艾舍曾经总结过这个理论研究的过程，他在1963年斯图加特的一次会议上提到：**乌尔姆设计的重要成就是对于设计过程的科学性的态度和方法。而乌尔姆设计学院的第二任院长马尔多纳多则指出：学院的原则是科学性的理论和科学性的工作方法的结合。**

如果从具体的情况来看，我们可以看出德国的设计与设计理论从乌尔姆学院时期开始，已经从简单的提倡科学和艺术的结合转向单纯的科学性立场上来了，这是一个非常重大的理论的转折。乌尔姆把数学、信息理论、控制理论、人体工程学、社会学、试验心理学作为设计工作的范围，成为设计工作的基本内容。这样一来，不但设计教育和设计理论本身被改造了，设计本身也成为一个科学的过程，而不再是艺术的衍生产品。可以说，这是从现代主义设计运动以来最重大的一个改革。由于这个改革影响太大，因此引起不少设计理论家的兴趣，20世纪70年代有人开始对乌尔姆体系进行系统的研究，企图分析它的这个改革对德国设计和世界设计带来的利弊。比如德国理论家西格弗里德·马泽尔就曾经做过这个研究。

20世纪70年代，德国对于设计美学和设计理论的研究进一步深入发展，此研究活动主要是在高等院校中进行。德国是20世纪60年代以来，西德经济进入高度成熟阶段，西德开始逐渐成为强大、发达的工业国家。自20世纪60年代中期以来，西德设计终于放弃了所谓的工艺美术风格传统，而走向完全的现代时期。德国工业的发展，使设计也成为一个巨大的行业，德国出现了大量的设计协会、设计研究中心和设计学院，对于整体设计水准的提高来讲，这是非常重要的发展。

德国早期的设计模式是艺术家、建筑师与工业产业界的关系，这种20世纪初以来比较传统的关系在60年代才开始瓦解，出现了真正的职业设计师。他们的背景是设计，而不是早年包豪斯式的艺术与技术的结合产物，更不是建筑师从事产品、平面设计，这是一个设计上的重大飞跃。培养出专业的设计师其实是长期以来设计运动先驱的理想，但是，战前的经济发展还达不到这个职业化的水平，对于西德来讲，只有到60年代，这个职业化的过程才有可能。

工业设计师的职业形成，造成分工日益精细。原来设计师的工作包罗万象，分工不清，现在的工作不仅是提供功能良好的产品设计，同时还兼有利用设计促进产品的市场销售的任务。大企业内部设计人员的分工不但精细，并且出现了规章化的发展。意大利的奥利维蒂公司、荷兰的飞利浦公司很早就有设计分工手册，而西德的大企业也很快出现了类似的规章制度。

一般人对于德国在 20 世纪 60 年代以来的设计观念的发展会有一个相似的看法，即认为德国的设计是统一的发展过程。其实，除了以布劳恩公司的设计模式为中心的比较普遍的设计观念模式以外，德国是走两种模式并存的发展道路。

德国设计观念模式之一是理性观念，对于设计强调逻辑关系和次序。由于理性的强调，设计中的体系化、逻辑化就是必然的结果。作为这个观念的潜在观点，是认为在地球上没有不可解决的问题。这个观念是在战后重建期间发展起来的，当时德国人对于解放生产力的自然科学和技术的发展感到极端兴奋，相信科学的方法是唯一的方法。由于设计上必然存在理性的方面，因此，设计、生产、科学技术的统一就是自然的结果。设计理论上称这种设计观念为"新积极主义者立场"。

另外一个不同的观念则把设计观点形成的重心放在设计可能造成的社会后果上，比较多地研究设计伦理的、社会的因果关系，强调设计必须造成良性的伦理、社会结果。他们认为，这种单纯走理性主义道路的设计观念，会造成扭曲的、不完整的设计面貌，同时是不顾社会和伦理后果的，因此是不负责任的。这种观念比较具有理想主义色彩，比较主观，更加强调个人主义的要求（因为伦理问题被强调），是知识分子之间比较流行的设计观念。

20 世纪 50 年代，当时设计还在很大程度上受到建筑家和艺术家的影响，建筑家和艺术家在很大程度上认为自己的设计具有相当的艺术创作特点，比较强调个人风格，这种状况可以解释为什么当时设计风格因人不同而差异如此之大。这一时期在西德设计上的焦点是两种不同的设计观念的斗争和冲突：到底是基于大批量生产的、为企业服务的设计还是比较为个人表现的、比较重艺术品味的设计。如果从实质来看，这个冲突的根源并不简单。比较重视艺术的、比较重个人表现的，或者说比较重视社会结果的设计其实与意识形态的关系更加密切，特别是与 20 世纪初的"工艺美术"运动、30 年代的纳粹宣传动机有一脉相承的关系，是设计上的意识形态倾向。与之对立的比较重视理性的设计，其实代表了大工业批量生产性与经济利益的关系紧密，讲究效益，而比较少有意识形态方面的考虑。如果我们想了解它们的发展历史，只要看看包豪斯的发展和兴亡，就可以有一个比较明晰的了解。包豪斯时期，在艺术家、手工艺人和大工业生产之间不是泾渭分明的。**包豪斯的哲学其实是强调好的建筑应该是艺术家和手工艺人联合设计的，就好像中世纪他们联手设计石头建筑物一样。**因此，包豪斯在设计分工上一向是含糊不清的，艺术家设计建筑，设计师画画，一向是理所当然，并且也是学院教学强调的要点。

German design concept resides in rational thinking, which focuses on logic and order. Due to the emphasis on rationality, the systemization and logicalization are the definite outcomes of design. So the potential opinion is that there is no unsolvable problem in the world.

Another different opinion is that design should focus on the possible social consequences.
It is important to conduct more researches on casual relationship of ethnic and society so as to yield positive outcome. They believe the sole pursuit of rational design will result in twisted and incomplete design as well as poor social and moral consequences. Therefore, the rational design is irresponsible.

Bauhaus emphasizes that architecture should be a joint design by artists and handcraftsmen, just like they work together to design stone construction in the middle ages.

如果看看包豪斯时期的地毯设计、墙纸设计，这个特点更加一目了然。

西德战后初期这种情况并没有发生本质的变化，但是，新的形式开始进入设计：新的有机形态、流线型、对于便于携带产品和形式的喜好等等，流线型已经不仅仅局限于汽车设计范围，而进入家庭用品设计之中，比较突出的两个范畴是家具和灯具。20世纪50年代的家具、特别是灯具和其他的家用电器用品依然是以建筑师为主设计的，因此被称为"建筑电器风格"。

战后西德重要的设计人物之一是汉斯·夏隆（Hans Scharoun, 1893—1972），他的两个重要的建筑设计得到世界广泛的好评，一个是柏林爱乐交响乐团的音乐厅（见图8.2.7），另外一个是卡塞尔的大都会剧院（见图8.2.8）。他的设计（包括室内和家具）具有很强烈的时代感，并且具有某种90年代流行的结构主义的色彩。线条流畅，不是现代主义的冷漠的立体风格，也没有沿用历史主义的装饰动机，是极其难得的。夏隆应该属于20世纪初德国追寻有机风格的奠基人。没有任何人有可能找到大型的项目来作为这种探索的试验，夏隆应该说是第一个。这两个巨大的项目使他得以发挥半个世纪以来的几代人的想象，他的设计充满了革新、叛逆的特点，他的风格同时对于德国设计长久以来强调的国家精神、商业和工业的势力都是一种否定，他发展出一种严肃的戏谑，一种庄严的玩笑，与当时流行的工业化设计发展趋势完全不同。建筑设计师布鲁诺·陶特（1888—1935）发动所谓"玻璃链"（Gla Chain）运动，这场运动开始于1919年，其目的是找寻有机形式和现代功能之间吻合的可能性。

Bruno Tot (1888—1935) initiated the Gla Chain Movement in 1919 in order to seek a possible match of organic formality and modern function.

图8.2.7　柏林爱乐交响乐团的音乐厅
Fig.8.2.7　The Berlin Philharmonic Concert Hall

图8.2.8　卡塞尔的大都会剧院
Fig.8.2.8　Caell's Metropolitan Opera

20 世纪 50 ～ 60 年代以来，西德的设计师开始从各个方面尝试和探索，企图找出自己民族和现代风格的发展方向。旅居美国的大师格罗佩斯也时常回到德国设计一些产品，比如他 1969 年为罗森泰尔陶瓷厂设计的茶具，出现了特别的功能性和有机形态结合的特色，使人回忆起他在 1922 年设计的著名的门把手，那个把手完全是功能主义的、严肃的，而这批茶具却是人情味的、可亲的、感人的。这个重要的功能主义斗士在此时出现如此人情化的设计风格，或许是对于他自己原来的设计准则的修正。

如果我们要对德国两种不同的设计观念作一个界定的话，大概以下的定义可以解释其区别，即功能主义——理性主义的座右铭是："根据指定的目的解决问题，根据指定的材料选择设计方式，其美观的外形会自动出现。"功能主义认为形式是解决了所有问题之后的必然结果，而比较注重艺术表现的另外一种观念则认为形式必须加以考虑。

如果我们注意研读德国现代设计的理论奠基人之一的穆特修斯（Muthesius, 1861—1927）的早期理论，已经可以看到这种自动出现的形式的功能主义论调了。功能主义出现在德国，它具有强大的发展基础，因此，任何要摆脱它的影响的设计尝试都显得十分艰难。穆特修斯曾经在德国工业同盟成立的初期，在 1907 年左右，与另外一个重要的德国设计奠基人威尔德有过一场关于功能主义的大辩论。**穆特修斯认为设计的基础是理性主义，是标准化、是批量生产的制约与要求；威尔德却认为设计是艺术家的不受任何限制的自我表现，这场争论事实上代表了一个世纪以来德国设计界斗争的焦点。到底美是功能解决以后自然、自动获得性的结果呢，还是必须通过探索、取得与功能的平衡的结果，一直以来是争论的中心。**所谓获得性的美，是两方面争执不下的焦点。在包豪斯的中期，当迈耶担任第二任校长时，这个问题又在学院里引起争论。**迈耶认为设计是一个技术、经济、科学、生物学的过程，是一个组织严密的过程，而不是美学的过程。**

20 世纪 20 年代，包豪斯认为文明是一个组织过程，所有的生活都应该被管理和控制：从都市设计和规划到设计一个汤匙，并没有本质的区别。格罗佩斯是这个观点的强烈的捍卫者，他认为标准化是现代设计的核心，有了标准化才有设计分工，才可能出现真正的设计。但是，包豪斯同时也主张标准化下面的个人化，这正是穆特修斯的梦想。所谓求大同、存小异的理论立场，是包豪斯犹豫在现代工业大批量生产与手工艺的个人风格之间的具体表现。随着工业化的进程，设计为工业生产服务这一点已经清楚无疑了，因此，到 1926 年，包豪斯本身成立了一个销售部门，来推销自己的设计。

Muthesius believes the foundation of design is rationalization, which provides the restraints and basics for standardization and mass production, While Wilder proposes that artists' self-expressions are not subject to any restrictions. This is the chief argument in German design field. Whether aesthetics is a natural spontaneous development of function or a balance between exploration and function remains a hot debate topic.

Meyer believes that the design should be strict procedures that involves technology, economics, science and biology, rather than pure aesthetics considerations.

战后，德国人开始重新振作自己的设计事业和设计教育事业，这种提议的背景是复杂的，一方面，德国人希望能够通过严格的设计教育来提高德国产品的设计水平，为振兴德国战后凋敝的国民经济服务，使德国产品能够在国际贸易中取得新的优异地位；另一方面，则出于他们有感于德国发动的现代主义设计在战后的美国已经出现了与初衷不同的变化，即商业主义、实用主义的转化。德国人一向把设计看作社会工程的工具，因此，设计教育和设计本身是密切相联的，设计应该首先考虑为国家、国民的利益服务，而不仅仅是商业利益，何况，现代主义在德国开始时具有强烈的社会主义色彩，明确提出为劳苦大众服务的方向和目的，这个设计宗旨到美国以后却发生了质的变化，现代主义成为流行的国际主义风格，成为单纯的商业推广工具。因此，德国设计界的一些精英分子深感他们事业的原则被美国市场破坏了。从社会伦理的角度出发，他们希望能够重新建立包豪斯式的试验中心，把设计作为一种为国为民的学科进行严肃、认真的研究、讨论，把结果传授给下一代的设计师，从而达到提高德意志民族和西德物质文明总体水准的目的，因此，他们的考虑方式是很具有知识分子理想主义色彩的。而这种努力，终于导致战后德国最重要的设计学院——乌尔姆设计学院的成立和开设。

2. 乌尔姆设计学院（ULM Design College）

1949 年，平面设计家奥托·艾舍提出建立战后的新设计教育中心，他的这个提议得到社会的广泛支持，在得到社会一些重要人物的资助下，1953 年乌尔姆设计学院建立，地点在物理学家爱因斯坦诞生的小城市乌尔姆（ULM）。有些理论家把这所学院的影响作用与包豪斯相比，认为它对于西德设计和国际设计的作用不亚于包豪斯，虽然在这个问题上不可能有绝对的定论，但是，从这种提法中可以看出乌尔姆设计学院的重要性。

由于准备工作的拖延，这所学院一直到 1955 年才正式招生，校舍建筑是由包豪斯早期毕业生、平面设计的重要人物马克斯·比尔（Max Bill, 1908—1994，见图 8.2.9）设计的，他同时担任第一任校长。比尔长期在瑞士从事平面设计工作，是战后平面设计影响最大的一个设计家，他具有与格罗佩斯一样的雄心壮志，要把这所学院办成西德最杰出的设计教育中心。在他和教员们的努力之下，这所学院逐步成为德国功能主义、新理性主义和构成主义设计哲学的中心，虽然学院已经关闭多年，但是，在这所学院中形成的教育体系、教育思想、设计观念一直到现在为止依然是德国设计理论、教学和设计哲学的核心组成部分。**乌尔姆设计学院的最大贡献，在于它完全把现代设计——包括工业产品设计、建筑设计、室内设计、平面设计等等，从以前似是而非**

The major contribution of ULM Design School is that it redefines modern design-industrial production design, architecture design, interior design and graphic design, etc. The original swing opinions

的艺术、技术之间的摆动立场完全地、坚决地移到科学技术的基础上来，坚定地从科学技术方向来培养设计人员，设计在这所学院内成为单纯的工科学科，因而，导致了设计的系统化、模数化、多学科交叉化的发展。

图 8.2.9 　马克斯·比尔
Fig.8.2.9 　Max Bill

　　乌尔姆设计学院的目的是培养工业产品设计师和其他方向的现代设计师，提高工业产品设计、建筑设计、平面设计等的总体水平。它首先从工业产品设计上开始进行教学改革试验，乌尔姆在工业设计方面的观念和方法很快就扩展到平面设计和其他视觉设计范畴中。乌尔姆创立的视觉传达设计，是一个包含版面设计、平面设计、电影设计、摄影等许多与设计相关科目的松散的学科。学院对于视觉传达设计从科学性方面着手，把它变成一个极为科学、相当严格的学科。他们关心的设计内容包括交通标志、公共显示设计等，极力提供一个有高度效率的视觉体系。对于其他的视觉内容，如电视机、计算机的终端器设计等，也力图达到高水平的效率。通过这所学院的努力，一种完全崭新的视觉系统——包括字体、图形、色彩计划、图表、电子显示终端等被发展出来，成为世界各个国家仿效的模式。

　　乌尔姆要求学生必须接受科学技术、工业生产、社会政治三大方面的训练。设计因此明确被认为是建立在科学技术、工业生产、社会政治三个基础上的应用学科，而为了达到精练、明快、准确、现代的视觉效果，设计教育还应该重在发展学生的视觉敏感水平，学生应该在掌握自然科学和社会科学的基础上，同时还要具有尖锐视觉敏感和表达能力。艾舍曾经描述过学院的教学宗旨，他说：“教育的目的是让学生掌握技术分析的能力和勇气，而这种分析是基于工业生产程序、方法论、设计原则、完善的功能和文化哲学观点之上的。”

between art and technology were transferred firmly and thoroughly into science and technology as the foundation. The ULM Design School targets on cultivating designers with science and technology background. Design becomes a pure science disciplinary that leads to design's systemization, modular and cross multidisplinary development.

Eddie House once described the mission of college in this way: "the mission of education is for the students to master the ability and courage of technological analysis. This type of analysis is based on industrial production process, methodology, design principle, perfect function and culture philosophy."

　　学院开学之后，有过一段比较困难的摸索时期，虽然大家都明确学院教学的支柱是逻辑性和科学性，理性主义是核心，但是，到底应该如何通过具体教学体现这种立场却并不清晰。马克斯对教学感到力不从心，由于平面设计依然有相当多的因素来自艺术灵感，他对于是否应该完全放弃艺术教育内容是感到困惑的，因此，作为院长的比尔思想上就一直在理性主义和艺术表达两种设计对立的观念之中困惑，这种困惑最后导致他的离职。在百思不解的情况下，比尔终于在 1957 年辞职，学院经过一段很短的时间选择，任命阿根廷出生的建筑家托玛斯·马尔多纳多（Thomas Maldonado，1922— ，见图8.2.10）接任院长。

图 8.2.10　托玛斯·马尔多纳多
Fig.8.2.10　Thomas Maldonado

　　马尔多纳多在设计教育上是非常明确的。他认为设计应该、而且必然是理性的、科学的、技术的，他在发展理性主义设计教育体系方面更加极端，他认为这所学院应该完全立足于科学的基础之上，他的目的是要培养出科学型的设计师，为德国工业发展服务。他认为训练的基础应该是市场学、研究能力、科学与技术、生产知识、美学五大方面，目的是为工业文明服务。他的这个努力，经过 20 世纪 50 年代和 60 年代的发展，逐渐形成完整的体系，学院基本完全抛弃艺术课程，代之以各种社会科学和技术科学课程，包括社会学、心理学、哲学、机械原理、材料学、人体工程学等，基础课程也着重学生的理性视觉思维培养，对于个性非常压抑，强调设计的企业性格、工业性格、批量生产的特点。乌尔姆设计教育逐渐成为一个体系，代表了战后西德设计的最高水平，影响其他设计教育机构，也通过与这所学院密切联系的布劳恩公司而成为战后西德设计的风格（见图 8.2.11）。

　　但是，从现实情况来看，乌尔姆的试验其实与社会当时的具体情况之间有很大差距。乌尔姆所体现的是一种战后工业化时期的知识分子式的新理想主义，它虽然具有非常合理的内容，但是由于过于强调技术因素、工业化特征、科学的设计程序，因而没有考虑、甚至是忽视人的基本心理需求，设计风格冷漠、缺乏人格、缺乏个性、单调。虽然学院在 1968 年因为财政问题关闭，但是乌尔姆的影响直到目前还可以从不少德国产品、平面、建筑设计中看出来。

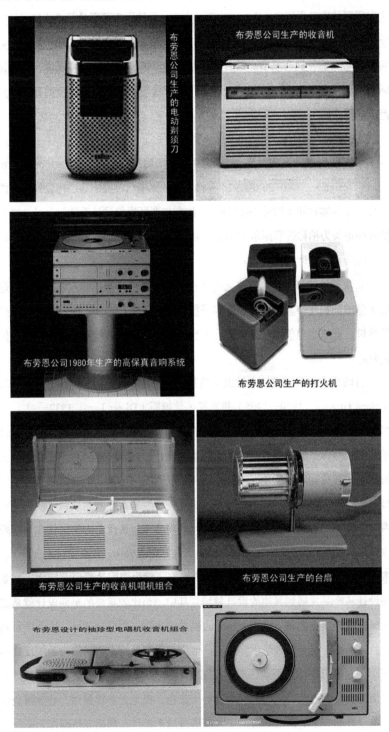

图 8.2.11　布劳恩公司的产品设计

Fig.8.2.11　Braun Company's Product Deign

乌尔姆设计学院与德国重要的工业企业之一的布劳恩公司长期合作，产生出所谓的布劳恩原则（Braon outline）来，即德国布劳恩公司"优良设计"十项原则：创新的、实用的、有美学上的设想、易被理解、毫无妨碍的、诚实的、耐久的、拥有细节、符合生态学、尽可能少的设计。可以说，自从德国开始现代设计以来，这是第一次有可能把理想的功能主义完全地在工业生产上体现出来。

3. 系统设计的确立

西德现代设计上的另外一个重要的里程碑是系统设计（The Inception of Sytem Design）。早在 20 世纪 20 年代，格罗佩斯已经提出系统化设计的可能性想法（具体时间大约是 1927 年）。他在包豪斯提倡设计系统的家具，当时他曾经带头为柏林的菲德尔（Feder）百货公司设计可以现场拼装的系列家具，可以说是系列设计的最早尝试。

系统设计的潜台词是以有高度次序的设计来整顿混乱的人造环境，使杂乱无章的环境变得比较具有关联和系统。它的使用首先在于创造一个基本模数单位，在这个单位上反复发展，形成完整的系统。模数体系是系统设计的关键。

有两个人在系统设计上做出了奠基作用的贡献，他们是汉斯·古格洛特（Hans Gugeiot，1920—1965）和迪特·兰姆斯（Dieter Lams, 1932—）。古格洛特是乌尔姆的教员，同时为布劳恩公司设计，他的音响设备设计就是最早基于模数体系的系统设计。他与兰姆斯合作，在布劳恩公司里把在学院里的构想完善化，每一个单元（如扩大机、收音机、唱机、电视机等）都可以自由地组合，都基于基本模数单位，由此推广到家具，乃至建筑，使整个室内空间有条不紊，严格单纯。系统设计的观念可以说是由古格洛特在乌尔姆设计学院里发展出来的，由兰姆斯通过他在布劳恩公司、扎夫公司（Zapf）、维索公司（Vitose）的设计中推广宣传出来，成为德国的设计特征之一。系统设计从产品发展到其他的设计领域，其中一个比较重要的平面设计就是德国国家汉莎航空公司（Lufthansa）的视觉传达和平面设计项目，这个项目是由教师奥托·艾舍带领学生完成的。他们采用简单的方格网作为系统设计的基础，发展出字体、企业标志（见图 8.2.12）、实体企业形象来，色彩计划采用具有高度理性特点的福黄和普鲁士蓝色，视觉上非常强烈，是德国企业形象设计的一个非常成功的例子。而通过这个设计，利用方格网作为系统化平面设计的方式也被奠定了基础。

图 8.2.12　德国国家汉莎航空公司标志设计

Fig.8.2.12　German National Airline Lufthansa' Logo Design

　　系统设计在乌尔姆设计学院中十分流行，并且逐步被引进建筑设计领域内。如果从系统设计的理论根源来看，它的核心是理性主义和功能主义，加上强烈的社会责任感的混合。而从形式上看，则采用基本单元为中心，形成高度系统化的、高度简单化的形式，整体感非常强，但是也同时具有冷漠和非人情味的特征。

　　系统设计形成的完全没有装饰的形式特征，在设计上被称作"减少风格"。与在美国推行的少则多从实质上看有所不同，德国的减少主义特征不是风格探索的结果，而是系统设计、理性设计的自然结果。是要设计成为单纯的风格，甚至可以牺牲功能性；而兰姆斯则认为单纯的风格只不过是解决系统问题的结果，提供最大的效应。他说：最好的设计是最少的设计，因此被设计理论界称为"新功能主义者"。色彩上他们都主张采用中性色彩：黑、白、灰。他反复强调设计的目的是清除社会的混乱，这种提法，依然具有强烈的社会工程味道。

　　乌尔姆的设计哲学在德国具有很大的影响力，我们从德国产品中处处可以看到这种新功能主义、新理性主义、减少主义的特征。虽然学院在 1968 年关闭，但是它的影响却反而越来越大，不少它的学生和教员都成为大企业的设计骨干，他们把学院的哲学带到具体设计实践中去，从布劳恩公司的室内用品、钟表、厨房用品（见图 8.2.13），到克鲁柏公司（Krups）的家用电器（见图 8.2.14），乃至到海报、企业标志设计（见图 8.2.15），这种影响可以说是无所不在。

图 8.2.13　布劳恩公司的产品设计

Fig.8.2.13　Braun Company' s Product Deign

图 8.2.14　克鲁柏公司吹风机

Fig.8.2.14　Krups Hairstar 800

图 8.2.15　德国的海报设计

Fig.8.2.15　Poster Design in Germany

　　西德比较具有代表性的新功能主义设计作品有：艾贡·艾曼设计的德国展厅和法兰克福的意大利奥利维蒂公司大厦（见图 8.2.16）；瑟普·鲁夫设计的布鲁塞尔世界博览会；奥托·斯泰德设计的柏林国际会议中心（见图8.2.17）；德国后现代主义设计的重要人物——翁格斯设计的科隆利查兹博物馆等。

图 8.2.16　法兰克福的意大利奥利维蒂公司大厦

Fig.8.2.16　Italian Olivetti company's Building in Germany Frankfurt

图 8.2.17　柏林国际会议中心

Fig.8.2.17　ICC Berlin

德国战后的现代设计发展，为我们展示出一条发展稳健、高度理性和富于思考的途径，德国的设计发展成功，为世界各国的工业设计发展提供了非常珍贵的观念和理论依据，同时也影响了欧洲各国的设计，特别是荷兰、比利时等国。

4. 德国设计现状

德国的工业企业一向以高质量的产品著称世界，德国产品代表优秀产品，德国的汽车、机械、仪器、消费产品等，都具有非常高的品质。这种工业生产的水平，提高了德国设计的水平和影响。意大利汽车设计师乔治托·吉奥几亚罗为德国汽车公司设计汽车，德国生产的意大利设计师设计的汽车，却比同一个人在意大利设计的汽车要好得多，因而显示出问题的另外一个方面：产品质量对于设计水平的促进作用。德国不少企业都有非常杰出的设计，同时有非常高的质量水平，如克鲁博公司（Krup）、艾科公司、梅里塔公司（Melitta）、西门子公司等，德国的汽车公司的设计与质量则更是世界著名。**这些因素形成德国设计的坚实面貌：理性化、高质量、可靠、功能化、冷漠特征。**

Rationalization, high-quality, reliability, functionality, indifference contribute to constitute the characteristics of German design.

德国的企业在 20 世纪 80 年代以来面临进入国际市场的激烈竞争。德国的设计虽然具有以上那些优点，但是以不变应万变的德国设计在以美国的有计划的废止制度为中心的消费主义设计原则造成的日新月异的、五花八门的新形式产品面前，已经非常困窘了。因此，出现了一些新的独立设计事务所，以为企业提供能够与美国、日本这些高度商业化的国家的设计进行竞争的服务。其中最显著的一家设计公司，就是青蛙设计公司（见图 8.2.18）。这个公司完全放弃了德国传统现代主义的刻板、理性、功能主义的设计原则，发挥形式主义的力量，设计出各种非常新潮的产品，为德国的设计提出了新的发展方向。对于青蛙设计的这种探索，德国设计理论界是有很大争议的，其中比较多的人认为：虽然青蛙设计具有前卫和新潮的特点，但是，它是商业味道浓厚的美国式的设计的影响产物，或者受到前卫的、反潮流的意大利设计的影响，因此，青蛙设计不是德国的，不能代表德国设计的核心和实质。德国越来越多的企业开始尝试走两条道路：德国式的理性主义，主要为欧洲和德国本身的市场；国际主义的、前卫的、商业的设计，主要为广泛的国际市场。青蛙公司的设计既保持了乌尔姆设计学院和布劳恩的严谨和简练，又带有后现代主义的新奇、怪诞、艳丽，甚至嬉戏般的特色，在设计界独树一帜，在很大程度上改变了 20 世纪末的设计潮流。青蛙的设计哲学是"形式追随激情"（Form Follows Emotion），因此许多青蛙的设计都有一种欢快、幽默的情调，令人忍俊不禁。

图 8.2.18 青蛙设计公司的产品设计

Fig.8.2.18 Products Designed by Frog Design Company

　　在平面设计方面，德国也同样有自己的鲜明特点。德国功能主义、理性主义的平面设计也是从乌尔姆设计学院发展起来的，乌尔姆学院的奠基人之一德国杰出的设计家奥托·艾舍在形成德国平面设计的理性风格上起到很大的作用。他主张平面设计的理性和功能特点，强调设计应该在网格上进行，才可以达到高度次序化的功能目的。他的平面设计的中心是要求设计能够让使用者在最短的时间内阅读，能够在阅读平面设计文字或者图形、图像时拥有最高的准确性和最低的了解误差。1972 年，艾舍为在德国慕尼黑举办的世界奥林匹克运动会设计全部标志（见图 8.2.19）。他运用自己的这个原则，设计出非常理性化的整套标志来，功能非常好。通过奥林匹克运动会，他的平面设计理论和风格影响了德国和世界各国的平面设计行业，成为新理性主义平面设计风格的基础。德国的几个重要的设计中心，如杜塞尔多夫、斯图加特、科隆、法兰克福等，都有非常强有力的平面设计集团。

　　在这种思想的影响下，德国的平面设计具有明快、简单、准确、高度理性化的特点，但是，同时也有沉闷的、缺乏个性的倾向。德国平面设计与德国的工业产品设计一样，虽然杰出，但是毫无幽默感，毫无文化个性可言。

　　长期处于东德内部的西柏林对于西德的这种设计原则非常不满，因为西柏林的孤立环境，造成了西柏林平面设计的特别发展。**西柏林设计强调人情味道，强调设计的风格特点，强调个性和文化品味，具有艺术的、幽默的特色，在沉闷的德国设计之中，西柏林平面设计非常突出。**比较重要的西柏林平面

Under the influence of this idea,German's graphic design is vivid, simple, precise, highly rational, yet sometimes can be dull and lack of individuality. German's graphic design, just like German's industrial product, is remarkable, but is lack of humor and cultural characteristics.

West Berlin design emphasizes humanity andhighlights the individualistic and cultural tastes. West Berlin's

设计家有伯纳德·斯坦恩、斯皮克曼和尼古拉·奥托等。

图 8.2.19　1972 年艾舍设计的奥运会形象
Fig.8.2.19　Olympic Image Designed by Aicha in 1972

　　从西柏林平面设计的探索开始，一批以西柏林为中心的设计家创造出一个新的设计流派来，称为"新德国设计"（New German Deign），以非正统德国理性主义为中心，他们的家具设计、室内设计、平面设计都具有生动的特点。这场运动的精神领袖是克里斯提安·邦格拉博，他以他的设计事务所设计的工作室作为宣传新设计思想的论坛，公开反对沉闷的主流德国现代设计。<u>他曾经说："我反对的不是兰姆斯，而是那种说德国设计必须像兰姆斯的刻板教条（见：Hugh Alderey-William：Natinalim and Globalim In Deign，RIZzoli，1992，P．36）。"</u>重要的以西柏林为中心的"新德国设计"组织和个人包括加布利尔·康莱舍、安德里亚斯·布兰多里尼、斯提列多设计事务所等，这个流派的设计常常充满了放荡不羁的戏谑成分，利用一些废品组合，如破木箱、钢管来组成家具或者其他用品，与意大利的前卫和激进设计运动的作品有相似之处，这是德国设计中的一个非常特殊的内容。

He once mentioned: "What I object to is not Lamb, yet the rigid dogma that Lamb represents, (Hugh Alderey-William: Natinalimand Globalim In Design, RIIzoli, 1992, P.36)."

　　东德和西德统一以后，西德的设计面临如何改造落后的东德设计的问题。东德的企业水平非常低，统一以后，大部分原国有企业都编入私有，设备落后，企业管理混乱，产品设计和包装设计几十年没有变化，与先进的西德设计无法立即接轨。统一以前，大部分东德设计师都在政府的设计部门康比纳提中工作，负责为全国各种企业提供设计，是中央计划经济下的刻板设计体系，难以达到好的效果。而政府不允许私人的设计事务所发展，几十年中，东德只有非常少的独立的、私有的设计事务所，根本对于企业和经济发展起不到促进作用。东德的消费产品设计长期以来都在拙劣地模仿西德的设计，但是它们没有能够超过布劳恩设计的高度，根本没有新的探索。统一以后，一旦企业变成私有，设计成为市场竞争的最重要手段之一，东德的设计问题就显得尤为严重。这时德国设计界与工业界联合，设法为转型中的前东德产品找出一条新的折中发展道路来。

东德设计曾经深受包豪斯风格的影响，直到 1952 年，东德政府把包豪斯艺术家、柏林-魏森塞（Berlin-Weissensee）艺术学院院长、荷兰人马特·斯坦（Mart Stam）赶下了台。总的来说，大多是刷着灰漆的、体态臃肿的、打着 "Made in the GDR" 标签的东德产品，并不招人待见。时至今日，只有在柏林的学生公寓里才能看到作为装饰品摆放的东德产品，营造时髦的怀旧氛围，体现复古的审美情趣。

1989 年柏林墙被推倒之后，许多人热衷于收集反映东德人日常生活的东德产品，将它们作为艺术品收藏，这也促使人们重新认识业已消失且一去不回的东德设计。现在，曾经千篇一律灰色外观的东德产品，也不难看到带上一点鲜艳的色彩了。工业产品"特拉比"汽车几乎成了东德的标志，30 多年没有改变造型。

图 8.2.20　"特拉比"汽车
Fig.8.2.20　"Trabi" Car

8.3　荷兰印象派设计
Section Ⅲ　Netherland's Impressionist Design

1. 荷兰现代设计的发展背景

荷兰"风格派"对于世界现代主义的风格形成影响成大，它那简单的几何形式、以原色（黑白灰）为中性的色彩追求、它的新造型主义形式、理性主义形式的结构特征在 20 世纪 60 年代以后，更是成为国际主义风格的标准。

荷兰的现代设计在第二次世界大战之后的发展，基本是从两个方面展开的，一个是民间的发展，特别是以大企业为领头作用的发展，其中最典型的例子是这个国家最大的企业飞利浦公司的设计部门。飞利浦公司是这个国家电器制造业的中心，是欧洲和世界最大的电器企业之一，它的设计系统完善，是荷兰现代设计的一个非常重要的代表。另外一方面则是政府的项目，如铁路、地铁系统、电信系统、邮政系统、航空系统、财政系统等。荷兰的国土一向是利用围海造田的方式扩展开来的，因此，荷兰的国土本身有一部分就是通过设计人造的。农村利用堤坝防潮汐，城市利用运河、桥梁作为交通的联系，人为的痕迹比比皆是，整个国家是一个精心设计的国家。因为所有这些工程都是现代工业革命的结果，因此荷兰人的现代意识比其他民族更加强烈，从荷兰的邮票、货币、广告、平面设计等各个方面，都可以看到这种明显的现代设计意识。因此，荷兰的设计水平也比其他大部分国家要高得多。

田野的平坦、几何式的城市规划和运河网、笔直的堤坝，都是荷兰历史的组成部分，它们造成了荷兰人对于理性风格的爱好，这逐渐形成了荷兰设计的主要风格特征。而设计因为与国计民生密切相关，因此设计师的地位在荷兰也相当高，这是荷兰与别的国家在设计上相当不同的地方。

荷兰是国际主义的最后发展场所。虽然荷兰人口的95％都是荷兰本土人，但是在大都会中，外国移民和外国人的比例越来越高，事实上，阿姆斯特丹、鹿特丹、海牙这些大城市都已经成为世界各国人民杂居的国际性都会了。因此，荷兰发展出国际主义的风格，而不是单纯遵循传统的加尔文主义传统（Calvinist Heritage），对于荷兰的目前状况来说是自然的、合理的。**现代主义在荷兰不仅仅是一种风格，它是一种生活方式，高速火车系统、新的居住区的规划、围海造田而成的新农庄，只可能采用现代主义，因此，荷兰从来没有对现代主义、国际主义的抵制历史，自然也成为现代主义的摇篮之一。**20世纪初的重要现代主义运动"风格派"在荷兰产生，绝对不是偶然的现象。荷兰"风格派"、俄国的构成主义和德国的包豪斯是形成现代主义设计的三个基本支柱，荷兰的现代设计起源应该说是与荷兰"风格派"分不开的。

2. 荷兰"风格派"设计

彼埃·科内利斯·蒙德里安（Piet Cornelies Mondrian，1872—1944），是风格派运动幕后艺术家和非具象绘画的创始者之一，对后代的建筑、设计等影响很大。荷兰风格派设计可以说就是从他的作品衍生而来（见图8.3.1）。"风格派"产品设计中的一个重要的人物是家具建筑设计师里特维尔德（Liteweite，1888—1964），他生于鸟特列支，在父亲的店里当学徒，同时学习建筑。他一直与现代主义运动没有任何关系，直到1916年凡·霍请他设计家具。1917年他设计了一张绝对没有妥协的几何形椅子，称为"红蓝椅子"（见图8.3.2），此椅子成为现代主义设计运动的重要经典作品，从此他开始了与荷兰现代主义运动的密切关系，并且参加了"风格派"。1934年他设计了曲折椅子，同时引起世界的注意。他的作品现在依然在卡西纳公司（Cassina）出品。里特维尔德受美国建筑师弗兰克·赖特的影响，在1925年设计了位于鸟特列支的

Netherland's modernism is more like a lifestyle rather than a single design type. High-speed train system, new residential area planning, new farms built on land reclaimed from sea all could only apply modernism. Therefore, Netherland never had the history of boycotting modernism and internationalism and later becomes the cradle for modernism.

什罗德住宅（见图 8.3.3），此建筑的风格完全是"风格派"的立体性体现。

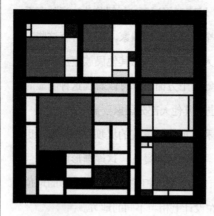

图 8.3.1　蒙德里安作品
Fig.8.3.1　The Works of Mondriaan

图 8.3.2　里特维尔德设计的红蓝椅子
Fig.8.3.2　Liteweite's Red and Blue Chair

图 8.3.3　里特维尔德设计的什罗德房子
Fig.8.3.3　The Shiluo De House Designed by Liteweite

3. 荷兰现代设计

荷兰的现代设计是采用一种私人企业与国家企业双轨式的发展模式进行的。战后，部分大型企业开始设立了工业设计部门，带动了整个设计的发展，其中以飞利浦公司的设计部门最为突出，战后飞利浦公司成为荷兰经济的核心，与德国的 AEG、西门子公司竞争，1945 年荷兰 45% 的出口产品是飞利浦公司设计的，可见其重要地位。与此同时，荷兰政府战后大力扶植经济发展，这种政府的促进、扶植方式，造成了政府也直接介入设计活动的管理和发展工作。荷兰政府在 20 世纪五六十年代成立了国家复兴财政协会，1963 年改名为国家投资银行。政府利用各种方式支持、促进经济的发展，其中也包括设计的研究。

从下面的几个政府主持的设计项目中，可以了解荷兰政府对于设计的积极支持态度，同时也可以看到**荷兰设计的特点：理性化达到完美的地步，对于细节的精益求精的处理，注意设计与大环境的关系和谐。**

（1）荷兰阿姆斯特丹斯希波尔国际机场

荷兰阿姆斯特丹斯希波尔国际机场（见图 8.3.4）是荷兰最重要的国际机场，它的设计和完成都代表了荷兰战后政府对于基本建设和现代设计的积极态度和正确引导。这个国际机场的设计，是欧洲国际机场设计中的重要项目之一，战后各国都开始着手建立新型的国际机场，但是，一个为国际乘客、而不仅仅是为国内乘客服务的现代化机场应该具有哪些重要的设计特征呢？当时没有哪一个国家能够拿出成熟的方案来。荷兰政府组织大量优秀设计人员、技术人员，由政府带领进行设计，充分考虑到未来的交通流量、国际乘客的共同性要求和乘客特征，这个机场尽量达到能够以中性、理性主义者设计特点，也就是国际主义特点，来达到为广泛乘客服务的目的，它的整体性和完整性都在欧洲各国产生了很大的影响。这座巨大的建筑整体是荷兰建筑设计、室内设计、平面设计、传达设计、工业产品设计和交通管理各个方面综合工作的结果，其明显的现代主义风格在 20 年以后还是具有很重要的影响力，成为欧洲各国设计国际机场时的重要参考依据之一（见图 8.3.5）。

图 8.3.4　荷兰阿姆斯特丹斯希波尔国际机场

Fig.8.3.4　Netherland's Amsterdam Chiphol International Airport

Dutch design has the following features: rationalization that is close to perfection, attention to details, harmony between design and the environment.

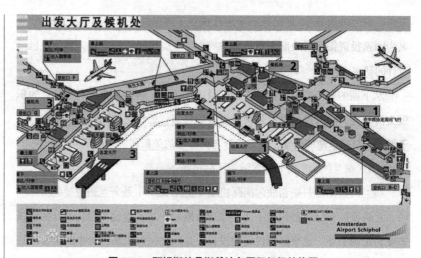

图 8.3.5　阿姆斯特丹斯希波尔国际机场结构图

Fig.8.3.5　Amsterdam International Airport Structure

（2）荷兰邮政与电信管理局

荷兰邮政与电信管理局项目是荷兰政府组织设计的最集中体现，也是荷兰政府最大规模的总体设计之一，包括的项目众多，风格多变但是具有统一的特征。国营的邮政与电信管理局要求设计的项目非常繁杂，从公用电话到邮票，从计算机终端机到企业形象，包罗万象，因此，必须有高度的统一化控制，否则很难体现企业的总体风格。荷兰邮政与电信管理局对于设计要求很高，政府部门提出明确的设计要求，在内部成立了审查设计的专业部门来负责设计监督、设计审核工作。它不断聘用国家一流的设计师设计各种类型的产品和平面项目，从电话机到海报，从邮票到招贴画，都一一处理。荷兰的邮政部门和电信部门无论是办公室还是邮政局门市部，无论是从公用电话亭还是从海报招贴画，都体现出统一、简明、准确、现代、系统化的设计风格，这与荷兰政府对于设计的重视是分不开的（见图 8.3.6）。

图 8.3.6　荷兰邮箱

Fig.8.3.6　Mailbox of Holland

（3）荷兰铁路系统

荷兰拥有世界上设计得最为完善的铁路系统，它的效率、安全、舒适都是在全世界的公共铁路运输系统中名列前茅的。图 8.3.7 所示为阿姆斯特丹中央车站和高速火车 Thalys 列车。荷兰国家铁路管理局内有具体部门负责组织、监督、控制整个设计项目，内容非常庞杂，从火车厢、火车站、客车内部，直到小小的车票、路牌、标志、铁路乘务员的制服等等，无所不包（见图 8.3.8），整个建筑设计工程是从 1968 年开始的，在铁路局的统一管理之下，整个设计项目具有高度的统一特点，设计总体性强，企业标志和其他各种标志清晰简明。荷兰铁路系统是欧洲最有效率、最安全的铁路系统之一，这与总体化的设计是具有密切关系的。

图 8.3.7　阿姆斯特丹中央车站和高速火车 Thalys 列车

Fig.8.3.7　Amsterdam Central Train Station and Speed Train Thalys Train

图 8.3.8　荷兰的双层列车和城际列车

Fig.8.3.8　Double Dutch Train and Intercity Train

（4）荷兰货币

荷兰流通的货币是由荷兰财政部统一管理的，因此，货币的设计也是财政部组织、管理、控制的内容之一。长期以来各国的货币都采用名人肖像为中心，很少有没有人物肖像的货币，在荷兰财政部设计管理部门的提议和组织下，荷兰率先发行没有人物肖像的货币。荷兰财政部聘请荷兰最杰出的平面设计师来设计货币，因此，它的货币具有非常新颖的设计特征。不少人认为荷兰具有世界上最富于艺术色彩的货币，它具有相当的艺术感染力，图 8.3.9 所示的货币上采用抽象图案，而不是具象装饰，体现了荷兰自从"风格派"以来的立体主义、构成主义形式传统，这也是在世界货币设计上的一个创举，这是荷兰政府对于设计的高度认同的结果，荷兰的新货币同时采用了新的防伪技术。

图 8.3.9　荷兰货币——荷兰盾

Fig.8.3.9　Netherland Currency — Guilder

（5）阿姆斯特丹地下铁道系统设计

阿姆斯特丹地下铁道系统是由市政部门主持投资兴建的，由市政部门具体管理。市政部门对于这个复杂系统的设计非常重视，组织专门人员进行反复验证，因此与荷兰的全国铁路系统设计一样，阿姆斯特丹的地下铁道系统也具有功能上安全、舒适、高效率，设计上的统一、系统化、传达明确化的特点（见图 8.3.10、图 8.3.11）。它的设计具有典型的功能主义和理性主义色彩，与荷兰构成主义的传统有明显的一脉相承关系，是欧洲最先进的地下铁道系统之一。**荷兰的设计体现了政府与民间两方面共同协作的最佳成果。现代设计的发展模式之一就是政府部门负责大规模的公共设施项目和私人企业负责非公共性项目的结合，这在欧洲体现得特别明显。**荷兰政府的设计，从它的铁路、港口、飞机场、邮票、货币到地下铁道系统，都有高度的统一特征和功能良好的设计，而民间的企业，如飞利浦公司的产品设计，也在世界上具有很高的地位。这种两套体系互相配合的设计方式，为其他国家的设计提供了一个非常好的模式。

Dutch design reflects good cooperation by the government and the civilians. One development model of modern design is government authorities and private enterprises working together to build public infrastructure. The phenomenon is quite popular in Europe.

图 8.3.10　阿姆斯特丹地铁

Fig.8.3.10　Amsterdam Metro

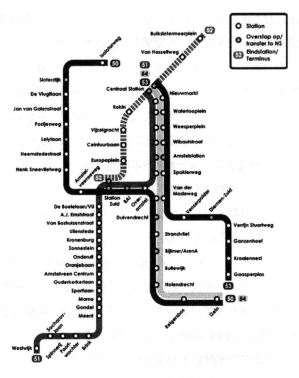

图 8.3.11　阿姆斯特丹地铁线路图

Fig.8.3.11　Amsterdam Subway Map

4. 荷兰的设计教育

因为领土狭窄，所以荷兰城市、设计集团之间的竞争意识也非常强。这种竞争意识造成的结果并不是互相的抄袭，而是不同的发展。以荷兰的设计教育来看就可以了解这种以不同的发展、不同的设计、不同的风格和体系来达到竞争目的的荷兰方式。荷兰有两所最重要的设计学校，一所是在阿姆斯特丹的盖里·里特维尔德艺术学院，另外一所是在德夫特技术学院（The Delft Technical University）。盖里·里特维尔德（Gerrit Rietveld）艺术学院立足于荷兰现代主义风格的平面设计教育，具有荷兰最好的平面设计教育体系，它的教员包括有非常杰出的设计家威廉·克罗威尔（William Crowell）、詹·凡·图恩（Jan van Toorn）等人，他们集中发展现代主义设计解决问题原则基础上的设计课程，启发学生解决问题的思维，使这所学院具有鲜明的特色。德夫特技术学院的工业设计系具有世界上各所设计学院中最多的教员，这所学院并没有按照盖里·里特维尔德艺术学院那样集中平面设计，而是集中于工业设计，一方面继承了荷兰"风格派"的传统，另外一方面则继承欧洲的现代主义设计的血脉，形成更加国际化的教育体系。在其他城市的设计学校，如在布里达市（Breda）和飞利浦公司所在的恩多文市（Eindhoven）的学校近来发展与上述两所学校不同的、比较轻松和具有当代特点的设计风格，以此为教育的中心，这种以不同的侧重点发展竞争型的设计，是荷兰设计的一个特点。荷兰的设计基本是以城市为中心发展起来的，到目前为止，荷兰各个城市都有自己的设计流派，市政单位对于本市的设计非常重视，从项目上、资金上往往给予支援，比如这个城市的博物馆设计项目、歌剧院海报、市政重大活动、旅游项目等，都尽量给本地设计师设计，从而促进了以市为中心的设计发展，也形成了荷兰各个市之间不同的流派。比如完全设计事务所所在的阿姆斯特丹市，就把这个城市的国际机场标志和其他平面设计交给完全设计事务所处理，其他城市也有类似的方针，以刺激本市设计的发展和形成本市的形象，这一点在平面设计上反映得最充分。

荷兰设计家虽然有"风格派"这个现代主义设计背景的有利条件，但是，由于"风格派"太出名，因此他们想建立自己设计的风格非常困难，国际对荷兰的设计往往简单和武断地认为是"风格派"的影响，而忽视了荷兰当代设计师本身的创造，这个问题使荷兰当代设计师们非常苦恼。也正是因为如此，荷兰当代杰出的设计师们往往不为荷兰以外的设计界认识，如平面设计家格特·顿巴（Gert Dumbar，为顿巴设计事务所的创建人）、保罗·舒特玛（Paulch Schitema）、杰拉尔德·哈德斯（Gerard Hadders）、兹瓦特（Zwart）等，他们被"风格派"的阴影完全遮住了。

荷兰的私人设计事务所非常活跃，他们大部分为本国设计，特别是国家项目或者地方项目。比如顿巴设计事务所就为荷兰国家电报电信公司（PPT）设计大量的产品、平面项目，威廉·克罗威尔本人的完全设计事务所（Total Design）则设计国际机场的平面部分项目。**荷兰的设计是在现代主义基础上的发展，高度次序性、功能性、理性主义，加上精细的细节处理，微妙的色彩计划，丰富的艺术特征，使得荷兰的设计成为世界当代设计中最杰出的代表之一。**

在荷兰产出的这些世界著名的作品，其实有不少是在作者参与"风格派"以前或者离开以后的作品，并且就作品本身来说，也经过反复的改变，如里特维尔德的红蓝椅子，在1918年以前是没有颜色的，1919年，当他与"风格派"接触以后，才在1923年加上色彩，在此期间，里特维尔德还设计了不少其他家具，色彩各不相同，其中有不少是单色的，或者就是木材的原色。他一直在不断地进行试验，始终没有设想过应该有一个固定的设计风格或者色彩特点。

Dutch design develops from modernism and it focuses on strict order, functionality,rationalism, detailsorientation,and delicate color scheme and rich artistic characters. These characteristics make Netherland's design becomes one of the most outstanding representatives in contemporary designs.

8.4 西班牙奢华设计

Section Ⅳ Spain's Luxury Design

1. 西班牙现代设计的发展背景

近于狂热的斗牛、热情奔放的舞蹈、阳光普照的地中海沿岸、传奇的摩尔式的阿拉伯风格建筑，这些都是与西班牙分不开的。作为一个位处在欧洲最南端的国家，西班牙不但有悠久的文明历史，同时也是欧洲国家中少有的几个曾经长期被来自北非的阿拉伯人占领的国家之一，因此客观地成为欧洲传统文化和阿拉伯人代表的东方文化的交汇中心。

19世纪末20世纪初，西班牙更是现代主义艺术的重要摇篮之一，与"新艺术"运动大师高迪、立体主义奠基人毕加索、现代主义大师罗尼牙有密切的关系。20世纪30年代弗朗哥法西斯政权上台，统治西班牙40年之久，直到70年代初才结束。在漫长的弗朗哥时期，西班牙的设计没有得到应有的发展，落后于其他主要西方国家。70年代以后，法西斯政权倒台，民主政治开始，西班牙的设计也就一日千里地发展起来，只用了不到20年的时间，就成为世界设计中的一个不可忽视的中心。1992年的巴塞罗那奥林匹克运动会事实上是西班牙一次重要的世界范围的公共关系活动，它使全世界得以重新认识西班牙，也使全世界的设计师们重新认识西班牙的设计。

2. 工业设计的复兴

战后，许多西班牙建筑师遭到国家流放，约瑟夫·尤伊斯·塞尔特最终漂洋过海来到美国，一番拼搏后成为哈佛大学建筑学院的院长；安东尼奥·博内特在巴黎的勒·柯布西耶工作室任职后移居阿根廷，建立"阿乌斯塔尔"工作组，设计了著名的20世纪50年代美国标志性设计——蝴蝶椅（见图8.4.1）；而漂泊到智利的赫尔曼·罗德里格斯·阿里阿斯则为诗人巴勃罗·聂鲁达设计并布置了其在黑岛上的别墅。20世纪50年代中期，在建筑师卡洛斯·德·米格尔及达罗（Darro）、罗密威（Loewe）等企业的积极推动和大力支持下，工业设计研究协会（EDI）在马德里成立，西班牙人民对设计的热情重新被唤醒。接管了Rolaco公司的哈维尔·费杜奇继续发展公司事业，他带领一支新组建的设计师队伍，建造了当时国内最主要的大型百货公司——拱廊商场（Galerías Preciados）。建筑信息常设展馆（EXCO）组织了一系列家具展览，"格朗达"及"家和花园"工作室也在当时成立，而建筑集团Huarte则创立了H家具公司。在巴斯克地区兴起了一股建立合作社的风潮，其中，与家用电器集团Fagor合作的Mondragón公司尤为突出。1951年，安东尼·德·莫拉加斯与其他几位当时颇有声誉的建筑师如何塞·安东尼奥·科德奇、何塞·玛利亚·索斯特雷及青年奥里奥尔·博伊加等在巴塞罗那成立了"R 社"（Grupo R），旨在开展各类展览及研讨会，革新建筑语言，为战后停滞不前的西班牙设计业注入新的活力。正是因为有了他们，也因为有了像哈维尔·卡尔巴哈尔、阿莱汉德罗·德·拉索塔、米格尔·菲斯萨克、加西亚·德·帕雷德斯这样许许多多的建筑师，我们才得以在当时完全被古典主义垄断的市场中看到西班牙第一批现代家具的身影，它们全都由上述建筑师亲自设计创作。1960 年工业设计协会（ADI-FAD）成立，西班牙设计界又向前迈出了关键的一步。**受意大利"金罗盘奖"（el Compao d'Oro）启发，该协会设立了金银"德尔塔"（Delta）奖，如今已成为西班牙传播工业设计理念的主要机构。在最初几届评比中，协会为大家展示了许多日常用品，有时也会展出一些手工制品；然而历经半个世纪，这个奖项已经逐渐转变为整个西班牙工业设计质量的风向标。**

Inspired by Italy's "el Compao d'Oro Award", the association sets up "Delta Award", which is the main organization to spread industrial design concept in Spain The majority of the exhibits were daily necessities and hand-made crafts for the first few years. Then half a century later, this award has gradually become a wind vane for Spain's industrial design.

图 8.4.1　"阿乌斯塔尔"设计的蝴蝶椅
Fig.8.4.1　Grupo Austral Butterfly Chair

薪尽火传，接力棒到了米盖尔·米拉和安德烈·里卡德的手中，国内工业设计开始稳步发展。这是一个属于先驱者的时代，带着鲜明的实用主义色彩，生产出大量技术投入小的家用产品。西班牙第一批设计院校也诞生于这一时期，从最早的 Eliava（成立于 1961），到之后的 Eina 和 Maana，它们都为后来西班牙的设计爆炸时代培养了大批优秀的设计师。而创立于 1963 年的瓦伦西亚博览会也随着时间的推移逐渐发展壮大，成为继米兰展和科隆展之后的又一个世界瞩目的家具盛会。

3. 从平稳发展到 20 世纪 80 年代设计"爆炸"

20 世纪 70 年代，蛇鲨（Snark）、Bd Ediciones de Dise&ntildeno 及 Diform 等生产制造公司相继成立，它们肩负着修复建筑大师们古老遗作的使命，同时还致力于推动设计行业的发展大计。家居用品商店 Vinç on 也在这个时候建立了，在它的陈列室里汇聚了来自世界各地最优秀设计师的作品，为各式新奇设计提供了一个真正广阔的平台。这是一个西班牙设计业历经发展与巩固的时期，人们开始意识到设计是公司生产策略中提高竞争能力的一个有利因素。正是在这一契机下，巴塞罗那设计中心（BCD）应运而生。该机构在巴塞罗那商会的支持下成立，旨在为企业与新生代才华横溢的设计师们架起一座桥梁。

1971年，国际工业设计协会（ICID）在伊比萨小岛上召开会议，这是西班牙首次举办如此规模宏大、各国设计团体云集的国际盛会。1972年，杜兰·洛里加在马德里创办"*Temas de Dise&ntilde；o*"杂志，并邀请克鲁斯·诺维略操刀为其设计插画。

1975年弗朗哥去世，西班牙迎来了一个崭新的民主时代，政治、社会、文化、创造……到处是一派欣欣向荣的景象。经历了长达40年之久的独裁专制和闭关自守，西班牙终于向全世界打开了国门，逐步融入欧洲大家庭。80年代，是真正的西班牙设计爆炸时代，哈维尔·马里斯卡尔、奥斯卡尔·图斯格茨、卡洛斯·里亚尔特、拉蒙·贝内迪托、约瑟夫·尤斯卡、豪尔赫·朋西、阿尔维托·列沃雷、豪梅·特雷塞拉及拉·纳维等设计师们风格迥异的作品频频出现在全世界各大博览会和出版物中，赋予了西班牙产品鲜明大胆、充满感官刺激的形象（见图8.4.2、图8.4.3）。全球各大杂志纷纷为崭露头角的西班牙设计做专题报道，大批企业也借此机会调整结构，开始发展出口业务。设计这个原本陌生的学科一时之间变得无处不在，深得各类传媒青睐。它与音乐、电影及绘画一起，共同登上了被称为"马德里现象"的新文化潮流的舞台。新生代艺术家们独具匠心地将图画、工业设计与时尚有力地融为一体，虽然只是昙花一现。"*De Dise&ntilde；o*"及"*Ardi*"等杂志进入了人们的视线，成为这场大规模突变潮流的代言人，而进入90年代后，它们又逐渐走向平稳和巩固，慢慢开始了商业化的进程。

图8.4.2　1986年约瑟夫·尤斯卡设计的安德烈娅椅

Fig.8.4.2　Andrea Chair Designed by Josep Llusca in 1986

图 8.4.3　1988 年豪梅·特雷塞拉设计的加维纳脚凳
Fig.8.4.3　Gavina Stool Designed by Jaume Tresserra

在随之而来的那个时代，公司形象开始发生戏剧性的转变。企业为了在残酷的竞争中立于不败之地，纷纷重新设计公司标志。图 8.4.4 所示是西班牙汽车生产商西亚特品牌标志在这个时代的设计变化，企业对于标志、企业形象的认知和重视程度可见一斑。阿尔维托·科拉松、克鲁斯·诺维略、恩里克·萨图埃、阿梅里卡桑切斯等均是走在这场变革最前头的领军人物，他们的作品后来均得到了佩雷特、奥斯卡尔·马里内、丹尼尔·内沃特、帕科·巴斯库尼杨、佩佩·希梅诺及克拉雷特·塞拉伊马等图像设计师的认可。

图 8.4.4　西亚特品牌标志的变化
Fig.8.4.4　The Change of the Siaat Brand Logo

（1）官方设计机构

从中央政府、自治区一直到各城市，西班牙的各级政府机构对设计事业的大力支持不容忽视。1987 年，国家工业部率先创立了国家设计奖，授予公司或设计师全西班牙最高级别的荣誉，旨在推动设计与时尚的发展，通过政府的引导和扶植将设计产业发展成为国家经济中的核心部门。而各自治区也本着促进设计业的良好愿望创立了许多机构。最初是加泰罗尼亚的巴塞罗那设计中心（BCD）和企业创新与发展中心（CIDEM）；之后是瓦伦西亚中小企业协会（IMPIVA），该地区家居、玩具、陶瓷、制鞋等行业在一支极具创造力的核心设计队伍带领下蓬勃发展。设计中心 DZ 的建立则为巴克斯地区带来了一系列展览会，与设计团队"迪亚拉"或"伊特姆"一样，该中心还为设计师提供全面或是专业的培训，为企业输送优秀的设计人才。

1992 年中央政府和工业部又建立了国家创新设计促进协会（DDI）。在巴塞罗那，1991 年起举办的"设计之春"是一项囊括了研讨会、固定展、巡回展出等的盛事，以其丰富的活动吸引了全球的目光；而 2003 年，在西班牙装饰艺术促进协会（FAD）成立百年之际举办的西班牙"设计年"活动更是把"设计之春"推向了新的高潮。而同类型定期性的设计博览会，也可以在塞维利亚看到。

1984 年创建的国际日常家居设计沙龙（IDI），对推广西班牙设计起到了关键性的作用。由"Temas de Diseñ o"杂志推动的这项计划，可以说是将西班牙设计送上国际展会的一个平台，也得到了西班牙对外贸易协会（ICEX）的大力支持。此外，马德里 AEPD、巴塞罗那的 ADP、瓦伦西亚的 ADPV 等一批职业设计师协会的建立对西班牙设计业的发展也是意义非凡。

（2）西班牙设计特质

要定义一项参与者形形色色且风格和目的各不相同的创造性事业绝非易事。丰富多彩的语言、传统及国籍在西班牙交汇，赋予这个国家多样化，甚至对比强烈的鲜明设计风格。

在家具及灯具的设计中有一些工业产品的影子：它们都在很普通的技术条件下加工制作，没有刻意复杂化，基本都是在小公司，至多是中等规模的公司生产。西班牙设计公司的投资规模一般都在 500 万 ~ 1500 万欧元之间，没有特别大规模的公司。尽管一些厂家现在已经开始与中国及东南亚地区有国际性的贸易往来，但依旧是以国内市场为主。

来自西班牙的设计总是很大胆且充满了想象力。从外观来看，极具地中海及拉丁风情，非常富有表现力。它选色不拘一格，取材上乘考究，尤其在木料加工方面，以其出色的质量深受人们青睐。这得益于西班牙古老灿烂的纺织工艺史，壁毯和其他一些纺织产品如今都是西班牙的拿手好戏。智慧的灵感闪现在大批多功能多用途多变化的设计中，产品可以根据需要折叠、调整或展开，以满足空间的局限性或是多变性。设计中也不乏嘲讽或是放肆的笔触，用和谐流畅的线条体现出自然不矫揉的优雅。同时极简主义从众多流派中脱颖而出，它绝非简单枯燥，而是追求一种融合张扬与内敛的"返璞归真"。**设计师们用智慧简约的手笔完成作品，在看似不经意间追寻着某种符合逻辑的质朴的设计方案，其中通常闪现着高度理性主义的光辉。**西班牙设计业拥有一个坚实稳固的基础，企业里的每个设计师在此基础上大胆创意，尽情挥洒。如今，大批设计团队、创意公司如雨后春笋般涌现，但到目前为止，自由设计师们相对而言更有优势。

多彩的工艺民俗传统对西班牙设计的影响成为其另一大明显特色。或许是因为与国际长期脱轨，而丰富多样的手工业传统又在各地区根深蒂固，抑或是因为它工业化的滞后导致了应用技术的匮乏，很多设计都面临着现代流行样式的挑战，有些甚至干脆将现代元素加入其传统中。因此，在很多创作中都存在着当地典型的特色，恰好与美国建筑历史学家肯尼斯·弗兰普顿所提出的建筑中批判的地方主义相吻合；而另一方面，又是意大利设计师亚力

It is not a easy task to define an innovative career that is full of participants of diverse design styles and motives. Multiple languages, traditions, nationalities meet in Spain and grant the country design diversification and sharp design contrasts.

Designers create masterpiece of simplicity and wisdom, and the advertent pursuit of simple and logical design often results in the glory of high rationalism.

山德罗·曼蒂尼所称的后工业化新手工业理论的最好印证。

再来看西班牙招贴图形的设计，它虽然无需生产过程，不受技术限制，脱离了制作三维产品所需材料的局限，甚至创意触角涉及各个领域，我们也还是能通过对产品的比较而找出一些共同点，如夸张的表现力，或是招贴中传达的雄辩、有说服力的信息。与此同时，其艺术影响力也不容小觑。20世纪初，它受到众多绘画及艺术大师作品的影响，之后在80年代末，招贴设计在一种新兴艺术的影响下逐渐成形，运用在巴塞罗那奥运会的会徽中（见图8.4.5），甚至体现在多家银行及某些机构的公司标志上，它们对招贴设计的发展影响深远。那是一个手工绘图且用色大胆的时代。一场印刷革命随之奔涌而来，计算机为我们提供了海量字体，一些最新的产品都深深打上了这场革命的烙印。

图 8.4.5　1992 年巴塞罗那奥运会的会徽
Fig.8.4.5　The Emblem of 1992 Barcelona Olympic Game

（3）西班牙现代建筑

一个国家文明的标准之一就是建筑。西班牙在过去的上千年之中不断被外族入侵，因此形成了少有的折中主义建筑特征。看看西班牙的建筑设计历史背景，我们可以看到各种不同的渊源：原始基督教风格、罗马风格、哥特式风格、摩尔人风格、穆达哈风格，等等，之后又有从法国、德国进入的欧洲主体风格，每一个时代都有建筑留下，而后代的建筑又在一定的程度上承继了以往历代的某些特征，形成历代因袭的特点。<u>**西班牙是一个建筑史博物馆，它的建筑文化在相当大的程度上又影响现代的建筑设计师。**</u>

Spain is an architectural history museum, and its architectural culture exerts a huge influence on the contemporary architects.

许多世纪以来，西班牙的本土设计风格总是遭受各种不同势力的威胁。例如，1700 年富有的奥地利波旁王朝控制西班牙，飞利浦五世找了一个法国的工匠来为他设计建造王宫，他去世之后，其后继人却找了个梵蒂冈的匠人来完成这个宫殿的装饰。西班牙当时的艺术家和手工匠人坚决反对梵蒂冈的新古典主义风格，但因为皇室的支持，请来的梵蒂冈人反而获胜，新古典主义就几乎是强行地被引入西班牙。西班牙的本土文化在过去漫长的岁月中不断地被侵蚀，不少以为是西班牙本土的文化，其实是从外国引入的。比如斗牛，就是从弗尼西亚引入的。对于什么是真正本土，什么是外族引入的问题，是西班牙学术界、设计界长期争议的焦点，虽然没有得出什么结论，但西班牙的设计却在不断丰富之中形成了独特的风格。

19世纪开始时，西班牙的建筑如同欧洲其他国家一样，主要受到哥德风格和罗马复古风格的影响，但是1820年左右，一批西班牙诗人开创了一种新的文化运动，称为卡塔兰文化复兴，这一运动完全改变了西班牙建筑的面貌。在建筑上最具有代表性的就是巴塞罗那的建筑师安东尼·高迪（Antoni Gaudí）。

卡塔兰文化人才辈出，都有高迪式的热情、狂暴、强烈的个人主义特征，大艺术家如胡安·米罗、胡安·格里斯、萨尔瓦多·达利等人都是来自这一地区的卡塔兰文化的代表人物。这一风格在1992年巴塞罗那的世界奥林匹克运动会期间使世人瞩目。在弗朗哥时代，特别是他统治的早期阶段，政治上的专制造成设计上的保守与僵化。虽然德国现代主义大师路德维斯·密斯·凡·德·罗曾经在1929年在巴塞罗那设计出他举世闻名的经典现代主义建筑——巴塞罗那世界博览会德国馆（见图8.4.6），但由于法西斯主义的横行，现代主义在西班牙基本没有可能发展。奇怪的是装饰主义运动风格居然在弗朗哥时期有所发展，大约是因为弗朗哥本人对美国好莱坞电影极其着迷的原因。

图 8.4.6　巴塞罗那世界博览会德国馆
Fig.8.4.6　German Pavilion at the World Exposition in Barcelona

20世纪60年代和70年代，弗朗哥鼓励旅游业的发展，对沿地中海海岸的建筑发展给予特别的优惠，这自然造成了60年代地中海沿岸的建筑热潮，但整个西班牙却仍然处在落后的停滞之中，直到70年代为止。70年代初，国际主义在世界各地兴起时，西班牙政府正放松对外贸易的限制，这有利于现代主义、或称国际主义的引进。在风格上，西班牙的国际主义与意大利、美国的甚为相同，但是在时序上要晚一些，在风格的极端减少主义特征上稍微没有那么强烈。例如奥扎设计了毕堡银行大厦（1971年），他可以被视为西班牙现代主义的战后奠基人。但是因为西班牙在弗朗哥时期经济停滞，建设甚少，建筑项目少得很，无论何种风格都没有试验的可能。这种情况在弗朗哥政权下台以后完全改观，随着西班牙的经济起飞，建筑业也随着高速发展，这个国家迅速地追上国际潮流。

20世纪70年代西班牙初期有两个理性主义的建筑师对后来的设计发展起到很大的影响，一个是弗朗西斯科·奥扎，另一个是拉菲尔·莫尼奥。他们以自己的设计体现出对德国人开创的理性主义的理解，80年代以来，他们所探索的方式成为西班牙，特别是马德里建筑的主要风格，即所谓的折中、有机理性，在现代主义的刻板之中加入了不少的人情味，也加入了不少有机的形式，以冲淡现代主义的僵硬。西班牙目前的建筑教育为它的建筑发展提供了良好的基础。西班牙的6个自治省共有10所建筑学院，每年培养出1000个建筑师；相比之下，英国的5500万人口每年只有800个新建筑师从大学毕业。每年还有不少外国建筑师到西班牙寻找工作，这一切使西班牙的建筑发展有相当强的支持力量。西班牙现代建筑中比较重要的有奥扎设计的毕堡银行大厦（见图8.4.7）、拉菲尔·莫尼奥设计的国家艺术博物馆（见图8.4.8），和同样是他设计的马德里的阿托沙火车站新建筑（见图8.4.9），具有后现代主义特征的"西班牙宫"是由邦菲设计的（见图8.4.10），邦菲还在法国巴黎近郊设计了如同科学幻想中的住宅区，利用历史主义和符号主义，造成效果特异的建筑形式，受到世界设计界的注意。

图8.4.7 奥扎设计的毕堡银行大厦
Fig.8.4.7 Bi Bao Bank Building of Auza

图8.4.8 拉菲尔·莫尼奥设计的国家艺术博物馆
Fig.8.4.8 National Art Museum Designed by Rafael Moneo

图 8.4.9　马德里的阿托沙火车站新建筑

Fig.8.4.9　ATuoha Train Station's New Building of Madrid

图 8.4.10　"西班牙宫"

Fig.8.4.10　Spain's Palace

（4）西班牙的工业设计

西班牙的现代工业生产可以上溯到 18 世纪初期，当时统治国家的是第一个波旁王朝的皇帝飞利浦五世。当时欧洲战乱不断，各国设置关税壁垒，使得西班牙王公贵族没有可能进口大量昂贵的外国工业产品，这种情况促使西班牙发展自己的工业，特别是制造业。最早的工厂是设在艾斯科利亚的皇家制造厂，该厂主要是为皇室生产奢侈产品。皇家工厂是一批工厂，生产不同的产品，从瓷器到纺织品都有。在半岛战争期间（1814 年），大部分皇家工厂或是被毁坏，或是被外国人买走，最后一家皇家工厂是在 1850 年关闭的。

英国 1769 年成立了大约是欧洲最为出名的陶瓷工厂于韦奇伍德瓷厂，它生产的东方风格的青花瓷风行欧洲，西班牙的皇家工厂也就大量仿制。工业生产为国家赢得了丰裕的外汇，因此各地都竞相发展工业，巴塞罗那在 1775 年成立了自由设计学校，此校是由私人工业赞助的，其目的是通过教育提高本地设计水准，从而使巴塞罗那，以致卡塔罗尼亚省的工业具有更大的国内外竞争力，可以说是西班牙的第一所设计学校。

半岛战争期间，西班牙的工业受到很大的摧残，但是在战争结束之后不久，几乎所有的西班牙大城市都发展出新的工业体系来，如毕堡、圣·塞巴斯蒂安、瓦兰西亚、巴塞罗那和首都马德里等。西班牙人当时盛行时装，一件衬衫要用近 10m 布料，因此纺织工业迅速发展，时装业在 1860 年达到顶峰，卡塔兰地区成为纺织业的中心，威胁到了马德里的地位，以至马德里不得不对来自卡塔兰地区的纺织品苛以重税，以限制其倾销。

19 世纪下半叶，西班牙产品主要转移到以家具和工艺品为中心的生产上。1888 年巴塞罗那首开世纪博览会（Universal Exhibition at Barcelona），刺激了生产与设计。英国的工艺美术运动对巴塞罗那地区当时有相当的影响作用，因而出现了巴塞罗那的设计先驱人物，如高迪、路易斯·蒙塔涅等人。当然他们代表的主要还是手工业的传统，这种传统在 20 世纪初期与德国、法国（特别是勒·柯布西耶德工业美学）是对立的。1929 年，路德维希·密斯·凡·德·罗在巴塞罗那世界博览会上设计出他的德国馆，对西班牙人来说无疑是一大刺激，使他们真正地了解到现代主义的精华。作为对现代主义的响应，西班牙在 1930 年成立了研究现代主义的设计集团：GATPAC，1936 年又成立了一所包豪斯式的新型设计学校。

1939 年弗朗哥上台，使西班牙早早退出了现代主义设计的舞台。其中受到最大损害的是卡塔罗尼亚地区，工业设计基本完全停顿，文化活动也大多被禁止，西班牙的设计师们只能从外国杂志上了解国际设计的进程。一直到 1950 年，西班牙还是居于世界设计舞台之外。1951 年，西班牙对外有选择性地进行贸易，才有少许信息传了进来。西班牙人当时设法成立一些新的工业设计组织，如巴塞罗那的工业设计学会，但是政府对此并不感兴趣，巴塞罗那的工业设计学会也在 20 世纪 50 年代初期被封禁。

西班牙的工业设计在 20 世纪 50 年代至 60 年代在困境中发展，其状况是相当艰难的。在巴塞罗那出生的法国人安德烈·里卡德可以说是西班牙现代工业设计的重要奠基人之一，他通过自己的设计，以及在西班牙国内组织的设计活动，使西班牙的设计一方面得到发展，另一方面得到国际的认识。他在 1960 年和安东尼·加利萨、亚历山大·西里西成立了工业设计组织 ADIFAN，这个组织是装饰艺术协会的分支机构之一；第二年，即 1961 年，他们在西班牙历史上第一次向工业设计师颁发设计大奖。1967 年，在他的支持下，巴塞罗那设计中心 BCD（Barceiona Centrode Diseno）成立了。

里卡德生于 1929 年，也就是巴塞罗那国际博览会开幕的那一年。他的激进观点使他曾经一度成为相当有争议的人物，在多年致力于推进、促进西班牙的工业设计运动以后，他成为一位德高望重的设计元老。他有相当丰富的国际设计经验，曾在国际工业协会联合会中工作过，这对开阔他的眼界大有好处。他设法把国际工业协会联合会和西班牙的工业设计组织 ADIFAD 挂钩，使西班牙工业设计组织成为其成员组织，从此把西班牙的工业设计活动纳入国际的大流。他称 20 世纪 60 年代中、下期为西班牙工业设计的"黄金时代"，西班牙的设计师们可以公开讨论欧洲设计和美国设计的异同，讨论设计的目的和责任等十分敏感的话题，意识形态的开拓对于促进西班牙的设计起到很大的作用，这与里卡德的作用是分不开的。

里卡德本人还组织过多次国际设计座谈会，如 1964 年的塑料品设计座谈会、1966 年在哥本哈根举行的烟灰缸设计座谈会等。他得过多次包装、产品设计的国际奖，他在近年被西班牙政府和一些私人机构委任主持一些大型项目的设计工作，如马德里的索菲亚艺术中心（Centrode Arte Raina Soria in Madrid）的设计（见图 8.4.11）。他的世界成名设计是 1984 年为普格公司设计的香水包装瓶（见图 8.4.12）。他的设计包罗万象，从化妆品的包装到厨房的用品无所不有。

图 8.4.11　马德里的索菲亚艺术中心

Fig.8.4.11　The Centrode Arte Raina soria in Madrid

与里卡德同样享有盛誉的另一个西班牙工业设计师是米贵尔·米拉·萨格涅（Miguel Mila Sagnier）。他原先是在巴塞罗那学建筑的，20 世纪 50 年代开始改而从事工业产品设计和室内设计。1961 年他设计的 TMC 落地灯（见图 8.4.13）使他成为第一个获得西班牙工业设计组织设计大奖的工业设计师。1975 年他设计了螺旋单悬楼梯（称为"蜗牛"设计，见图 8.4.14），一方面节省空间，同时还具有一种螺旋式的视觉感，广受欢迎。另一件使米拉得到

ADIFAD 设计大奖的作品是兹米尼亚独悬式壁炉，出品之后立即成为热门货，1989 年美西拿公司再次出品它的改进型（the Mesina）。1986 年，米拉着手设计巴塞罗那的公共交通系统和地下铁道的火车（见图 8.4.15），得到好评。

图 8.4.12　1984 年香水包装瓶
Fig.8.4.12　Perfume Bottles in 1984

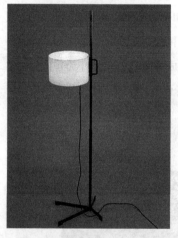

图 8.4.13　1961 年 TMC 落地灯
Fig.8.4.13　TMC Floor Lamp in 1961

图 8.4.14　1975 年螺旋单悬楼梯
Fig.8.4.14　The Single Hanging Spiral Staircase in 1975

图 8.4.15　米拉设计的巴塞罗那地下铁道的火车
Fig.8.4.15　The Barcelona Subway Train Designed by Mira

米拉的大部分设计都是由节省能源设计公司生产的。这家公司本身就相当有特点，它的研究与生产都是围绕节能产品而进行的（见图 8.4.16），因为观念前卫而又合乎潮流，因此生意兴隆，同时又组成了一支高水平的设计班子，包括奥里奥·波赫拉格、拉蒙·伊申、吉玛·柏纳尔、费德里科·科列雅、戴维·麦基、奥斯卡·图斯奎特、列柏·波涅特、路易斯·克罗提特等人。

图 8.4.16　米拉设计的节能提篮桌凳
Fig.8.4.16　Energy Saving Cestita Lamp Designed by Mila

另外一个重要的工业设计师是约瑟夫·鲁斯卡，他的设计原则是尽量不要因设计污染环境。鲁斯卡从美国设计师，如查尔斯·依姆斯、莫利森·卡辛斯的设计中汲取营养，结合高迪的浪漫色彩，创造出杰出的产品来。他重视组装性，产品都可以很容易地拼装，机械结合完满，塑料产品的结合完全不要使用螺丝或螺栓。他的设计不但容易安装，同时也容易了解使用。他在 1987 年设计的波洛尼亚床头台灯是从一种传统的床头水瓶的形状发展出来的，功能多样，形式也典雅。鲁斯卡为西班牙的米特拉特公司设计了多种灯具，都受到广泛的好评，并且都有很好的市场反应。他同时还设计各种室内用品，如把手、家具，以及包装、计算机等。他的不少设计作品都在国外参加展出，得过不少国际设计大奖。

（5）西班牙的平面设计

西班牙的平面设计中心一向在卡塔罗尼亚地区，特别是巴塞罗那。早在 19 世纪，巴塞罗那就已经是西班牙的重要出版中心，出版业带动了插图、海报设计，巴塞罗那也就自然成为平面设计的中心。英国工艺运动、欧洲大陆"新艺术"运动的各种风格都曾传入西班牙，对促进西班牙本身的平面设计起到相当的作用。19 世纪末，巴塞罗那的两家饮料公司，即莫诺公司、科多鲁公司都出资请人设计商品海报，这些海报中已经有一些现代主义的风格在内，说明西班牙在平面设计上的进步。

19世纪末20世纪初，不少外国的艺术杂志传入西班牙，使设计师们得以了解世界现代艺术、现代设计运动的状况。1908年，巴塞罗那因出版一本杂志《帕波图》而形成一种新的平面设计风格，称为"新世纪主义"（Noucentita，这是卡塔罗尼亚语，意即"新世纪主义"，a new centuryism），这个风格的插图以线描为主，风格幽默且具个人化，是西班牙的"新艺术"运动的代表作品。这一风格后来更吸收了立体主义、达达主义、野兽派、未来主义的动机，使用黑白为主的色彩计划，因而更具有现代主义的特色，此风格一直被沿用到1929年。巴塞罗那世界博览会召开时，西班牙的设计师开始转向当时十分流行的"装饰艺术"风格。

西班牙内战时期，交战双方都雇用平面设计师为自己设计宣传用的海报。当时全西班牙共有200个平面设计师在工作，都在设计不同的政治海报，风格是色彩鲜艳、具有强烈的未来派（Futura Style）特征，不少受到当时俄国十月革命后的政治宣传画的影响，同时也有超现实主义、立体主义的影响在内，特别是人民战线（the Popular Front）一边的政治海报，革命特征强烈（见图8.4.17）。

图8.4.17　西班牙内战报1
Fig.8.4.17　Spanish Civil War Poster1

弗朗哥政权上台以来，对平面设计是一个很大的打击。不少反法西斯人士，或不愿意在法西斯政权下生活的人都流亡海外，其中有不少杰出的设计师，留下的少数人大多以教学维持生计。西班牙的平面设计基本停顿。

在弗朗哥政权漫长的统治之中，唯一能够发展的平面设计项目是演剧和展览海报，其中最重要的两个设计师是纳波纳和米拉克。

弗朗哥政权在 1977 年结束，西班牙进入人民主义的发展时期，平面设计几乎是立即转变风格。查维斯在他的《卡塔罗尼亚的设计》一书中描述：这是社会沉默的终结。西班牙的出版物剧增，对于平面设计的要求也立即高涨，这一背景造成了平面设计的复兴，好像又回到 100 年前一样，在平面设计上相当繁盛。

西班牙最重要的平面设计师之一是恩里萨图（Enric Satu），他在 20 世纪 60 年代曾在巴塞罗那学习艺术，**他的设计特点是力图把西班牙的传统和个人的创造结合在一起，一向主张使用最先进的设计技术。** 最早的设计例子是他在 1969 年为商业银行设计的年度报告，其中利用了三维技术，此方式在 80 年代十分流行。他以后一直坚持传统与创造结合、使用先进的设计技术的风格，是现代西班牙平面设计的大师之一。

另外一个重要的平面设计师是里卡德·巴迪亚，他一直为卡塔罗尼亚政府的文化部从事文化工作，在设计之余还举行称作巴罗克时代的讲座系列。他设计了大量的海报，成为西班牙海报的经典，影响很大。他为传统风格着迷，常常使用古典的风格，特别是字体、书法等，作为自己设计的根据。他设计的"巴罗克时代"、1985 年布鲁塞尔展览会海报都是当代最杰出的平面设计作品。

阿美利加·桑切斯是来自阿根廷的设计师。他于 1965 年来到巴塞罗那，1967 年参与建立艾纳设计学院，他自己从此在学院任教，他本人的设计重点是企业标志，或称企业形象设计，不少重要的西班牙企业标志都出自他的手笔，如 1992 年巴塞罗那的国际奥林匹克运动会标志、1984 年的巴塞罗那出租汽车公司标志、1970 年为设计公司维康以及它的附属艺术画廊维康画廊设计的标志等。

马德里也有不少很好的设计中心，其中陶（Tau）是著名设计师艾米里·吉尔创办的重要平面设计中心。此公司长期设计的杂志《表现》很有特点，非常简单且优雅，形象鲜明。

菲尔南·罗佩兹·科伯斯是另一位重要的平面设计师。他在 1974 年移居马德里，从事编辑和展览设计工作，1980 年以来，一直投身到展览海报设计上，风格象征性强烈。如 1982 年为香客博物馆设计的海报用一条"银河"做象征，简单、明快而强烈。

西班牙的现代设计发展，是欧洲这个特殊地区现代设计发展的缩影。西班牙的特殊政治背景，使它的设计发展既有与其他欧洲国家同样的和相似的发展特点，也具有自己的特色。弗朗哥政权垮台以后西班牙设计的发展，显

His design attempts to combine Spanish traditions and personal creativity and insists on the most advanced technology.

示出许多非常典型的后现代主义现象，是现代主义以后时期设计的重要国家之一。

（6）设计与艺术相互影响

西班牙设计在很大程度上受到了西班牙艺术的熏陶，两者互相影响，互相吸收，共同发展。这虽是一个极为普遍的现象，但是我们不能忽视它自身所拥有的古老灿烂的艺术传统。伊比利亚半岛的艺术可以追溯到千百年前，一度辉煌无比。在委雷斯瑞支、戈雅、埃尔·格雷科等人的古典绘画作品中，在胡利奥·冈萨雷斯、米罗、格里斯、毕加索、达利、塔彼斯等人的现代艺术作品中，人们都能看到伊比利亚半岛艺术的身影，它对西班牙的任何创作事业均有深远影响。然而，像毕加索这样来自西班牙的人物，却被法国更为推崇的，很多人甚至因此认为他是法国艺术家，实际上他只是在那里居住了好多年罢了。一方面，当一位画家从事图形设计工作时，绘画对设计的影响会很明显地表露出来。在招贴创作中，他会自然而然地运用绘画的手法，即使他创作的并不是一幅画。另一方面，一种情况的影响及转变则表现在画家对材质特性的探求运用上，像米罗或是塔彼斯，他们突破木板或画布平面的二度空间，将绘画作品当作雕塑般尽情挥洒。有时，某些艺术家也会尝试用随处可见的日常用品进行创作游戏，像胡安·布罗萨、米拉尔达、弗朗塞斯克·托雷斯、吉列尔莫·佩雷斯·比利亚尔塔和卡洛斯·帕索斯等与他们的"诗化的物件"。

家具、时尚、珠宝……达利的创作触角延伸到各个不同领域，这位影响了好几代人的超现实主义大师尝试过所有艺术载体的工作，对艺术做出了莫大贡献。

设计与艺术之间的相互影响也是显而易见的。很多专业设计师在他们的作品中融入美学精神及艺术理念，这一点在图斯克特和马里斯卡尔的作品中都有深远的体现（见图 8.4.18、图 8.4.19）。而列沃雷和阿罗拉则将它运用得更为含蓄缥缈（见图 8.4.20、图 8.4.21）。在上述设计师的许多作品中，或多或少都可以看到国内外一流造型艺术家的影子。

如果将目光转移到艺术领域之外，不难发现设计和其他多门学科之间都是相通的，尤其是建筑，它对设计业 20 世纪 50 年代发展初期的影响绝对不容忽视；时尚－时装设计师安东尼奥·米罗的笔下诞生过酒店和水龙头，而他的同行西比利亚也曾创作出瓷砖、灯具及餐具等作品，这样的角色转换不能不说是奇妙无比的。

If you divert your attention away from art, it is not difficult to find that the design is similar with many other disciplines, esp. architecture, which exert indispensable influence on the design development in 1950s. for example, Antonio Mirro, a fashion clothing designer, finished hotels and water taps designs and his peer Sibilia also designed porcelains, lamps and table wares. The designers' role changing is just far too marvelous.

图 8.4.18　图斯克特设计的 Gaulino 椅
Fig.8.4.18　Gaulino Chair Designed by Tusquets

图 8.4.19　马里斯卡尔导演的影片"奇可和丽塔"
Fig.8.4.19　Film "Chico & Rita" Directored by Mariscal

图 8.4.20　列沃雷设计的罗斯科椅
Fig.8.4.20　Roscoe Chair Designed by Lewore

图 8.4.21　阿罗拉设计的 Alades 椅

Fig.8.4.21　Alades Chair Designed by Antoni Arola

8.5　瑞士优雅设计

Section V　Switzerland's Elegant Design

瑞士是一个经济高度发达的国家。当人们提到瑞士设计的时候，自然立即会联想到瑞士的朱古力糖、干酪、木雕的杜鹃鸟钟、瑞士军队的手表和多功能折刀，这些产品，包括了瑞士传统的手工艺品，也包括了杰出的瑞士现代产品，在全世界都享有盛名。而平面设计家则立即会想到瑞士的"国际主义平面风格"，包括字体，特别是赫尔维提加体（Helvetica）、版面设计的标准方式。瑞士平面设计上那种冷静的、理性的面貌不但给人以深刻的印象，同时，也是现代平面设计最重要的风格之一。

多年以来，瑞士的设计以工艺精湛闻名于世，瑞士的钟表虽然近年来受到日本和东南亚的电子钟表很大的威胁，但是，作为高档的钟表来说，瑞士依然拥有无可争议的地位；瑞士军队的用品，特别是军用手表、军用小刀、军用眼镜等，都具有很高的设计水平和很高的质量水平，是世界同类产品中最杰出的代表。瑞士平面设计风格稳健给人印象深刻。

瑞士的现代设计主要是从两所学校发展起来的。一所是在世界金融中心的日内瓦的"日内瓦设计学校"，另一所是在靠近法国和德国边界巴塞尔（Basel）的"巴塞尔设计学院"。从 20 世纪 40 年代到 60 年代，瑞士现代主义风格，也就是被世界称为瑞士国际主义平面设计风格的这种方式，在这两所学院形成和发展，并影响世界各国。

瑞士出现了几个重要的大师，如阿明·霍夫曼、依米尔·卢德等。1968年，沃夫根·加特创立了新的平面风格，即"新浪潮"（New Wave）。20 世纪 60 年代是瑞士设计的影响高峰时期。

人们认为瑞士风格是一个统一的、单一的风格，但瑞士设计师大部分不同意这种看法，他们强调瑞士虽小，但是设计风格变化多端，极为丰富。阿明·霍夫曼在巴塞尔设计学院时就经常强调这种多元性特征。

瑞士有六所设计学院，每所都有与众不同的特点与方向。首都伯尔尼（Bern）设计学院、苏黎世（Zurich）设计学院、巴塞尔设计学院、日内瓦设计学院是以德文为中心的，宗教背景是瑞士的新教。这里的设计讲究严谨的细节，既有观念，也强调技术训练，同时比较严格。卢加诺（Lugano）设计学院是以意大利语为工作语言，以罗马天主教为宗教背景的。洛桑（Lauanne）设计学院则以法语为中心，宗教上与法国的新教正宗加尔文教派有关，这里重视观念，轻视技术。

瑞士是欧洲文化的一个大熔炉，设计上兼收并蓄成分很重，是一个非常有特点的国家。

对于瑞士设计学校的师生来说，瑞士国际主义风格已经是过去的事情了，但是，瑞士的设计教育却深深地受到这种20世纪五六十年代发展起来的风格的影响。直到现在，瑞士的平面设计依然具有强烈的整洁、严谨、工整、理性化的特征，一丝不苟，传达准确，形式单调乏味，不少年轻人感到瑞士设计，特别是平面设计已经太深地陷入瑞士国际主义风格中，瑞士设计界需要一次真正的革命、来荡涤过往风格的阴影。

对于瑞士设计的这种停滞状况，瑞士政府表示忧虑，为了吸引杰出设计人员留在教学单位，以他们来带动改革，瑞士政府在20世纪80年代末期授权瑞士几所设计学院，批准它们授予研究生学位。但是瑞士的设计市场相当好，虽然学院的条件不断改善，但是依然难以争取到最杰出的人才任教，因而，设计改革进行艰难。

瑞士是一个非常安静的、平稳的国家，这种高度的安定，也造成了设计上缺乏生动的刺激。20世纪60年代欧洲各国都有青年的激进运动，有些还造成了暴力，如意大利、法国，而瑞士却平静如水，安然无恙。所以，意大利出现的激进设计运动，出现了有声有色的前卫设计浪潮，而瑞士的设计却依然遵循50年代的设计风格和发展体系。长期以来，瑞士的设计，特别是平面设计给人以刻板的印象，虽然功能好，但是缺乏真正的个性，其中一个很典型的例子是巴塞尔的设计。这个城市的设计是以巴塞尔设计学院为中心的，早在五六十年代已经形成非常有系统的、理性的平面设计体系和设计教育体系。巴塞尔设计学院的一套平面设计教材，曾经引起广泛注意。直至1989年，这所学院的教育依然采用那套60年代的教材，依然遵循那个国际主义体系，基本没有进展，这种情况，反映了瑞士设计界创造的瑞士国际主义设计风格对他们来说是一个多么沉重的包袱。虽然如此，瑞士的设计师们可以说是无日不思变，即便最保守的苏黎世，设计师们也不断探索摆脱旧的瑞士国际主义风格的方式。瑞士的经济结构使这个国家的设计基本圈于钟表、精密仪器、手工业产品和大量的平面设计。原因之一是这个国家的旅游业和金融业都非常发达，因此，难以很快地找到设计风格转变的契机。钟表业和仪器业一向走高端路线，希望本身的产品形象理性、稳定，而不必追逐流行风格；金融业，并不希望急速地改变自己的企业形象，因而社会上对于乏味但是稳固的风格也有需求。这大概是瑞士设计近年变化缓慢的一个社会影响因素。

在瑞士，平面设计上比较自由的，应该说是洛桑设计学院，原因主要是洛桑受比较自由的、浪漫的法国设计的影响，但是却不能成为瑞士平面设计的主流。

近年来，瑞士出现了几所新的设计学院，在某些方面开始改变，其中之一是在建筑大师勒·柯布西埃的故乡拉·沙兹·德·芳（La Chaux De Fond），这所学院突破了原来沉闷的瑞士国际主义风格，开创了设计上讲究个性、讲究表现的特点，与国际上目前的设计比较接近。另外一所是在洛桑附近的艺术中心设计学院欧洲分院，这是美国最重要的设计学院的欧洲分部，这所学院成立于 1986 年，与瑞士本身的设计和设计教育传统没有什么关系，它的中心是为欧洲国家，特别是德国，提供汽车设计和工业设计的人才。其实，这所学院是把美国当代设计体系和设计风格传播到瑞士和欧洲的一个主要渠道，大部分在这里的学生都会到洛杉矶的美国本部进修一段时间。在活跃和先进的美国本部，瑞士学生了解到当代设计的发展，与各国学生交流，从而开阔了设计眼界，回国以后，很大地改变了瑞士设计的发展趋向。而美国教员也不断到瑞士分部上课，把美国的设计体系带入瑞士，这种方式，对于打破瑞士原来故步自封的体系有很大的促进作用。

1. 瑞士国际主义平面设计的形成

第二次世界大战结束后平面设计经历了一段时间不长的停滞。由于大战对于欧洲和亚洲各个国家带来了巨大的创伤，除了美国之外国际的平面设计在风格上没有什么创新。经济的逐渐恢复和发展促使了设计在第二次世界大战后的发展。而市场的日趋国际化又对于设计的国际化面貌和特点提出了新的要求。到 20 世纪 50 年代期间一种崭新的平面设计风格终于在德国与瑞士形成，被称为"瑞士平面设计风格"。由于这种风格简单明确、传达功能准确，因此很快流行全世界，成为第二次世界大战后影响最大、国际最流行的设计风格，因此又被称为"国际主义平面设计风格"（the International Typographics Style），也称国际版面风格。

国际交往、国际贸易、国际对话的与日俱增，促进了国际视觉语言的形成，使国际主义设计成为不可阻挡的潮流。其实在20世纪50年代瑞士设计就形成了一种典型的版式风格，这种瑞士风格的形成离不开众多设计师的不断探索和实践，包括形式语言的实验、设计理念的提出以及相互间的影响与交流。例如赫伯特·麦特（Herbet Matter），他是最早把摄影机创造性地运用于平面设计上，把摄影作为视觉传达设计的手法的瑞士设计师。在30年代为瑞士国家旅游局设计的招贴中，他使用摄影、版面编排和主题文字相拼，全部文字采用无衬线体，具有现代主义的特色。又如沃尔特·赫德格（Walter Herdeg），他更是把毕生精力献给了设计事业和出版编辑事业。他于1944年创办的著名的《图形》杂志成为了平面设计界公认的最具权威的出版物。正是有了众多设计师的努力与积累，才有了后来影响世界的国际主义版面风格（见图8.5.1～图8.5.3）。

瑞士国际主义风格应该与包豪斯和荷兰的"风格派"运动等有很大的渊源。毕业于包豪斯的瑞士平面设计家西奥·巴尔莫（Theo Ballmer，1902—1965）和马克斯·比尔（Max Bill，1908—）都是在瑞士形成的国际主义平面设计运动的两个关键人物。巴尔莫的设计首先使用简洁的网格结构具有较强的功能主义，他的字体设计显得更精致、优美，是最早采用完全的、绝对的数学方式从事平面设计构造的设计家之一。马克斯·比尔则重视设计的一致性和统一性，并找到了明确的设计方向：数学构成、单衬视觉元素、绝对有序的组织。此外他担任德国"乌尔姆设计学院"的第一任校长，学校最大的要点就是把设计作为社会工程的组成部分而避免美国设计简单赤裸的商业倾向。乌尔姆设计学院对于奠定国际主义设计风格起到了决定性的作用。

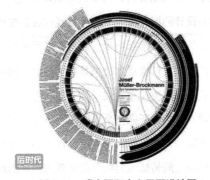

图8.5.1 **瑞士国际主义平面设计图**1

Fig.8.5.1 International Typographic Deign in Swiss 1

图 8.5.2　瑞士国际主义平面设计图 2
Fig.8.5.2　International Typographic Deign in Swiss 2

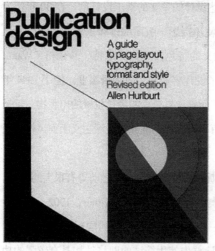

图 8.5.3　瑞士国际主义平面设计图 3
Fig.8.5.3　International Typographic Deign in Swiss 3

2. 瑞士国际主义平面设计的特点及风格

国际主义平面设计风格以单纯、易于识别为目标，力图通过简单的网络结构和近乎标准化的版面公式达到设计上的统一性。**其特点是：①风格简单明确，传达功能准确，追求几何学式的严谨。简介明快的版面排版，完整的造型，采用方格网为设计基础，形成高度功能化、理性化的设计风格；②设计是社会工程的组成部分，从而避免美国设计简单赤裸的商业倾向。**

在视觉表达上数字网格采用非对称的平面组织设计元素，无论字体还是插图照片标志使之达到设计的视觉统一，用无衬线体版面排成左边对齐，右边长短不一的形式平面效果，非常标准化、规范化和程式化。在设计观念上注重功能主义思想，注重理性科学观念特别是数学逻辑。国际版面风格的设计师们比之其作品的表现形式更注重发展设计事业的态度。他们认为设计是有助于社会进步的活动，因此抛开完全个人的表达态度和设计问题的偏僻的解决方法而取之以更普遍的、更科学的态度。设计师们认为他们不是艺术家而是作为社会组成各部分之间传播重要信息的客观引线。因此明确的视觉秩序成为其设计目标。

It is endowed with the following features:① simple design, precise meanings and intricate geometry. Simple layouts, complete modeling with grid background constituting highly functional and rational design style. ② Design is a part of social engineering rather than a bare commercial pursuit that took place in America.

（1）瑞士新字体设计

20 世纪 50 年代形成的国际主义风格的核心部分是无衬线字体的发展及广泛采用。新一代的平面设计师采用一种直截了当的新无衬线线体达到高度的、毫无掩饰的视觉传达目的。1954 年在巴黎工作的瑞士平面设计师阿德里安·弗鲁提格（Adrain Frutiger）创造了一套共有 21 个不同大小字号的新无衬线体称为"通用体"（Univers）。20 世纪 50 年代初期阿明·霍夫曼（Armin Hofmann）和另外一个瑞士设计师马克斯·梅丁格合作创造出"新哈斯格罗特斯克体"（HAAS Grotesque）。1961 年新哈斯体在德国正式出品，新名称是"赫尔维提加体"（Helvetica）。这种字体设计得非常完美，因此成为 50 年代到 70 年代当中最流行的字体。赫尔曼·扎夫在 40 年代和 50 年代期间设计的几种字体被视为字体设计上的重大发展，如"帕拉丁洛体（Palatino1950）""米奥体（Melior1952）""奥帕迪玛体（Optima1958）"。扎夫的字体设计达到一个兼有功能特点和优雅细节的高度。（见图 8.5.4）

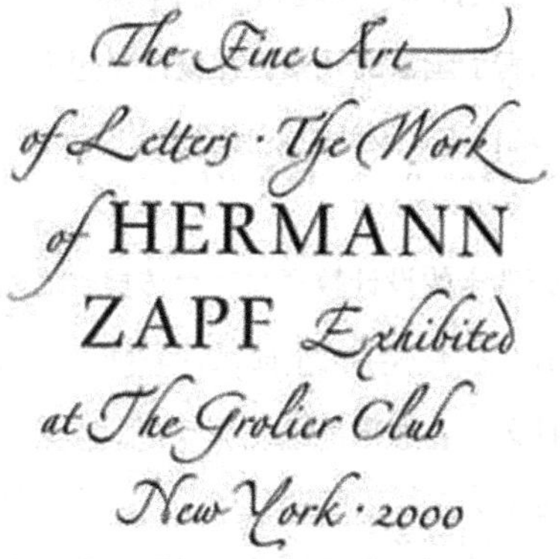

图 8.5.4　扎夫的字体
Fig.8.5.4　Font Design by Zav

（2）瑞士设计中心

作为第二次世界大战前后最重要的平面设计中心之一瑞士的巴塞尔和苏黎世两个城市对国际主义风格的形成起到重要作用，成为一个设计中心地区。这里涌现出众多优秀的平面设计家。

国际主义平面风格的精神领袖约瑟夫·莫勒·勃洛克曼（Josef Muller Brockman）是瑞士最重要的平面设计师、版面设计师和设计教育家之一，更是瑞士国际主义平面设计风格确定与传播的重要推动者之一。**他的设计思想是追求绝对的非人格化、系统化、规范化和工整化的原则，主张设计以传达功能优秀为最高目的的宗旨。为了达到传达的目的，设计师个人的偏好、说服性的宣传技巧都应该漠视不顾，衡量的标准就是作品的视觉表达力和信息接受力。他还认为设计应该具有杰出的、充满活力、生动的传达功能。**他在

He pursues impersonalization, systemization, standardization and order in his design and advocates that conducting propaganda is the utmost mission. In order to achieve this mission, designers' personal preference and their convincing propaganda skills should be neglected. The criteria are the design's visual expression and information acceptability. He believes that design should be able to convey outstanding, vibrant, and vivid ideas.

195

20 世纪 50 年代设计的平面作品特别是海报设计都具有这个特点。他的平面设计处理都非常简明扼要，既有高度的视觉传达的功能性又有强烈的时代感紧张而具冲击力。他采用的摄影资料都把摄影本身变成设计的元素进行处理，赋予摄影以新的功能。他的摄影拼贴都非常强烈，并且结构简单，突出主题，能够使观众一目了然地了解海报的传达内容。他还强调设计的社会性，即设计是为社会经济、文明发展服务的。

另外一个对于树立和发展瑞士国际主义平面设计风格有重大贡献的瑞士设计家是西格菲尔德·奥德麦特（Siegfried Odermatt），他是自学成才的设计家，1950 年成立了自己的设计室。他的主要设计业务是商标、包装、广告、企业形象等，设计也采用非对称性、强烈的简单色彩对比、无装饰线字体这些基本的国际主义风格特点。不同的地方是他在排版上比较生动而不是刻板地完全按照这个风格进行设计。**他认为设计就是实现传达的工具，他的大部分作品虽然是单色印刷，但借助明确的概念力量和独特的视觉造型达到与色彩印刷同样的效果。**20 世纪 60 年代新一代设计师罗斯马利·蒂茜（Romarie Tissi）加入奥德麦特的队伍中，其作品充满了幽默的元素，在设计思想上更为自由、个性化。他们的设计为日后的后现代主义设计的发展奠定了基础。

（3）瑞士设计的教育

国际主义设计风格的正式确立离不开瑞士的设计教育与教育传播。埃米尔·鲁德（Emil Ruder）1947 年任巴塞尔工艺美术学校平面设计教师。他的设计方法思想集中在他的著作《版面设计》中，他指出设计要做到形式与功能的平衡，当字体失去传达功能的同时也就失去了它的意义与目的，因此高度的可读性、易读性是设计的关键所在。他的版面设计教学发展了对负形或无印刷的空白空间的敏感性，他提倡系统的整体设计和使用复杂的网格结构使所有元素相互和谐达到统一中的多样性和变化性。

阿明·霍夫曼于 1947 年进入巴塞尔工艺美术学校任教，并办有自己的设计室。他的设计重点也由原来的图形转变为基本元素点、线、面的设计布局。他的深刻审美思想是特别强调功能性之外的设计美，并在探求造型的实质过程中发展出自己的哲学来。他所寻求的是一种动态的和谐，使所有的设计元素形成明暗、曲直、正负、动静对比，当整体趋向和谐，设计就达到了高层次的完美表现。霍夫曼于 1965 年出版的著作《平面设计手册》一书中完整阐述了他的设计思想和方法。

3. 瑞士国际主义平面设计的影响

瑞士的国际平面设计风格是在 1959 年瑞士出版《新平面设计》杂志时真

He thinks that design is a tool to express ideas. The majority of his designs are monochromatic printed, yet he manages to achieve the same effect as the colorful print through his clear concept and unique visual style.

正形成气候的。这本刊物是瑞士国际主义平面设计风格的基本阵地、中心和发源地，在平面设计史中具有重要的作用和意义。

瑞士的国际主义平面设计在美国引起很大的震动并得到高速发展和广泛运用。最早促进国际主义在美国发展的是洛尔·马丁。他于 1947 年开始在美国辛辛那提美术博物馆担任平面设计工作，他放弃了美国当时流行的写实插画方式而采用国际主义的简单、明确、视觉传达准确的特点，产生了一系列完全不同的新设计而得到博物馆的负责人和观众的一致好评。

另外一个把瑞士国际主义风格介绍到美国的是洛杉矶平面设计家鲁道夫·德·哈瑞克（Rudolph de Harak）。哈瑞克强调平面设计的简明扼要的特点。他在设计上采用方格网络结构来组织平面设计的各种因素，因此他的所有设计都井井有条而完全在方格的规范之中。由于这些先驱的努力，瑞士国际主义平面设计风格从 20 世纪 50 年代开始在美国开始流行一直延续了 20 多年。

美国采用了国际主义平面设计风格之后极大地提高了美国科学技术出版物的普及和推广，同时对于美国的科学技术和工业生产都有极大的、积极的促进作用。第二次世界大战后，国际主义精神日益明显，大众传播的速度很快，世界变成一个"全球村"。这就决定了视觉设计力求传达的明确性能超越语言障碍是各地域的人都易于理解和记忆。而瑞士国际主义设计风格正由此而来。并开始逐步影响整个世界。

4. 瑞士国际主义平面设计的局限

瑞士国际主义设计风格是在战前的包豪斯和荷兰风格派的基础上发展而来，在设计理念上前两者有着诸多的相似点。它强调以"为大众服务"为宗旨，使设计易于理解和记忆。它具有形式简单、反装饰性、强调功能、高度理性化和系统化的特点，因而它的表现形式有数字网格、无衬线体、标准化、规范化和程式化。然而正是在这种种因素的影响下，瑞士国际主义平面设计既推动了世界的发展也暴露了自身的不足与局限。

首先，瑞士国际主义平面设计作品的要求必须是客观的，所以设计师个人的偏好、顾客的特殊要求、宣传的压力都应该漠视不顾，唯一的标准是视觉的力量与效果。这不仅忽视了个人的要求，更磨灭了个人的审美价值，从而忽视了传统对于人的影响。所以一个好的设计师不只要顾全大众的利益，也要考虑到个人的需求，因人而异，随机应变。

其次，瑞士国际主义平面设计形式为数字网格，注重数学逻辑和理性思维，缺乏感性的思想给设计者造成很大的局限性，不利于思维的发散，而且形成的版面过于死板、拘束，缺少更为自由、更为个性化的特点。

最后，瑞士国际主义平面设计发展到美国后渐渐背离了设计先驱们的初衷。①国际主义平面设计渐渐变成了一种风格而不是一种动机，成为了虚空的形式主义。②国际主义平面设计作为一种工具也参与商业主义，参与市场营销活动，以虚假的外表来欺骗消费者，促使人们购买他们并不需要的东西，甚至成为美国大型垄断企业作为显露他们全球性经济海外延伸雄心的视觉传达工具。

瑞士的平面设计是现代主义艺术设计的重要基础，从 19 世纪 20 年代到 30 年代，传统的技艺与工业得到了很好的结合，特别是药物行业与机械工程方面，与当时西方国家正在从事广告、工业印刷等领域的设计师相当匹配。**这些平面设计的开拓者们把图案看成是工业生产及视觉传达的一部分，他们宁愿选择拍照也不愿用文字来作说明，更甚者，他们认为字体的作用是工业的一种形象代表，作为一种图样存在，更多于文字本用来记录的作用。** 根据著名的设计权威理查·荷里斯（Richard Hollis）所述，这种无限创意的"图案"正被这些瑞士设计师如西奥·巴尔默（Theo Ballner）、马克斯·比尔（Max Bill）、阿德里安·弗鲁提革（Adrian Frutiger）、卡尔·格斯特纳（Karl Gerstner）、赫伯特·马特（Herbort Matter）、约瑟夫·穆勒（Josef Muller）、布罗克曼（Brockmann）、简·奇切尔德（Jan Tschichold）等作为唯一确实的平面图形语言来不断发展、创作。这些设计师的设计风格，由于运用规律，有计划地，按几何学的理论来结合图形与文字，被全世界所钦佩，更被作为国际性的通用图形语言。Helvetica 成为了瑞士最经典的、具有象征意义的平面设计，而且它的设计范畴还囊括了海报、杂志、博览会、展览、小册子、广告、书籍、电影等领域，这些渗透到各领域的设计作品是瑞士设计师们为现代主义艺术设计留下的许许多多不可或缺的图形语言的重要组成部分。

The graphic design pioneers treat images as a part of industrial production and visual expression. They would use photographs rather than words. What is more, they regard fonts work as an image of industrial representative. As a pattern exited , word's function is more than recording.

8.6 斯堪的纳维亚温情设计
Section VI Scandinavia's Tender Design

1. 斯堪的纳维亚风格起源

斯堪的纳维亚设计风格指的是 20 世纪 30 年代到 50 年代流行于国际的一种设计风格，以丹麦、瑞典、芬兰、挪威等北欧国家的设计为代表。早在 1930 年的斯德哥尔摩博览会上，斯堪的纳维亚设计就将德国严谨的功能主义与本土手工艺传统中的人文主义融合在一起。

两次世界大战之间，地处北欧的斯堪的纳维亚国家在设计领域中崛起，并取得了令世人瞩目的成就，形成了影响十分广泛的斯堪的纳维亚风格。这种风格与艺术装饰风格、流线型风格等追求时髦和商业价值的形式主义不同，它不是一种流行的时尚，而是以特定文化背景为基础的设计态度的一贯体现。这些国家的具体条件不尽相同，因而在设计上也有所差异，形成了"瑞典现代风格""丹麦现代风格"等流派。但总体来说，斯堪的纳维亚国家的设计风格有着强烈的共性，它体现了斯堪的纳维亚国家多样化的文化、政治、语言、传统的融合，以及对于形式和装饰的克制，对于传统的尊重，在形式与功能上的一致，对于自然材料的欣赏等。斯堪的纳维亚风格是一种现代风格，它将现代主义设计思想与传统的设计文化相结合，既注意产品的实用功能，又强调设计中的人文因素，避免过于刻板和严酷的几何形式，从而产生了一种富于"人情味"的现代美学，因而受到人们的普遍欢迎。

斯堪的纳维亚设计永远给人清新自在、与世无争的感觉。这种风格的家居自然地保持同样的调子。蓝色象征洁净的海，白色则是北欧半岛冰天雪地的符号。蓝和白的色彩组合，是永恒的经典。白色的混油家具，线条简单利落，兼顾装饰和实用的效果。沙发宽大、柔软，坐上去很舒服。墙壁及靠包上，花朵图案的加入，让居室更加温馨，当然也可以用条纹图案来强调北欧风格执着的特点。整个房间安静、轻柔、搭配简单，不会出任何差错。叶子图案是斯堪的纳维亚风格的典型元素，在配饰方面可以尽情选择使用。

在20世纪20年代后期，被包豪斯所推崇的功能主义也影响到了斯堪的纳维亚各国。其中瑞典受到的影响最大，因为瑞典相对来说工业比较发达。受到包豪斯启发的一些最富成果和艺术性的思想体现在1930年著名的斯德哥尔摩博览会之中，这标志着功能主义在斯堪的纳维亚的突破。这次展览是由瑞典工艺协会主办的，它成了现代主义的国际性广告，标准化、合理化和实用性被应用到建筑和设计中，改变了先前国际博览会炫耀和虚饰的惯例。<u>在这次展览中，包豪斯的设计思想戏剧般地体现于斯堪的纳维亚国家，揭示了一种革命性的设计哲学，特别强调居住建筑和装修，反映出对于实用、卫生和灵活性的关注。展出的家具和日用品都十分简洁而轻巧，向世人展示了瑞典富于个性的现代主义。</u>

2. 斯堪的纳维亚设计的战后发展

第二次世界大战前，以包豪斯为中心的功能主义在20世纪40年代物质匮乏的困难条件下被广泛接受了，但到了20世纪40年代中期，功能主义已逐渐发生了许多实际上和风格上的变化。这些变化离开了包豪斯纯几何形式和"工程"语言的美学，其中最引人注目的是斯堪的纳维亚设计，这在20世

Bauhaus' design ideas were dramatically reflected in the Scandinavian countries, and revealed a revolutionary design philosophy. The residential architecture and decoration reflected their emphasis on the practicability, sanitation, flexibility. The exhibited furniture and daily necessities were simple and compact, showing Sweden's unique modernism to the world.

纪 30 年代即已取得较大成就，并获得了国际声誉。在 1939 年的纽约国际博览会上，又确立了"瑞典现代风格"作为一种国际性概念的地位。经过 20 世纪 40 年代一段艰苦的时期之后，斯堪的纳维亚设计在 20 世纪 50 年代产生了一次新的飞跃。其朴素而有机的形态及自然的色彩和质感在国际上大受欢迎。在 1954 年米兰三年一度的国际设计展览中，斯堪的纳维亚设计展示出了全新的面貌，参展的瑞典、丹麦、芬兰和挪威都获得了很大成功。这些国家的设计组织在战后实行了一种合作政策，它们的第一项主要成就是名为"斯堪的纳维亚设计"的展览。在美国艺术基金会的赞助下，这个展览在 1954—1957 年在北美 22 个城市的主要博物馆巡回展出，使"斯堪的纳维亚设计"的形象在国际间广为流行。

在斯堪的纳维亚现代功能设计运动中，各国设计组织举行了大量展览，这些活动成为 20 世纪 50 年代的一个主要特点。斯堪的纳维亚设计年展轮流在各国举办，影响十分广泛。它们与出版物和期刊一道，为设计界的交流做出了重大贡献。设计组织不仅举办展览，它们也是设计这一领域的重要倡导者，鼓励厂家投资于有创见的产品开发，说服当地政府在其设计政策中支持优秀设计。它们还启发公众意识到好的设计和日常使用中更美的东西，这对于 20 世纪 50 年代至 60 年代早期的设计发展起到了重要作用。

除了设计组织的努力之外，支配 20 世纪 50 年代社会和经济生活的力量对设计的发展有着更为深刻的影响。随着工业化和城市化的进程，整个人口结构发生了变化，不断提高的生活水平影响了大多数人民以及他们的生活方式，产生了普遍的乐观情绪和对于发展与进步的信心。新的观念开始深入人心，如认为普通百姓有权享有舒适的家，这个家不但是有益于健康的，而且还应满足功能和美学上的要求。

就风格而言，斯堪的纳维亚设计是功能主义的，但又不像 20 世纪 30 年代那样严格和教条。<u>几何形式被柔化了，边角被光顺成 S 形曲线或波浪线，常常被描述为"有机形"，使形式更富人性和生气。20 世纪 40 年代为了体现民族特色而产生的怀旧感，常常表现出乡野的质朴，推动了这种柔化的趋势。早期功能主义所推崇的原色也为 20 世纪 40 年代渐次调和的色彩所取代，更为粗糙的质感和天然的材料受到设计师们的喜爱。</u>

3. 重要的设计师和设计举例

（1）丹麦设计师保尔·汉宁森（Poul Henningsen，1894—1967）

丹麦著名设计师汉宁森设计的"PH"灯具，不仅是斯堪的纳维亚设计风格的典型代表，也体现了艺术设计的根本原则：科学技术与艺术的完美统一

The geometric form was softened and its edges were shaped into S or wavy figure by light, which was described as organic shape. The shape was more humane and fuledl of vitality. The nostalgic feelings along with the ethic characteristics in the 1940s always demonstrate the country rusticity. The original color that early functionalism proposes was replaced by harmonic color and the rough texture and natural materials were preferred by the designers.

（见图 8.6.1）。这一设计早在 1925 年的巴黎国际博览会上，便作为与著名建筑师勒·柯布西耶的世纪性建筑"新精神馆"齐名的杰出设计而获得了金牌，并且至今仍是国际市场上的畅销产品，成为诠释丹麦设计"没有时间限制的风格"的最佳注解。一方面，从科学的角度，该设计使光线通过层累的灯罩形成了柔和均匀的效果（所有的光线必须经过一次以上的反射才能到达工作面），从而有效消除了一般灯具所具有的阴影，并对白炽灯光谱进行了有益的补偿，以创造更适宜的光色。同时，灯罩的阻隔在客观上避免了光源眩光对眼睛的刺激。经过分散的光源缓解了与黑暗背景的过度反差，更有利于视觉的舒适。在这里，科学自觉地充当了诠释"以人为本"设计思想的渠道。另一方面，灯罩优美典雅的造型设计，如流畅飘逸的线条、错综而简洁的变化、柔和而丰富的光色使整个设计洋溢出浓郁的艺术气息。同时，其造型设计适合于用经济的材料来满足必要的功能，从而使它们有利于进行批量生产。

可以说，科学与艺术的完美结合促进了"PH"灯具在世界范围的经久不衰。这个成功的设计充分说明：艺术与科学从分离到靠近，进而实现优势互补不仅是时代的需要，也是两个学科各自发展的需要。对于以现代科技为依托的设计来说，其中的意义显而易见。科学不仅极大地拓宽了设计师的视野和想象空间，也从本质上为设计的实现奠定了物质基础。艺术与科学并非不可调和，而是大有潜力可挖掘。同时，只有勇于吸收对方的优势，进行合理地消化和吸收，才能创造出真正意义上的经典设计。

图 8.6.1　汉宁森设计的 PH 洋蓟吊灯
Fig.8.6.1　PH Artichoke Pendant Lamp
Designed by Hanning Sen

（2）安恩·雅各布森（ArneJacobsen，1902—1971）

丹麦现代设计的重要代表人物雅各布森在 20 世纪 50 年代设计了三种经典性的椅子，即 1952 年为诺沃公司设计的"蚁"椅（见图 8.6.2），1958 年为斯堪的纳维亚航空公司旅馆设计的"天鹅"椅（见图 8.6.3）和"蛋"椅（见图 8.6.4），这三种椅子均是热压胶合板整体成形的，具有雕塑般的美感。

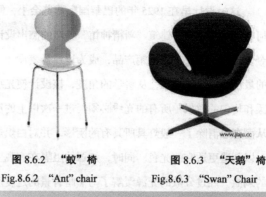

图 8.6.2　"蚁"椅　　　　图 8.6.3　"天鹅"椅
Fig.8.6.2　"Ant" chair　　　Fig.8.6.3　"Swan" Chair

图 8.6.4　"蛋"椅
Fig.8.6.4　"Egg" chairs

（3）汉斯·维纳（Hans Wegner）

　　1949 年，一把名为"椅"（The Chair）的扶手椅（见图 8.6.5），使得维纳的设计走向世界，也成了丹麦家具设计的经典之作，他的设计很少有生硬的棱角，转角处一般都处理成圆滑的曲线，给人以亲近之感。"椅"的设计就是如此，这把椅子最初是为有腰疾的人设计的，坐上去十分舒服，拥有流畅优美的线条、精致的细部处理和高雅质朴的造型。这种椅子迄今仍颇受青睐，成为世界上被模仿得最多的设计作品之一。这是维纳最著名的椅子，被称为"世界上最漂亮的椅子"。

图 8.6.5　椅
Fig.8.6.5　The Chair

　　维纳是丹麦最有创新精神也是最多产的家具设计大师，他的设计摆脱了以形式出发的传统窠臼，以结构见长，采用现代材料和技术创造现代性，严谨适用而又富于艺术性，充分满足人们的审美需求。他深晓家具的材料、质感、结构和工艺，并凭此创造出恒载史册的优秀作品。同时他也对中国明式椅子充满浓厚的兴趣，并通过将明式椅子外在因素不断简化，聚集在其精神之上。维纳早年潜心研究中国家具，1947年他设计的"中国椅"（见图8.6.6）被放置在联合国大厦。

图8.6.6　1947年维纳设计的"中国椅"
Fig.8.6.6　"Peacock Chair" Designed by Wiener in 1947

维纳将精湛的手工技艺与现代设计观念相结合，设计了众多的优秀家具。他1959年被伦敦皇家艺术协会授予皇家工业设计师荣誉称号。人文因素是维纳设计的基础，他的家具不仅显示了他对人类生理上舒适所需要的因素的深切理解，同时也表明了一种对于美的洞察力，在他的家具设计中有一种极富感染力的质量。维纳的设计简单，直截了当，没有任何不必要的东西。每一条漂亮的曲线，每一个雕塑般的细节都有其实用的目的。维纳是一位不知疲倦的设计师，一生作品累累，尤其表现在对椅子的设计上，如挂衣椅（见图8.6.7）、叉骨椅（见图8.6.8）。挂衣椅的后背可以挂短衣，坐板竖起来可挂裤子，坐板下的三角形盒子可放一些小物品。叉骨椅是维纳设计的椅子中卖得最好的一把，它仍然是根据古代中国的椅子来设计的。

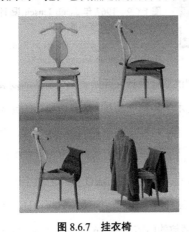

图8.6.7　挂衣椅
Fig.8.6.7　Hanging Chair

图8.6.8　叉骨椅
Fig.8.6.8　Wishbone Chair

（4）邦与奥卢胡森公司（B&O 公司）

丹麦的邦与奥卢胡森公司（简称 B&O 公司），是 20 世纪 60 年代以来工业设计的佼佼者，B&O 公司是丹麦当时大约十二家无线电产品公司之一。它不同于别的企业之处，在于它是唯一系统解决设计问题的公司。今天，B&O 公司成为丹麦在生产家用视听设备方面唯一仅存的公司，也是日本以外少数国际性同类公司之一。多年来该公司把设计作为生命线，一方面系统地研究新产品的技术开发，首创了线性直角唱臂等新技术；另一方面瞄准国际市场的最高层次，并致力于使技术设施适合于家庭环境，从而设计出了一系列质量优异、造型高雅、操作方便并具有公司特色的产品。该公司的产品达到了世界一流的水准，享誉西方各国。**公司特别强调逻辑操作和人机之间的双向交流，因为电子技术越来越复杂了，逻辑操作意味着技术服务于人，而不是相反。不应故意强调产品的高技术特点，人为地使操作复杂化。这正是丹麦设计文化在高技术产品上的体现。**

Companies put emphasis on logic operation and two-way communication between man and machine. As electronic technology is becoming more and more complex, technology should serve the people, not the other way round. They should not intentionally emphasize the characteristics of high technology products and make the operation complicated. This is the embodiment of the Danish design culture in high technology products.

B&O 公司的产品风格早期受家具设计的影响，多采用柚木作为机壳。该公司 20 世纪 60 年代生产的收音机形似一只朴素的小木盒，带有 5 个预选电台按键，简洁而实用。20 世纪 60 年代以后趋于"硬边艺术"风格，采用拉毛不锈钢和塑料等工业材料制作机身，造型十分简洁高雅（见图 8.6.9）。由于采用了遥控技术，机身上的控制键减少到了最低限度。

B&O 产品朴素而严谨的外观设计便于进入国外市场。因为国际市场往往是五光十色的，这种简洁的设计反而引人注目，并容易与居家环境相协调。

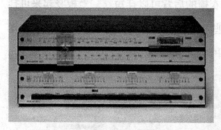

图 8.6.9　1967 年 Jacob Jensen 设计的 Beolab5000 立体声收音机

Fig.8.6.9　Beolab5000 Stereo Radio Designed by Jacob Jensen in 1967

进入 20 世纪 90 年代，B&O 公司的工业设计又开始了一个崭新的发展阶段，设计风格开始由严谨的"硬边艺术"转向"高技术/高情趣"的完美结合。该公司生产的家用音响系统采用透明面板来展示 CD 的运动过程，并以鲜艳的色彩对比来营造一种游戏般的情调，在家电产品的设计中独树一帜，体现了鲜明的时代特色（见图 8.6.10）。21 世纪的 B&O 步入了数字时代，特别强调产品的人机交互和用户体验设计，通过简洁明快的界面设计，方便人们在海量的影音媒体中寻找到需要播放的内容。图 8.6.11 所示是 B&O 公司

BeoSound 5 CD 播放器，集成了先前不同类型的播放装置，兼容不同的影音格式，操作十分简便。

图 8.6.10　1991 年 Beosystem 2500 音响系统
Fig.8.6.10　Beosystem 2500 Sound System in 1991

图 8.6.11　2005 年 BeoSound 5 CD 播放器
Fig.8.6.11　BeoSound 5 CD Player in 2005

（5）芬兰设计与洛基亚

第二次世界大战后，芬兰、挪威的设计也有很大的发展。从 20 世纪 90 年代起，芬兰在高技术产品的设计上异军突起，以诺基亚为代表的新一代芬兰设计在国际设计界引领潮流，斯堪的纳维亚以人为本的设计理念在 21 世纪得到了发扬光大。

从诺基亚曾经推出的手机机型来看，有很多诺基亚市场份额立下汗马功劳的经典之作（见图 8.6.12）。

图 8.6.12　诺基亚手机的进化史
Fig.8.6.12　The Evolution History of Nokia Mobile Phone

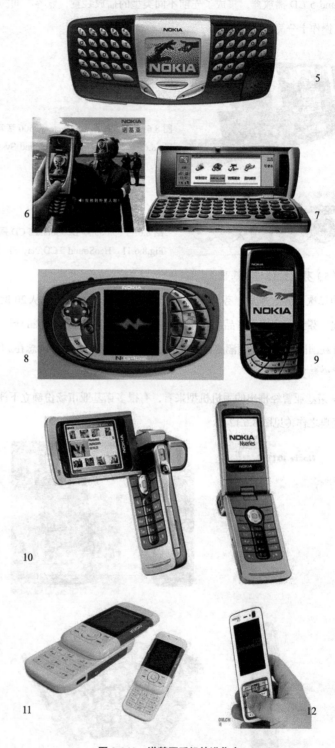

图 8.6.12　诺基亚手机的进化史

Fig.8.6.12　The Evolution History of Nokia Mobile Phone

图 8.6.12　诺基亚手机的进化史

Fig.8.6.12　The Evolution History of Nokia Mobile Phone

　　1994 年，诺基亚公司股票在纽约上市，源源不断的资金激活了诺基亚。此时，欧洲各国开始采用 GSM 数字手机通信标准，首先问世的是诺基亚的2100。清晰的音质、灵巧的外形、大比例显示屏和滚动式文字菜单，换来的是 2000 万部的销售量。前所未有的销量使全世界认识、认可了一个名字：诺基亚。诺基亚使手机从通信工具变为老百姓的时尚消费品。

　　诺基亚创造了许多的全球第一。例如：全球第一款金属质感手机；全球第一款内置游戏的手机；全球第一款支持 WAP（无线上网协议）的手机；全球第一款下滑盖式手机；全球第一款横握键盘手机……2002 年，诺基亚发布的 7650 在世界上创立了五个世界第一：世界上第一款彩屏手机、第一款智能手机、第一款内置摄像头拍照手机、第一款滑盖手机、第一款五维摇杆手机，堪称超经典机型。2004 年，诺基亚推出全新设计的 7610，这是诺基亚发展史上的一个里程碑，是诺基亚唯一一款申请专利的手机，也是诺基亚第一款百万像素的手机，大胆前卫的非对称设计改变了诺基亚以往一成不变的形象。

2005年4月，诺基亚发布了全新的N系列产品。紧接着2006年，诺基亚马不停蹄地推出多款N系列产品，高端市场上，则推出了当时手机市场最具实力的影像手机N93。继N73之后，诺基亚推出另一款旗舰机型N95，采用独特的双向滑盖设计，拥有顶级豪华配置，并具备强大的扩展功能，无论是娱乐还是商务需要都能够全方位满足，从其市场销量来看，实为一代机皇。2008年10月，诺基亚旗下首款触摸S60手机问世，它诞生的意义不亚于其历史上任何一款手机。在微软Windows Mobile、苹果iPhone、谷歌Android均有触摸屏手机推出的情况下，诺基亚在触摸屏手机领域仍然空白，形势严峻。事实证明，诺基亚此款定位中端智能手机市场的全屏触控手机及时地在很大程度上挽救了诺基亚的不利形势。同时，诺基亚也发布了E系列新机E71、E66及E63。

2009年诺基亚发布首款800万像素手机N86，标志着诺基亚手机也进入了800万像素时代。2009年6月，诺基亚推出首款侧滑盖、全键盘旗舰手机N97，这是诺基亚N系列中第一款触屏产品。2009年底，诺基亚N900上市，这是诺基亚仅有的一款采用Maemo智能系统的手机产品，采用侧滑盖、触摸屏设计，从外观来看，具有明显的MID的特点。但这款手机由于系统及定位问题，并未成为诺基亚的旗舰机型。诺基亚奢华机型：诺基亚VERTU，是当今世界最豪华的手机。虽然功能简单甚至没有流行的拍照或是MP3播放功能，但因为无与伦比的精致做工和豪华的蓝宝石水晶屏幕以及钛金属架构的使用而让其售价高达数万美元，被称为手机中的劳斯莱斯。2010年，诺基亚的产品重点非N8莫属。同时，诺基亚E系列新品上市，从产品的市场反应来看，有之前热卖的E71开道，市场接受情况乐观。

诺基亚，这个来自北欧斯堪的纳维亚半岛的手机品牌，一度凭借超过40%的份额笑傲全球手机市场，并成为行业领军品牌。它曾一直以优越的市场份额雄踞全球移动电话制造商霸主的地位，但是现在，这位"巨人"却笑不起来了，苹果、Android的冲击及自身内部创新力的缺乏使得它腹背受敌，不得不重新审视自身未来的发展思路。

8.7 日本和韩国的民族化设计

Section Ⅶ Japan's and Korea's Ethnic Design

日本现代设计与韩国现代设计历经了战后半个世纪的经济增长和发展，至今取得了引人注目的成就。"和风""韩式潮流"在世界上的影响力日益增长。现代与传统，是一对相互矛盾的范畴，而日本的现代设计却以其独特的民族特征跻身世界设计强国之列。这完全是得益于传统文化的留存及应用。同样地，韩国的工业设计始于 1960 年，却也在短短的几十年发展迅速，也正是由于韩国将文化传统当作设计灵感的泉源的结果。

1. 日本现代设计

日本的文化曾不断地受到外来文化的冲击和影响，可以说，<u>日本的文化发展是基于大量地吸收外国文明的精华基础上的，他们把这些精华进行消化，加上日本本身的文明传统，特殊的地理环境、社会结构和人际关系网络，融会贯通，使日本的文化、经济、政治都与众不同。</u>日本的设计，也是基于这种模式发展起来的。

日本的现代设计自 20 世纪 50 年代起开始大力发展，此时的日本设计家试图将反映西方生活方式的观念照搬到自己的设计当中，显得笨拙、生硬和肤浅。随着现代设计走向成熟，他们发现融合了日本民族艺术传统的作品反而能引起世界的关注。

日本现代设计以其特有的民族性格在西方发达国家主导的国际设计界取得一席之地，在国际竞争中取得显著成就的作品大都带有鲜明的日本身份。在现代高科技工业冲击中传统并没有消亡，反而与现代设计融为一体，作为精神支柱植根于日本现代设计理念中，使日本设计表现出独特的气质，是日本跻身设计强国的制胜法宝。

（1）日本现代设计中的传统精神

<u>日本的美学传统重视细节、重视自然、讲究简单朴素、讲究美学精神含义，这些构成了日本设计中的精神支柱。</u>

永井一正把日本设计师分为四代人：其中第一代的代表人物为龟仑雄策、早川良雄、伊藤光治等；第二代的代表人物则为田中一光、福田繁雄、五十岚威畅等；第三四代的代表人物有石岗瑛子、浅叶克己、伊藤晃一和上条乔支等。

第一二代的设计师尽管各自风格相差很远，但作品都具有强烈的民族特点。永井一正用几何框架勾画出一种特定的画面空间气氛，又着重具象的装饰性图形的研究和应用。早川良雄则用水彩、色粉等材料以透明且柔和的手法绘制招贴形象。他的作品带有一种梦幻般的韵味，各种隐喻的图像间渗透着一种淡淡的忧郁和诗意。田中一光对平面设计语言的运用有着独到之处，他对日本的字体和符号有着很深的研究，试图通过现代的方式将它们在招贴上重新进行诠释和表现，他强调设计的平面型和空间型，作品具有高度的秩序感和工整性，在他的作品中我们可以感受到平面符号的独特魅力，他的作

Japanese culture development is based on the collection of foreign culture's essence and digest and absorb them. Due to Japan's unique cultural heritage, geographic environment, unique social structure and social networking, Japan enjoys distinctive culture, economy and politics.

Japanese aesthetics tradition highlights details, nature, simplicity, and aesthetic spiritualism,these compose the spiritual pillar of Japanese design.

品既有强烈的民族性又有典型的国际风格。中村诚则主要以摄影的手法进行设计，在为资生堂化妆品公司设计的系列招贴中，他以独特的审美眼光去揭示日本女性的美，选取最具日本风格的细节，以点带面，戏剧性地夸张处理，对肌肤、睫毛等细节的表现，对画面朦胧气氛和色调的把握，使招贴画面充满着一种东方的审美意蕴。

在第一二代设计家中，最为突出的是龟仓雄策和福田繁雄。

龟仓雄策是在日本被称为国际设计大师的第一人。他的画面具有强烈而又稳重的色调对比，对每一细节一丝不苟地精细刻画，表现出日本传统工艺美术所具有的典雅而细腻的审美情趣。1964 年的东京奥运会，使龟仓雄策有机会在全世界展示其才华（见图 8.7.1）。事实上也正是以此为契机，日本设计师开始确定他们的国际地位。

图 8.7.1　第十八届奥运会招贴
Fig.8.7.1　The Eighteenth Olympics Poster

福田繁雄可能是最为其他国家所熟知的日本平面设计师。他的作品被欧美设计师誉为"经济简洁又复杂多变"。他的设计风格幽默生动，设计思维既继承了日本传统中追求典雅的风格又反映了追求间接新奇的日本现代设计新潮流。他总是弃旧图新，并系统地将各种创意、革新融会贯通。力图以各种图形矛盾性的复合，引导观众产生设定的联想，在看似荒谬的视觉形象中透射出一种理性的秩序感和连续性。福田繁雄既深谙传统，又掌握现代感知心理学。他的作品紧扣主题、富于幻想，同时又极其简洁，并善于用视幻觉来创造一种怪异的情趣。图 8.7.2 所示为福田繁雄获得国际平面设计大奖的作品"1945 年的胜利"海报。

第三四代设计师则从摄影、计算机等方面获得了更多表现上的自由，向着多元化的方向发展，然而他们的作品中同样渗透着日本的传统文化精神和审美元素。

伊藤晃一便是一个典型的例子。他的设计作品有着明显的民族风格，色彩具有很强

图 8.7.2　1975 年的"1945 年的胜利"海报
Fig.8.7.2　The "Victory 1945" Poster in 1945

的戏剧性、分离感和张力，把装饰色彩、变形形体和折中了的印象派的光表现与色渐变手法融为一体。他不但继承了日本文化中肃静、悠远、清雅、柔和的风格，还将这种风格更进一步推向完美和充实，以提炼日本文化中最精要的精神内涵。以日本传统的空灵虚无的思想为精神根底，带有日本自古以来清愁的色调，追求其中浮现的优美和冷艳的感情世界。

设计评论家厄尔 (J.V.Earle) 认为日本设计可以总结为两大类，即：①色彩丰富的、装饰的、华贵的、创造性的；②单色的、直线的、修饰的、单纯与俭朴的。这在表面上指出了日本设计的形式风格特征，也印证了日本人审美的两重性。

J.V. Earle, a design critic, summarizes that Japanese design can be classified into two categories: ① colorful, decorative, gorgeous, creative ② monochromatic, linear, decorative, simple and frugal. This characterizes Japanese design style and demonstrates the duality of Japanese's aesthetics appreciation.

日本独特的审美情绪和美学观念，自始至终渗透着日本民族固有的精神。

美国人类学者本尼迪克特曾经对日本民族精神做过较确切的表述："菊花与刀都是这幅画中的一部分。日本人既好斗又和善，既尚武又爱美，既蛮横又文雅，既刻板又富有适应性，既顺从又不甘任人摆布，既忠诚不二又会背信弃义，既勇敢又胆怯，既保守又善于接受新事物，而且这一切矛盾的气质都是在最高的程度上表现出来。"这同样体现在日本的审美思想和艺术创造中：日本的审美观念中充满优雅和谐的情趣又不乏阴郁和深沉的审美趣味；热衷于事物优雅的姿态和幽玄的意境又崇尚激越和狂热的情绪；敬仰崇高对象和悲剧精神，同时又爱好滑稽和幽默。日本的艺术可能简朴自然也可能繁复华丽，既平常又怪诞，既有抽象的浪漫精神又有现实主义精神。

Benedict, an American anthropologist, once depicts Japanese ethnic spirit vividly, "the chrysanthemum and the sword are part of the painting. Japanese are both aggressive and kind, both martial and aesthetics, both rude and gentle, both rigid and adaptable, both submissive and rebellious, both loyal and treacherous, both bold and timid, both conservative and open-minded, these contradicting features are explicit."

从地理环境上看，这种文化精神的两重性与日本的生活环境是分不开的。邱紫华在《东方美学史》中提到："日本地理环境中有三个基本因素对于形成日本文化模式有重要的影响，这就是森林、海洋和农耕。"日本多森林，植被覆盖面广，森林在日本人的生活里有着不可替代的位置。森林文明使日本人崇尚生命之美。森林在不同季节变换的缤纷色彩和自然物千姿百态不仅有助于日本人对寂静、闲适之美的感受，而且还促进了对事物色彩和姿态的审美敏感和对瞬间状态的留恋，日本美学中关于优美、和谐的审美观念，同森林环境密不可分。日本列岛有漫长曲折的海岸线，日本人对大海的冒险和征服在很大程度上促成了日本人勇猛好斗的征服性格和追求壮美的崇高精神。森林与海洋共存于日本人的生活中，日本人自然把森林文化的优雅精神与海洋文化的狂暴精神结合起来，从而构成了日本文化的主体内容。此外，日本还具有悠久的农耕文明，农耕生产的生活方式激发了古代日本人对季节时令变化的敏感，也促成他们追求自然天成的美学思想。

（2）传统带动现代设计

日本设计从 20 世纪 50 年代开始起步，只用了很短的时间，在 20 世纪 80 年代已经跻身世界设计大国之列。"日本制造"甚至作为优质产品的代名词成为一种文化标签。日本是世界发达国家中唯一一个非西方国家，它的民族传统、设计风格、文化根源与西方大相径庭。日本的传统精神，无论在深层民族特性层面还是在表面的技术层面都决定着日本设计的命运。

从民族特性看，日本的历史是吸收外国文化精华，使之成为本土文化的组成部分的一个长期的、连续不断的历史过程。日本是学习外国先进经验最好的学生，也是最能够把别国的经验和本土国情结合，发展自己独特文化体系的国家。**日本美术也不外如此："但凡触及外来文化时，日本美术总是以柔和的立场受其影响。……这种随遇而安、广泛吸收的情况，显示了日本美术的广泛适应性，或称反预见性。"**

日本人没有非此即彼的思维方式，对外来文化的吸收无原则性，兼收并蓄，并且对外来文化进行分解、还原，抛弃不实用的东西，进而达到东西方文化的共存融会。将原产于外国的东西加以吸收，改良和应用，从而大力发展并超出原有水平，这就是日本人的专擅和特性。**日本的设计正是基于这种无原则地彻底吸收而又有选择地为己所用的方式下经历了模仿、折中转化进而发展为成熟的"日本制造"。**

另外，日本是个单一民族的国家。日本的传统文化的单一种族基础，使得他们非常重视集团和团体，因此文化可兼具活跃和稳定两重因素。日本社会重视集体和团体，轻视个人，因此无论是在处理传统文化和西方文化的大问题上，还是像每个具体设计这样的小问题上，都能兼有大而稳定的方向，小而活跃的因素这双重特征。

从技术发展的方面讲，日本传统中有几个因素是它的设计与现代迅速接轨的重要原因。第一，日本传统审美思想中受禅宗的影响推崇少而简约的风格，并且因为崇尚天然的神道信仰而重视材料的本身特色，喜好不经掩饰的裸露的材料，装饰性地使用结构部件，完全暴露并体现结构，这种特性与现代设计的要求不谋而合。第二，在生活中他们形成了以榻榻米为标准的模数体系，从建筑到用品，日本人形成了长期对基本单元为设计中心的习惯，这使他们很快接受了从德国引进的模数概念。这也正是现代设计所需要的要素。第三，日本领土狭小，人口密度大，长期以来狭小拥挤的居住环境使日本民族喜爱小型化多功能化的产品，重视细节并喜爱装饰功能部件。而现代的国际市场

Japanese art is nothing more than this: "Japanese art always takes a humble attitude while facing foreign culture. This sort of wide culture absorption demonstrates Japanese art's broad adaptability and counter-prediction."

Japanese design absorbs all the nutrition and selects the part that serves for its design. It undergoes the process of imitating, compromising and developing into mature "made-in-Japan".

趋势恰恰是倾向袖珍化、微型化、便携式、多功能化。这些传统的观念非常顺利地融入现代设计中，成为别国所难以具备的特点。另外，日本现代设计强调集团式工作方式，完全不追逐个人名利，以集体的成就而骄傲。企业内部力量比较容易集中。这也使得日本的设计可以飞速地发展。

1980 年，无印良品正式诞生（1980 年正值世界经济低迷时期，日本陷入"能源危机"。当时的消费者希望能够买到品质和价格都从优的商品，"无品牌"的品牌概念由此诞生）。"无印良品"这个名称，由撰稿人日暮真三提出，田中一光最后确定。最初的无印良品，其产品定位是"有品质而且便宜"，即在简化产品造型的同时，进一步简化生产过程，制造出一批造型简洁、朴素且价格适中的产品。通过购买无印良品的产品，消费者应该能够很明确地感受到其注重呈现产品质地，包装力求简单朴素的概念。举个例子，无印良品只用省略漂白过程的淡褐色纸张做标签与包装商品（这一点与过分强调华丽包装的商品形成鲜明对比），而这就形成了美学意识独具一格的商品群。

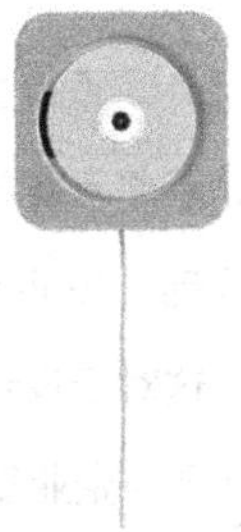

图 8.7.3 所示的这款迥异于一般 CD 机的壁挂式 CD 机，出自于设计师深泽直人之手。显然，这款 CD 机的造型与"换气扇"非常类似。在放入 CD 后，只要拉一下垂下来的绳子，就可以开始播放 CD，就像打开换气扇一样。使用时人们的感觉就会格外敏锐，像等待拂面而来的凉风一样等待音乐响起。这也是典型的深泽直人风格——"建立产品和设计之间的关系"。

图 8.7.3　深泽直人设计的壁挂式 CD 机
Fig.8.7.3　Wall Hanging Type CD Machine Designed by Fukazawa Naohito

Institutionally, Japanese design runs the dual track of tradition and modernity.

在体制上，日本设计的一个非常重要的特点是它的传统与现代双轨并行体制。世界上很少有国家能够在发展现代化时能够完整地保持、甚至发扬自己的民族传统设计。日本自第二次世界大战后开始发展设计以来，它的传统设计基本没有因为现代化被破坏。这与政府对传统设计的重视与扶持不无关系。

日本战后的设计发展与其战后经济增长迅速成为一个制造业大国的历程是分不开的。**日本政府、企业通力合作，建立一个健全和发达的国内市场，从而促进日本设计的成熟。政府对设计的大力扶持，企业对于设计的高度重视，是促成日本设计发展的重要原因。**1918 年创建的松下电器公司的老板松下幸之助 1951 年访问美国后便积极推动日本工业设计发展，率先在公司成立工业设计部。之后各产业界均在自己公司内部相继设置设计部门，积极改善产品

The Japanese government and enterprises work together to establish a sound, developed domestic market, which promotes the maturity of Japanese design. The government and the corporations' joint efforts drive the development of Japanese design.

设计，使产品打开世界市场。

日本在 20 世纪 50 年代建立了一系列的机构以帮助设计发展。这种特别为促进设计而成立的机构和机制，是日本设计能够稳健发展的一个很重要的原因，如 1951 年日本成立的隶属日本通产省的日本出口贸易研究组织和 1928 年成立的日本工业艺术院。日本政府的这种完全利用国家力量来促进私人企业产品竞争的行为，在西方国家是绝无仅有的。因为日本政府非常清楚地认识到，好的设计和好的质量是使日本产品赢得国际商业竞争的唯一途径，这已不在局限于文化这一层面上，而是商业、经济甚至日本民族发展的根本大计。因此，设计是日本民族的发展生命线，是政府的发展重点之一。

但是，日本的这一系列政府保护产品设计的手段，基本上都是单向的，即保护日本的出口产品设计专利。而对于外国产品，日本则几乎肆无忌惮地仿造和学习。甚至一度出现大量抄袭和剽窃欧美设计的现象，但这只是设计发展道路上的插曲，并没有影响日本走传统文化与高技术相结合的道路。日本政府再三强调"和魂洋材"，坚决拒绝这种物质层面的模仿发展到精神领域。

另外，重视教育事业也是日本设计界成功的重要因素。日本在明治时期就设立了美术及工艺学校，为第二次世界大战后的日本工业的崛起打下了坚实的基础。20 世纪 50 年代日本的设计教育开始大规模发展，设计学院纷纷成立，这对于设计人才的培养和传承起了积极的作用。日本的设计教育已经成为社会与企业复杂结构中的一个难以分离的有机组成部分。

2. 日本工业设计的特点

日本工业设计最鲜明的特点就是与传统文化、传统设计的和谐共处，现代设计与传统设计双轨并行。既没有因现代设计的发展而破坏传统文化和设计，也没有因传统设计的博大精深而阻碍现代设计。其次，日本工业设计一个很大的特点是集体主义工作方式。

第二次世界大战之前，日本的民用工业和工业设计并不发达，很多工业产品直接模仿欧美的样本，价廉质次，即这时日本还没有建立起自己的工业特色。1932 年日产公司生产的"达特桑"牌小汽车（见图 8.7.4），显然是刻意模仿当时欧美流行的车型，特别是福特 T 型车。20 世纪 20 年代由夏普公司的前身生产的收音机，也是欧美产品的复制品。由于政治、经济等方面的原因，战前日本与德国关系密切，有些日本人曾去德国学习设计，将包豪斯的设计思想和教育体系带回了日本。由于第二次世界大战爆发，一切工作都陷于停顿。战后日本经历了恢复期、成长期和发展期三个阶段，在经济上进入了世界先进行列，工业设计也有了很大进步。今天，日本工业设计已得到国际设计界的认可，有很高的地位。

图 8.7.4　1932 年日产公司生产的"达特桑"牌小汽车

Fig.8.7.4　Nissan's Production of "Datsun" Cars in 1932

（1）恢复期的日本工业设计

1945—1952 年是日本工业的恢复阶段，由于曾受到战争的严重破坏，这时工业中一半设备已不能使用，另一半设备也陈旧不堪，生产总值只有战前的 30%。日本正是在这种困难条件下开始恢复工业的。在美国的扶植下，通过 7 年时间，经济基本上恢复到了战前的水平。随着工业的恢复和发展，工业设计的问题就成了一件十分紧迫的工作。工业设计的发展首先是从学习和借鉴欧美设计开始的。日本《工艺新闻》于 1948 年集中介绍了英国工业设计协会的情况以及它的活动与成绩。1947 年，日本举办了"美国生活文化展览"。通过展览，一方面介绍了美国文化和生活方式，另一方面以实物和照片介绍了美国工业产品在人民生活中的应用。1948 年的"美国设计大展"、1949 年的"产业意匠展览"和 1951 年的"设计与技术展览"等，这些展览给日本设计人员许多有益的启发。与此同时，一些设计院校也相继成立，为设计发展培养了人才。1951 年，由日本政府邀请，美国政府派遣著名设计师罗维来日本讲授工业设计，并且为日本设计师亲自示范工业设计的程序与方法。罗维的讲学，对日本工业设计是一次重大的促进。1952 年，日本工业设计协会成立，并举行了战后日本第一次工业设计展览——新日本工业设计展。这两件事是日本工业设计发展史上的里程碑。

（2）成长期的日本工业设计

1953 年的米兰三年一度国际工业设计展览曾邀请日本参展，但日本以不具备参加国际性展览的条件谢绝。当时日本的许多产品仍是工程师设计的，比较粗糙，如索尼公司生产的"G"型磁带录音机在技术上是相当先进的，但看上去像台原型机（见图 8.7.5）。

图 8.7.5　索尼公司生产的"G"型磁带录音机

Fig.8.7.5　"G"-type Tape Recorder Produced by Sony

　　1953—1960 年这一时期，日本的经济与工业都在持续发展。不少新的科学与技术的突破对工业设计提出了新要求。1953 年日本电视台开始播送电视节目，使电视机需要量大增；日本的汽车工业也在同期发展起来，摩托车从 1958 年开始流行；随着家庭电气化的到来，各种家用电器也迅速普及。到 1960 年，日本电视机产量为 357 万台，居世界第二位；摩托车 149 万台，居世界第一位。所有这一切，对日本的工业设计都是一种巨大的促进力量。从 1957 年起，日本各大百货公司接受日本工业设计协会的建议，纷纷设立优秀设计之角，向市民普及工业设计知识。同年，日本设立了"G"标志奖，以奖励优秀的设计作品。日本政府于 1958 年在通产省内设立了工业设计课，主管工业设计，并于同年制定公布了出口产品的设计标准法规，积极扶持设计的发展。

　　为了改变日本产品在国际上价廉质次的印象，日本的工业设计从模仿欧美产品着手，以求打开国际市场，这使日本的不少产品都具有明显的模仿痕迹。例如本田公司 20 世纪 50 年代的摩托车显然脱胎于意大利"维斯柏"轻型摩托车。日本早期的汽车也多是模仿国外流行的名牌车。电视机设计也是这样，夏普公司于 1960 年制造的彩色电视机就深受美国商业性设计的影响，采用了镀铬的控制键盘。

　　（3）发展期的日本工业设计

　　从 1961 年起日本工业进入了发展阶段，即日本的工业生产和经济出现了一个全盛的时期，工业设计也得到了极大的发展，由模仿逐渐走向创造自己的特色，从而成了居于世界领先地位的设计大国之一。日本政府为了使日本迅速成为先进的工业大国，十分注重引进和消化先进的科学技术。20 世纪 60 年代初，不少日本产品在技术上已处于世界领先地位。因此，一些日本厂商将新技术作为市场竞争的主要手段，忽视了建立整体设计战略的重要性。例如夏普公司于 1962 年在日本率先生产了微波炉。这在当时是一种十分先进的炊具，但设计制作都较简陋，特别是外壳上直露的螺钉，使人觉得细节上欠考虑。该公司于 1964 年生产了全晶体管的台式计算器（见图 8.7.6），当时称得上是一种先进的办公机器，但设计也不精致。随着新技术的普及，仅靠技术上的新奇已无法生存了。这就迫使日本的生产厂家更加重视工业设计，相继建立了自己的设计部门，以改善产品的形象。这大大促进了日本高技术产业中设计的发展。

图 8.7.6　1964 年全晶体管的台式计算器

Fig.8.7.6　All-transistor Desktop Calculator in 1964

1973 年，国际工业设计协会联合会在日本举行了一次展览，使日本设计师看到了布劳恩公司的产品。他们吸取了这些产品的风格特点，并且在新兴的电子产品设计中发展了一种高技术风格，即强调技术魅力的象征表现。例如夏普公司新型微波炉在设计上比先前的产品要精致得多（见图 8.7.7）。由于面板上复杂的操作指令使人觉得这是一件高精尖的技术产品。在音响设计中，高技术风格更加突出。许多音响产品采用全黑的外壳，面板上布满各种按钮和五颜六色的指示灯，使家用产品看上去颇似科学仪器。实际上其中不少东西并非必要，而是为了满足人们物有所值的心理而设置的。

图 8.7.7　夏普公司新型微波炉

Fig.8.7.7　Sharp's New Microwave

日本的汽车、摩托车是从仿制起家的，但到 20 世纪 70 年代，日本形成了自己独特的设计方法，大量使用计算机辅助设计，并且十分强调技术和生产因素，在国际上取得了很大成功。在这个领域中，水城忠明（铃木公司工业设计科主任）主持设计的各种铃木牌摩托车，GK 工业设计研究所设计的雅马哈牌摩托车，佐佐木享（铃木汽车公司工业设计师）设计的几种汽车，管原浩二设计的日产牌卡车，荒崎良和、松尾良彦、吉田章夫等人参与设计的各种日产小汽车等，都是十分出色的作品。本田公司不是日本最大的汽车公司，但该公司十分注重工业设计，因此在欧美各国也享有较高声誉。

图 8.7.8 所示是本田公司于 1997 年生产的小汽车，车身紧凑而简练，在日本生产的小汽车中独树一帜。

图 8.7.8　本田公司于 1997 年生产的小汽车
Fig.8.7.8　Honda's Car Produced in 1997

照相机是典型的日本产品，它几乎独占了国际业余照相机的市场。由日本 GK 工业设计研究所于 1982 年设计的奥林巴斯 XA 型照相机是日本小型相机设计的代表作，荣获了当年的"G"标志奖。这种照相机的设计目标是使相机适于装在口袋之中，而依然使用 135 胶卷。相机置于口袋中时，需要用一个盖子来保护镜头，该设计以一个碗状的盖子在结构上完成了这一功能，并赋予相机的设计一个与众不同的形态特征。**日本的大型公司多实行终身雇佣制，并且十分重视合作精神。因此日本的设计师大多是公司的雇员，设计成果被视为集体智慧的结晶，并以公司的名义推出。**设计师本人则是默默无闻的"无名英雄"，这一点与欧美的职业设计师有很大不同。在日本的企业设计中，索尼公司成就斐然，成为日本现代工业设计的典型代表而享誉国际设计界。索尼是日本最早注重工业设计的公司，早在 1951 年就聘请了日本最有名的设计师之一柳宗理设计了"H"型磁带录音机。1954 年，公司雇佣了自己的设计师并逐步完善了公司全面的设计政策。索尼的设计不是着眼于通过设计为产品增添"附加价值"，而是将设计与技术、科研的突破结合起来，用全新的产品来创造市场、引导消费，即不是被动地去适应市场。1955 年，索尼公司生产出日本第一台晶体管收音机。1958 年生产的索尼 TR60 晶体管收音机（见图 8.7.9），是第一种能放入衣袋中的小型收音机；1959 年生产出了世界上第一台全半导体电视机（见图 8.7.10），此后又研制出独具特色的单枪三束柱面屏幕彩色电视机（见图 8.7.11），这些产品都很受好评。与其他公司强调高技术的视觉风格不同，索尼的设计强调简练，其产品不但在体量上要尽量小型化，而且在外观上也尽可能减少无谓的细节。1979 年开始生产的随身听放音机（见图 8.7.12），就是这一设计政策的典型，取得了极大的成功。

The majority of Japanese large enterprises implement lifetime employment system and value cooperation spirit. Therefore, most of Japanese designers are company employees and their designs are seen as collective wisdom and launched in the name of the company.

图 8.7.9　索尼 TR60 晶体管收音机　**图 8.7.10　全半导体电视机**
Fig.8.7.9　Sony TR60 Transistor Radio　Fig.8.7.10　Full-Semiconductor TV

图 8.7.11　彩色电视机　　　　**图 8.7.12　随身听放音机**
Fig.8.7.11　Color TV　　　　　Fig.8.7.12　Walkman Player

　　日本 GK 工业设计研究所是日本为数不多的优秀设计公司之一，形成于20 世纪 50 年代，最初由 6 位青年学生组成。当时他们已经意识到了在战后重建工作中现代设计的重要性，因而专注于当时尚不为人熟悉的工业设计。GK 早期的业务主要是方案设计。由于多次在重要的设计竞赛中获奖，因而逐步得到了许多具体的设计项目。

　　1957 年，GK 工业设计研究所成立，许多成员赴美国和德国学习先进的工业设计理论与技术，从而奠定了 GK 国际交流的基础。随着日本工业界逐步认识到设计的重要性，GK 的设计业务不断发展。20 世纪 60 年代到 70 年代，日本经济起飞，GK 的设计领域也不断扩大，包括了从产品设计、产品规划、建筑与环境设计、平面设计等诸多领域。自 20 世纪 80 年代起，GK 将目标定义为知识密集型、高水平的，以创新为先导的设计组织。为达到这一目标，GK 形成了由基础研究、计算机系统开发、技术创新、设计信息处理等部门构成的 GK 设计集团。GK 与传统的自由职业设计师事务所不同，它创立了三大支柱，即推广、设计和学习。GK 多年来积极推广设计，因为如果公众没有意识到设计的重要性，设计就不可能获得社会的理解。在今天多样化的社会环境中，不可能仅凭某一个专业领域来满足社会需求，因此 GK 集团采取了一种综合性的设计策略，将所有设计领域融会贯通以解决当代社会面临的各种问题。它有效地利用了自身的组织结构以及广泛的专业技术，积极通过在高技术条件下创造"精神与物质"协调一致的设计哲学来服务社会。

Japan is a nation of rich history, and Japanese design adopts the dual track of tradition and modernity. On the one hand, they study tradition systematically in the fields of clothing, furniture, interior design, crafts and other designs in order to maintain the continuity of traditional style. On the other hand, the high-technology designs follow the demands of modern economy. These designs, although not one hundred percent follow up the traditions, yet the rudimentary design ideologies are influenced by traditional aesthetic thinking, for example, compactness, multi-function, and attention to details.

　　日本是一个历史悠久的国度，日本设计在处理传统与现代的关系中采用了所谓的"双轨制"。一方面在服装、家具、室内设计、手工艺品等设计领域系统地研究传统，以求保持传统风格的延续性；另一方面在高技术的设计领域则按现代经济发展的需求进行设计。这些设计在形式上与传统没有直接联系，但设计的基本思维还是受到传统美学观念的影响，如小型化、多功能及对细节的关注等。通过这种"双轨制"，使传统文化在现代社会中得以发扬光大，并产生了一些优秀的作品，柳宗理于1956年设计的"蝴蝶"凳就是一例（见图8.7.13）。设计师将功能主义和传统手工艺两方面的影响融于这只模压成形的胶合板凳之中。尽管这种形式在日本家用品设计中并无先例，但它使人联想到传统日本建筑的优美形态，对木纹的强调也反映了日本传统对自然材料的偏爱。

图8.7.13　柳宗理于1956年设计的"蝴蝶"凳
Fig.8.7.13　"Butterfly" stool designed by Yoo Chongli in 1956

　　进入20世纪80年代，特别是80年代后期，由于受到意大利设计的影响，日本家用电器产品的设计开始转向所谓"生活型"，即强调色彩和外观上的趣味性，以满足人们的个性需求。针对年轻人市场的录音机一改先前冷漠的黑色面孔，以斑斓的色彩显示青春的活力。松下电器公司的一些家用电器设计也在造型和色彩上作了大胆探索（见图8.7.14），把高技术与高情趣结合起来。

图8.7.14　松下电器公司的家用电器设计
Fig.8.7.14　Matsushita Electric Home Appliances Design

（4）柳宗理的设计理论及其设计

如果论及当今日本最受景仰、最具代表性的工业设计师非柳宗理（1915—2011）莫属（见图8.7.15）。设计领域之广、设计作品之丰、获奖荣誉之多以及设计思想之独特，都把他推向了日本工业设计的金字塔尖，成为行业中颇有影响的泰斗级人物。

图 8.7.15 日本工业设计师——柳宗理
Fig.8.7.15 Japanese Industrial Designer—Yoo Chong li

在柳宗理长达半个多世纪的设计生涯中，贯穿着一种鲜明而持之以恒的设计思想，即将日本文化及审美特性融入现代设计中，既遵循现代工业生产和产品的实用功能要求，又注重产品的文化特质和精神含量。他认为好的设计不仅要符合现代技术和现代功能的需要，也要"符合日本的美学和伦理学，表现出日本的特色"。一方面，他强调现代感和时代精神，认为"真正的设计要面对现实，迎接时尚、潮流的挑战"。另一方面，他又批评当代设计中存在的唯物质条件论和屈服于时尚趣味等不良倾向。在这种思想支配下，柳宗理的产品设计始终追求在机械技术与传统美学之间的某种交融。

看柳宗理的产品，分析起来有3个层面：其一是造型简洁明了、细腻精致，没有故作的玄虚和多余的装饰；其二是绝佳的触感和手感，即使用的合理性和舒适性；其三是在前两个层面的基础上所透露出的某种文化特质，即来自审美、精神层面的享受。不过，人们已经习惯于不把产品特别是工业产品当作可以欣赏的、玩味的对象了，但面对柳宗理的产品，当静心观察，仔细玩味时，其产品在饱含着绝佳的使用特性的基础上，着实会传达出某种艺术的品质。可以说，这是产品设计难得的境界。

柳宗理的产品设计推崇"实用就是美"的精神，他认为真正为生活需要而制作的生活用品，其功能绝对是排在首位的。因此比起纯粹地追求形式美感来，他始终着重产品在使用过程中对人的影响，即所谓实用性。另一方面，

During Yoo Chong Li's half a century design career, he always keeps one central design idea, that is, blending Japanese culture and aesthesis into modern designs. He not only follows the requirements of modern industrial production, but also pays attention to the products' cultural traits and spiritual content.

他强调民艺精神的初衷在于，民艺"可以让人们从中汲取美的源泉，寻觅到人性化的养料，促使人们反思'现代化'的真正意义"。这也使得他的设计十分强调具体的动手制作问题。即在考虑设计时，不是单纯地画出设计图或草图，再请厂商做出来，而是必须坚持手工制作，并进行反复试验和模型推敲。在柳宗理看来，与人们生活直接相关的、必须用手和身体接触的生活用品，如果仅在桌面图纸上或计算机视频上来进行设计是不行的。既然"是手要使用的东西，所以当然要用手来设计"，而"用手去感受，手上便会有答案"。因此，仅仅注重制作设计图，放弃动手制作，不能算是好设计师，而学会用手去思考应是设计师的优良传统和必备素质。

他的经典设计"蝴蝶"凳是西方科技与亚洲文化完美结合的里程碑式的象征。1957年，蝴蝶凳与他的白瓷器等作品在世界最重要的当代设计博物馆之一"米兰三年中心"（La Triennale diMilano）获得第11届米兰设计展金奖，令他自此跃上国际舞台。1982年他设计的陶器系列（见图8.7.16），包含茶壶、茶杯、茶叶罐等，有黑白两色可选。磨砂质感给人温暖、厚实的感觉，特殊的制造工艺令这套器具同时实现了比瓷器更轻和比陶器更结实的特性。

图 8.7.16　柳宗理设计的陶器系列

Fig.8.7.16　Pottery Series Designed by Yoo Chong Li

3. 韩国的工业设计

韩国只有9.848万平方公里土地，近4千万人口，资源缺乏，只能依靠加工产品来出口。由于极大地发挥了工业设计人才的作用，韩国经济飞速发展。

韩国的工业设计始于1960年。在此以前的设计只是将纯美术的因素用于产业。早在20世纪50年代前期，"金星社"电子公司就首先开始对本企业生产的收音机、电扇的外形进行专门设计。但是，企业所要求的设计工作始终限于应用美术认识阶段。到了20世纪60年代，韩国制订了经济发展的五年计划，此后出现了生产的增长和出口的扩大，对设计的认识也由工艺概念进而发展为工业设计的概念。20世纪60年代初，韩国工业界开始重视工业设计。除金星公司外，三星电子、现代汽车、"大韩"电线及KLA汽车等企业都有不少工业设计人员，很多中小企业也雇用了数名工业设计师。尽管当时不少企业都在仿制国外产品，但也在为设计有自己特色的产品而努力。因此这一时期的设计活动十分活跃，政府在政策中也奖励"技能出口"。1965年，汉城国立大学应用美术部的教授向政府提议成立设计中心，韩国议会据此通过了成立韩国设计研究中心的决议，后改为韩国设计中心。进入 20 世纪 70 年代之后，韩国的工业设计无论在教育方面还是在实际生产方面，都取得了很大的进展。1971 年成立了韩国工业设计协会，并在商工省设置了设计包装部门，负责处理有关的问题。到了 20 世纪 80 年代，工业设计教育迅速发展，在一些著名的综合性大学和理工大学内开设了工业设计系。由此可见，韩国工业设计的发展与设计教育的发展有密切关系。由于国际商品的竞争从某种意义上来说是设计和技术的竞争，因此归根结底是人才的竞争。

20 世纪 90 年代初以来，韩国的工业设计取得了突飞猛进的发展，由于许多企业从改良甚至模仿设计精良的外国产品转向开发自己的原创性产品，韩国的企业开始具有了世界级的设计水平，一些大公司如 LG、三星、现代等的工业设计，特别是新兴的高科技产品的设计，在国际市场上具有了较强的竞争性。尤其是三星公司在工业设计领域异军突起，在各类国际设计评奖活动中屡获殊荣，大有超过索尼成为亚洲设计领头羊的态势，深受国际设计界的关注。图 8.7.17 所示是三星中国设计中心设计的一款盲人手机，可以通过触点传达信息，该设计获得了 2006 年美国工业设计优秀奖金奖。1997 年，韩国政府颁布了设计振兴法案，并成立了韩国工业设计振兴委员会，其战略目标是在 2005 年将韩国提升为世界级的设计大国。2001 年，国际工业设计协会理事会在汉城召开了主题为《探讨新的设计范式——Oullim（融洽）》的设计大会。2010 年，韩国举办了世界设计之都首尔之年活动，进一步提升韩国设计的国际地位。

图 8.7.17　盲人手机
Fig.8.7.17　Blind Phone

4. 韩国与日本的设计理念

"文化"是这几年最时髦的词汇。从学术讨论到民生课题，从艺术殿堂到街头潮流，"文化"从名词到形容词都有。文化和设计更是你中有我、我

In design competitions, how to create unique products is the key point, as designers try to look for inspiration from culture identities. Although Consumers seek modernity and fashion, essentially everyone is embracing the culture sense that designers are rebuilding.

The good designs embody good emotions that are buried in our memories. We live in and use it subconsciously and feel the beauty out of it. It is marvelous that the memories belonging to the Japanese are also touching other Asians, Europeans and Americans. Naoto Fukasawa believes that good designs with clean lines and practicability represents Japanese' melting local culture with western modern style.

Professor Yoshiyuki Wada said: Design is people-oriented. If humans' requirements are neglected, the products will be rootless. Good designs should be able to take root in our lives and never become obsolete.

Kim Yong-One points out that Koreans impress people with their toughness , but in fact, under the tough exterior is their tenderness and emotion. It can be found in Korean vehicle design that Korean designers combine the softness of Korean traditional clothing and colors full of emotion.

中有你。

产品设计是最贴近日常生活的设计领域。它涵盖衣食住行，看亚洲的设计势力，日本领先，韩国奋勇直追，泰国倾巢而出，中国也绞尽脑汁立志赶，真是令人眼花缭乱。

在设计竞赛中，如何打造产品的独特性是关键，而设计师多从文化身份挖掘灵感。消费者追求现代感和时髦，实质上大家是在拥抱经设计师重新打造的文化感。

（1）日本：讲感觉、重历史

日本设计师的敏锐感性是从精神层次捕捉设计灵感。和田义行教授特别介绍了深泽直人，这位被誉为用第六感（Sixth Sense）设计的新锐设计师。年轻人对他的得奖产品——无印良品的挂墙唱机一定不陌生，设计灵感来自晃动的风扇。深泽直人不重思考，更讲感觉的设计理念深受年轻人欢迎。**所谓感觉就是埋藏在我们生活记忆里的好设计所具备的。我们生活在其中，无意识地使用，感觉设计的美好。奇妙的是，属于日本人的生活记忆，也同样打动其他亚洲人和欧美人。深泽直人相信线条洁净简约、实用至上的美好设计，代表了日本人融汇生活文化和西方现代风格的创意。**和田义行教授提到另一名人气设计师 Kenmei Nagaoka，严格来说他不是在做设计，而是保存、修复日本 20 世纪 60 年代的好设计，赋予被遗忘的日用品新生命与现代生活价值。2000 年，他开设第一家旧家居用品的设计师二手店，备受业内推崇。日本在设计上走过一段迂回的道路。

和田义行教授说：设计就是以人为本。没有"人"的考虑，设计师设计出来的东西就是无根的产品。好设计应该能够在生活扎根，永远不被时代淘汰。

（2）韩国：情感烈、线条柔

韩国的金永一示范了东方人外刚内柔的文化特色。**金永一指出，韩国人让人觉得他们很强悍，其实强悍外表底下是温柔与情感洋溢。表现在设计上，韩国设计师在设计汽车时注入民族服饰的柔和线条及蕴含情感的强烈色彩。**他说，产品设计竞争激烈，大家都想创造独特性，而独一无二的文化传统正是灵感泉源。含蓄地应用韩国文化卖车子，显然获得市场的支持。金永一透露，"现代与起亚"的汽车，在推出新一代讲究设计理念的车子之后，从 1999 年只卖 80 万辆，到 2005 年创下 375 万辆的销售佳绩。他坦言，即使在将韩国文化用现代设计语言表达，以满足世界公民的需求时，该研究中心也致力探讨个别民族文化特色，希望掌握个别市场需求。目前，"现代与起亚"正致力开发中国市场，不久的将来很可能继德国、美国和日本之后，在中国设立设计工作室，研究中国的市场趋势。

8.8　意大利情趣设计

Section Ⅷ　Italy's Appealing Design

第二次世界大战后，意大利设计的发展被称为"现代文艺复兴"，对整个设计界产生了巨大冲击。意大利设计是一种一致性的设计文化，它涉及产品、服装、汽车、办公用品、家具等诸多的设计领域。这种设计文化是根植于意大利悠久而丰富多彩的艺术传统之中的，并反映了意大利民族热情奔放的性格特征。总体来说，意大利设计的特点是由于形式上的创新而产生的特有的风格与个性。

1. 意大利设计的发展历程

意大利设计战后十五年里从战争的废墟中重生，取得西方设计界的领导地位，独立地培养出一些重要的设计大师、制造商和零售系统，这是它直到现在在设计领域仍保持领先地位的原因。

早在第二次世界大战之前，意大利就产生过一些优秀设计，特别是奥利维蒂公司的设计。该公司是一家生产办公机器的厂家，成立于 1908 年。公司很早就意识到了工业设计的重要性，在设计师尼佐里（Macello Nizzoli，1887—1969）等的参与下，奥利维蒂公司成了意大利工业设计的中心，几乎每一个有名的意大利工业设计师都为其工作过。奥利维蒂公司战后仍保持了自己在工业设计方面的主导地位。

但从国际的角度来说，"意大利设计"作为一种代表特殊风格的专有名词出现，并建立起世界性的声誉是在 1945 年之后，即意大利人称之为"重建"的时期。

战后意大利工业和社会的变革否定了法西斯主义的浮华与荒谬，为设计的发展铺平了道路。这期间由庞蒂主持的设计杂志《多姆斯》起了很大作用，它促进了现代主义在意大利的翻版与理性主义在意大利设计界的发展，并把它作为解决崩溃的社会秩序所遗留下来的问题的灵丹妙药。

战后初期的意大利深受美国设计的影响，这种影响是两方面的。一方面受到所谓"优良设计"的功能主义设计的影响，如伊姆斯的椅子就对意大利的家具设计有影响；另一方面，美国的商业性设计，特别是流线型设计也对意大利产生了较大影响。

但是，设计师们并不是生搬硬套，而是通过借鉴与自己的传统进行综合，创造出了完全意大利式的设计。意大利一家设计杂志就声称，在美国，工业

Early postwar Italian design was influenced by the US mainly in two aspects. On the one hand, the so-called "good design" functionalism, like Italian furniture gets design ideas from Eames's chair; On the other hand, the US commercial design, especially the streamline designs.

However, designers do not just imitate blindly, but integrate their own design traditions to build Italian design. An Italian magazine claims that industrial design to some extent reflect the results of free competition in the United States. Continuing inflations take place under the special economic and production conditions. On the contrary, the Italian design is characterized by harmonious relations between production and culture.

设计代表了自由竞争制度的结果，在这种制度下，特殊的经济和生产条件导致了不断的市场膨胀。反之，在意大利，设计的特点在于生产与文化之间的协调关系。

　　1951—1957 年间，意大利设计风格已牢固地建立起来了。1953 年意大利《工业设计》杂志创刊，1956 年工业设计师协会成立。一家全国性的大型联号商店于 1953 年举办了"产品的美学"大型展览，非常成功。该店在 1954 年设立了"金圆规奖"，奖励优秀的工业设计作品。尼佐里的"字母 22"型手提打字机获得了第一届金圆规奖（见图 8.8.1）。这一时间，米兰三年一度国际工业设计展览也大获成功。从此以后，意大利设计就以一种激动人心的形式展现于世。

图 8.8.1　"字母 22"型手提打字机
Fig.8.8.1　"Letters 22" Type Portable Typewriter

　　20 世纪 50 年代意大利设计的视觉特征是所谓当代"有机"雕塑，这种视觉特征与新的金属和塑料生产技术相结合，创造了一种独特的美学。这种美学显然受到英国雕塑家摩尔（Henry Moore，1898—1986）作品的影响。摩尔的雕塑大都以人体为题材，并进行变形处理，体型简练，线条流畅，富于生命力（见图 8.8.2）。1948 年，摩尔的作品参加了威尼斯双年展并获头奖，使"有机"雕塑在意大利流行开来。

图 8.8.2　摩尔的雕塑设计草图
Fig.8.8.2　Moore's Sculpture Design Sketches

从 20 世纪 60 年代开始，塑料和先进的成形技术使意大利设计创造出了一种更富有个性和表现力的风格。大量低成本的塑料家具、灯具及其他消费品以其轻巧、透明和艳丽的色彩展示了新的风格，完全打破了传统材料所体现的设计特点和与其相联系的绝对的、永恒的价值。

（1）家具设计

意大利在商业性家具生产中采用新材料和新工艺方面的成功，是由于小规模的工业。随着拥有熟练手工艺人和工匠的手工作坊的发展，工业能够承担开发新产品的风险。这些新产品由于工程费用高，在别的国家使人望而却步。而这种手工艺高超的小型作坊能使家具生产商放手实验和改型。由于他们不仅有能力创造样品，也能生产和制作所需的模具和工具，从而减少了在研究和开发方面的投资，使塑料家具等产品的设计和生产大为繁荣。

（2）灯具设计

意大利的灯具也具有很高水平。设计师们把照明质量与效果，如照度、阴影、光色等与灯具的造型等同起来，取得了很大的成功。出生于德国的设计师萨帕长期在意大利工作，他于 1972 年设计的工作台灯可以以任何角度定位，使用十分方便灵活，体现了一种实用与美学的平衡，成为国际性的经典设计（见图 8.8.3）。

（3）汽车设计

在意大利的汽车城都灵，菲亚特汽车公司生产出了一系列优美的小汽车，这对于将意大利的艺术传统与工业时代的精神相结合

图 8.8.3　萨帕于 1972 年设计的工作台灯

Fig.8.8.3　Operate Lamps Designed by Sapa in 1972

起了重要作用。到 20 世纪 40 年代末，意大利已发展出了一种以改进了的流线型为特色的风格。1946 年，意大利设计师阿斯卡尼奥设计了"维斯柏"（意大利语意为"黄蜂"）98CC 小型摩托车，该车因融合了航空技术、意大利人的趣味和美国的流线型而大受欢迎，连续生产了 30 年之久（见图 8.8.4）。1948 年，兰布列轻型摩托车问世。上述两种摩托车在战后很长一段时间内成了意大利城市生活的一大景观，因为它们能穿越狭窄而弯曲的街道，适应这个国家地理与环境的特点，并满足了战后对于廉价机动交通的需求。

图 8.8.4　"维斯柏" 98CC 小型摩托车

Fig.8.8.4　"Wei Sibai" 98CC scooter

　　意大利的汽车车身设计在国际上享有很高的声誉，意大利的工业设计师们不仅为本国的汽车工业设计了大量优秀的汽车，而且为美国、德国、日本的著名汽车厂家设计了许多非常成功的汽车。在这一方面，平尼法里那设计公司和意大利设计公司（ITALDESIGN）是最具代表性的。

　　平尼法里那设计公司于 1930 年在都灵创立，曾设计了阿尔法·罗密欧、菲亚特等诸多名车。自 1966 年起，平尼法里那担任总裁，创建了公司的设计研究中心，从 1967 年起便利用计算机进行工程计算及绘图。1972 年，公司开始启用风洞试验，用以研究空气动力学及车身造型。平尼法里那公司最有影响的设计是法拉利（Ferrari）牌系列赛车（见图 8.8.5）。**法拉利赛车的设计将意大利车身造型的魅力发挥到了极致，每一个细节都焕发出速度与豪华气息，体现出意大利汽车文化独有的浪漫与激情的特征。**

Ferrari's design makes the best of Italian vehicle design. Every vehicle detail shows velocity and luxury, to be exact, reflecting unique romance and passion that Italian vehicle culture possessed.

图 8.8.5　平尼法里那公司设计的法拉利跑车

Fig.8.8.5　Ferrari designed by Ping Nifalina Company

　　平尼法里那的汽车设计多年来被视为雕塑的同义语，既有其精致的形式感和艺术表现，同时又基于精确的科学评价准则。在公司的风洞试验室中，设计师头脑里的各种造型构想都要经过严格的测试。平尼法里那代表着最现代化的技术与传统工艺及艺术的结合。近年来，平尼法里那公司与中国的哈飞汽车公司合作，设计了路宝等小汽车。

意大利设计公司是由工业设计师乔治亚罗与工程师门托凡尼共同创建的。乔治亚罗1938年出生，毕业于都灵美术学院，17岁进入菲亚特汽车公司工作。意大利设计公司成立于1968年，基本的经营方针是将设计与工程技术紧密结合，为汽车生产厂家提供从可行性研究、外观设计、工程设计直到模型和样车制作的完整服务。公司下设设计与研究部和工程与开发部，员工达数百人。目前意大利设计公司已成了一个国际性的设计中心。

乔治亚罗本人的设计将风格与对于技术的理解融合在一起，产生了许多成功的产品，其中包括大众"高尔夫"、菲亚特"熊猫"、阿尔法罗密欧、奥迪80、绅宝9000、BMW MI等驰名世界的小汽车。1986年，他设计了一半似摩托、一半似汽车的"麦奇摩托"，革新了现代机动车的概念（见图8.8.6）。同年，他还设计了一种后驱动的赛车"因卡斯"，这种车的门可以向上开启。中国华晨公司的"中华"小汽车（见图8.8.7）也是由意大利设计公司设计的。乔治亚罗不仅设计汽车，也为世界各地的厂家设计其他技术性产品，1982年他为尼奇公司设计的新型"逻辑"缝纫机一改20世纪50年代的"有机"风格，选择了一种适当的技术型外观以适应时代的气息（见图8.8.8）。

图 8.8.6 乔治亚罗于 1986 年设计的 "麦奇摩托"

Fig.8.8.6 "Munchie motorcycle" Designed by Giugiaro in 1986

图 8.8.7 乔治亚罗设计的 "中华" 小汽车

Fig.8.8.7 "China" Car Designed by Giugiaro

图 8.8.8　乔治亚罗于 1982 年设计的"逻辑"缝纫机

Fig.8.8.8　Designed by Giugiaro in 1982 "Logical" Sewing Machine

他还应邀为日本精工公司设计了一种体现高技术特征的手表。1997 年，公司更名为 Italdesign-Giugiaro 股份公司，仍然以汽车设计为主。2009 年，该公司设计了一款名为"Namir"的混合动力概念车，极具新锋锐的设计风格（见图 8.8.9）。除乔治亚罗以外，还有不少意大利设计师为国外公司进行设计。这标志着意大利设计已经走向世界，并开始引导潮流。

图 8.8.9　"Namir"混合动力概念车

Fig.8.8.9　"Namir" Hybrid Concept Car

2. 意大利设计的主要代表人物

（1）尼佐里（Macello Nizzoli，1887—1969）

奥利维蒂公司很早就意识到了工业设计的重要性，在战后仍然保持了自己在工业设计方面的主导地位。1948 年，尼佐里为该公司设计了"拉克西康 80"型打字机（见图 8.8.10），采用了略带流线型的雕塑形式，在商业上取得了很大成功。1950 年，尼佐里又推出了"字母 22"型手提打字机，设计师从工程、材料、人机工程以及外观等各方面考虑，并且把原打字机的 3000 只元件减至 2000 只，设计出了这种机身扁平、键盘清晰、外形优美的打字机。该打字机对美国的办公机器设计也产生了重大影响。

图 8.8.10　"拉克西康 80" 型打字机
Fig.8.8.10　"Pull 80 Grams of Xikang" Typewriter

20 世纪 50 年代，许多设计师与特定的厂家结合，产生了工业与艺术富有生命力的联姻。1956 年，尼佐里为尼奇缝纫机公司设计了 "米里拉" 牌缝纫机，机身线条光滑、形态优美，被誉为战后意大利重建时期典型的工业设计产品（见图 8.8.11）。

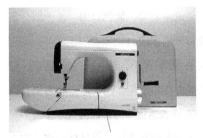

图 8.8.11　"米里拉" 牌缝纫机
Fig.8.8.11　"Mi Lila" Brand Sewing Machines

（2）吉奥·庞蒂（Gio Ponti，1891—1979）

吉奥·庞蒂是意大利伟大的现代主义设计大师。他憎恨烦琐，倡导 "艺术的生产"，使 "实用加美观" 成为意大利设计的主导原则。他的设计内容包罗万象，既包括公共建筑、室内装潢，也包括家具、陶瓷、灯具、金属及玻璃制品等。战后主持的设计杂志《多姆斯》对意大利设计的发展起到很大作用。庞蒂在 1947 年的一期《多姆斯》中写道："我们的家庭和生活方式与我们好的生活理想和趣味完全是一回事。这并不是沉溺于哲学表达，而是战后意大利人对于如何将生活与艺术最佳地组织起来的思考。"

Ponti wrote in Domus in 1947: Our family and lifestyle are totally same as our ideal life and interests. This does not mean the addiction to philosophical expression, but how the postwar Italians are to have new meditations regarding putting life and art together.

1953 年，庞蒂为意大利理想标准公司设计了一系列陶瓷卫生用具，其中包括一件坐便器（见图 8.8.12）。他认为 "这些产品形式并不新奇，但真实"，因为它们的形式既真实反映了功能要求，又具有自身的美学价值。

图 8.8.12　庞蒂于 1953 年为意大利理想标准公司设计的坐便器
Fig.8.8.12　Toilet Seat Designed for the Italian Company by Pontiac in 1953

He claims that these products do not have new styles, but are authentic. Their form reflects not just the function, but also their own aesthetic value.

（3）埃托·索特萨斯（Ettore Sottsass，1917—2007）

埃托·索特萨斯，孟菲斯创始人之一，20世纪杰出的后现代设计大师。索特萨斯出生于奥地利西部群山之间的因斯布鲁克（Innsbruck），成长于意大利的米兰。索特萨斯的父亲是一位著名的建筑师，他子承父业，在22岁时顺利取得都灵理工大学的建筑学位。毕业之后第二次世界大战爆发，他应召入伍。

1947年从战场回来后，他在米兰建立了自己的建筑和工业设计工作室。1959年，他开始担任Olivetti公司的设计顾问，设计办公设备、打印机和家具。1960年，他前往美国和印度，其后的诸多作品都留下了这段经历的印记。1981年，索特萨斯和一群年轻的建筑师和设计师，共同组成了"孟菲斯集团"。这个团体在20世纪80年代初设计了一系列风格激进的家具，对现代主义设计原则提出了挑战。这个团体的作品丰富多彩，结合了传统和大众流行元素，具有后现代反讽意味，与之前的现代主义风格迥异。他创立的"孟菲斯"集团在1980年甚嚣尘上，成为众多青年设计师的偶像。

孟菲斯这个小团体一共设计了40多件家具、灯具、陶瓷、玻璃器皿、纺织品，色彩绚丽、艳俗、表面光滑、造型古怪和逗趣、图案通俗和恶搞，当时有些评论家评论说，这样的东西恐怕只有那些达雷斯的算命的人才会去买。

孟菲斯的设计是在产品设计上第一次彻底地和现代主义风格分离，完全放弃了没有色彩、功能主义、"少则多"的原则，走向了产品设计的后现代时期，虽然我们可能不喜欢这些设计，但是在设计史上这个运动是一个重要的转折，让我们对设计的发展有了更多元的思考。<u>1986年，索特萨斯在接受《芝加哥论坛报》采访的时候说：孟菲斯就像一副很重的药，你不能用太多，不能够周围只有孟菲斯，谁也不能像吃蛋糕那样吃孟菲斯。</u>

作为工业设计师，索特萨斯的客户很多，除了早期的奥利维蒂公司之外，还有类似菲奥卢齐、埃斯普拉特，意大利家具公司波特罗诺瓦、美国的"诺尔国际"、意大利的阿列西公司等。而作为一个建筑师，他还设计了洛杉矶比华利山的昂贵的购物街罗尔大道上的"迈耶－什瓦兹画廊"（见图8.8.13），建筑具有强烈的解构和游戏特点。他还给设计第一个苹果计算机鼠标的设计师戴维·凯勒设计了住宅，并和很多建筑师、艺术家合作过项目，包括阿多·齐比其、詹姆斯·尔温、玛提奥·桑等。

2006年，洛杉矶艺术博物馆（the Los Angeles County Museum of Art）举办了他的作品回顾展，展出了他设计的大部分作品，这是他在美国的第一次个人回顾展，引起设计界很大的兴趣。2007年，伦敦又举办了"埃托·索特萨斯回顾展"（A retrospective exhibition, Ettore Sottsass: Work in Progress, was

In 1986, Sottsass said in an interview from Chicago Tribune: Memphis is like a strong drug that one can not take too much. One can not be surrounded only by Memphis, so no one can take Memphis just like having cakes.

held at the Design Museum in London），西方最重要的博物馆都举办他的展览，足见他在设计界举足轻重地位。

在六十多年的职业生涯中，索特萨斯设计了数量繁多的作品：家具、珠宝、陶瓷制品、玻璃制品、银器、灯具、办公仪器以及建筑，跨越了诸多设计门类，充满了迷人的想象力和浓郁的意大利风味，启迪了一代又一代的建筑师和设计师。

图 8.8.13　迈耶－什瓦兹画廊
Fig.8.8.13　Meyer－Shi Wazi Gallery

20 世纪 60 年代以来意大利的设计明星是索特萨斯，他是同时代设计师中最杰出的一位。20 世纪 50 年代末他开始与奥利维蒂公司长期合作，为该公司设计了大量的办公机器与办公家具（见图 8.8.14）。

图 8.8.14　索特萨斯于 1969 年设计的办公家具系统
Fig.8.8.14　Office Furniture System Designed by Sottsass in 1969

索特萨斯的设计思想受到印度和东方哲学的影响。从 20 世纪 60 年代后期起，他的设计从严格的功能主义转变到了更为人性化和更加色彩斑斓的设计，并强调设计的环境效应。1969 年，他为奥利维蒂公司设计的"情人"打字机采用了大红的塑料机壳和提箱（见图 8.8.15），同一年他还推出了系统 45 型秘书椅，色彩艳丽、造型别致。即使是一些高精尖的办公机器，索特萨斯也把它们装扮得颇有情趣。

图 8.8.15　索特萨斯于 1969 年设计的
"情人"打字机

Fig.8.8.15　"Valentine" Typewriter De-
signed by Sottsass in 1969

　　他于 1974 年设计的计算机打字输出设备就是这样，一些按键和手柄采用
了鲜艳的三原色，与其他国家办公机器的冷峻与严肃形成鲜明对比。上述设
计反映了索特萨斯勇于探索、刻意求新的精神，正是这种精神使他在 20 世纪
80 年代的设计界中引起广泛争议，造成了巨大冲击。图 8.8.16 所示为 1981 年
索特萨斯设计的"卡尔顿书架"，是后现代风格家具的代表作。

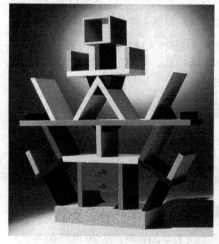

图 8.8.16　卡尔顿书架

Fig.8.8.16　Carlton Bookcase

　　（4）乔·柯伦波（Joe Colombo，1930—1971）

　　柯伦波是 20 世纪 60 年代较有影响的设计师，十分擅长塑料家具的设计，
他特别注意室内空间的弹性因素，他认为空间应是弹性与有机的，不能由于
室内设计、家具设计使之变成一个死板而凝固的场所。因此，家具不应是孤
立的、僵死的产品，而是环境与空间的有机构成之一。他所设计的可拆卸牌
桌就体现了他的设计思想（见图 8.8.17）。

图 8.8.17　柯伦波设计的可拆卸牌桌
Fig.8.8.17　Detachable Table Designed by Ke Lunbo

　　柯伦波 1971 年早逝，但他的遗作集塑料家具总成，在 1972 年美国纽约现代艺术博物馆举办的"意大利——新的家庭面貌"大型工业设计展览中引起了普遍的关注。这套塑料家具总成共有四组，包括厨房、卧室、卫生间等。这些产品都是由可折叠、组合的单元组成，可适用于不同的房间，有很大的灵活性（见图 8.8.18）。

图 8.8.18　柯伦波设计的塑料家具总成
Fig.8.8.18　Plastic Furniture Assembly Designed by Ke Lunbo

3. 意大利设计中心——米兰

　　意大利设计中心是米兰。这个城市的一系列特殊的社会经济条件孕育了深厚的物质文化。米兰有一个开明的实业阶层，他们对设计的革新起了积极的推动作用。另一方面，米兰理工学院培养了大批的建筑师、设计师。这些都促进了以建筑为基础的设计文化的发展。米兰还有一个常设的展览机构，即三年一度的国际工业设计展览。这个展览最早是在 1923 年始于蒙扎的双年展，1933 年迁到米兰并改为三年一度的展览。1947 年举办了战后第一次展览，规模较小。1951 年的展览才恢复到战前的规模。三年一度展览在展出范围和风格上来说都是很广泛的，既有简洁朴素的功能主义设计，也有装饰和表现性的手工艺品，以及展示新材料、新技术的现代主义作品。米兰三年一度展览影响很大，它既可吸收世界各国的设计精华，也有助于传播意大利的设计文化。

8.9 英国和法国自然主义设计
Section Ⅸ Britain's and France's Naturalism Design

1. 英国设计

战争期间，一些包豪斯的重要人物流亡到英国，另外由于战争的迫切需要和国家物资和人力的匮乏，使得强调结构简单、易于生产和维修的功能主义设计得以广泛的应用，这样现代主义在英国扎下根来，同时这种现代主义带有工艺美术运动的气息。

战争期间，为了应付家具木材的匮乏，英国政府贸易局决定通过国家控制生产和供应的办法来推行标准化家具的生产，并于 1942 年制定了这种家具的设计要点，要求充分利用材料设计出宜人的家具。著名设计师拉瑟尔（Gordon Russel）被任命负责此项工作，他本人深受工艺美术运动的影响，其评选设计的准则是简洁而实用，这种准则一直影响到战后多年。1942 年，英国为了在设计上赶上美国，按照美国职业设计队伍的工作模式成立了第一家设计协作机构于设计研究所，由雷德（Herbert Read）为首的一批设计师、建筑师负责研究所的日常工作，其任务是为各种实际的设计课题提供咨询服务。该研究所在战后为许多企业进行建筑与产品设计，从而推动了设计与工业的结合。

<u>英国现代主义发展中起关键作用的机构是于 1944 年成立的英国工业设计协会。该协会是由政府贸易局资助的一个官方机构，其目的是把工艺美术的传统与当代社会不断发展的工业联系起来，并"以各种可行的方式来改善英国工业的产品"。</u>工业设计协会利用展览、出版物、电视等宣传媒介广泛向企业和公众进行设计教育，并提出"优良设计、优良企业"的口号，积极推进"优良设计"在英国的发展。

1948 年，设计师伊斯戈尼斯（Alee Issigonis）设计的莫里斯牌大众型小汽车就是一个很好的例子（见图 8.9.1）。

A key institution that promotes British modernism is British industrial design association founded in 1944. This official institution,which sponsored by the Government Trade Bureau, targeted on combining the traditional craftsmanship and contemporary industrial development, so as to 'applying multiple means to improve British Industrial products'.

图 8.9.1 伊斯戈尼斯于 1948 年设计的莫里斯牌小汽车
Fig.8.9.1 "Morris" Car Designed by Alee Issigonis in 1948

这辆车的设计是从大众化、实用化的原则出发，小巧而紧凑，但同时又考虑到英国国民普遍存在的追求表面高贵的心理，使其成为英国第一种可以在国际市场上与德国"大众"牌汽车相媲美的小汽车，它生产了十年之久。

1959 年，伊斯戈尼斯设计了另一型号的莫里斯牌小型轿车，外观干净利落，被认为是战后英国工业设计的杰作（见图 8.9.2）。

图 8.9.2　伊斯戈尼斯于 1959 年设计的莫里斯牌小汽车
Fig.8.9.2　Morris Brand Car Designed by Alee Issigonis in 1959

1949 年，英国穆拉德无线电公司设计出了 MAS-276 型收音机，用深色外框把旋钮、刻度板、喇叭等部件集中到面板中间，这一设计成为 20 世纪 50 年代台式交流收音机的典型样式（见图 8.9.3）。

图 8.9.3　MAS-276 型收音机
Fig.8.9.3　MAS-276 Radio

家具设计方面，英国"实用家具咨询委员会"在战后仍控制了家具的生产、供应和设计，以低廉价格提供标准化的"实用家具"，并以此去影响大众的口味。由于实用家具的设计对于普通大众来说往往过于刻板，因而"实用"一词在战后成了廉价和不如意的同义语。

20 世纪 40 年代末，以"人情味"为特征的英国设计兴起，开始注重设计中造型、色彩等心理因素。1949 年，英国工业设计协会创办了《设计》杂志，积极推动以轻巧、灵活和多功能设计为特征的"当代主义"风格。当代主义主要是 20 世纪 50 年代出现在家具、室内设计等方面的一种设计美学，对于办公机器等的设计也有较大影响。它的基础仍然是功能主义，但由于斯堪的纳维亚设计的影响使其又具有弹性及有机的特点。

当代主义的发展是与现代建筑的发展密切相关的。20 世纪 50 年代正是现代建筑蓬勃发展之时，不少战前的工业设计师投身于现代建筑的热潮之中，他们积极主张建筑风格与室内及产品风格的统一与协调，以创造一种全新的当代风格。由于现代建筑强调室内外空间的流动与空间的自由划分，因而要求室内设计、家庭用品、工作和生活空间具有可移动性和灵活性的特征，以及轻盈活泼、简洁明快的设计风格，使之与现代建筑有机地融合为一体。**当代主义的实质是 20 世纪 20 年代到 30 年代国际现代主义的发展，因而又被称为新国际现代主义，它源于美国和斯堪的纳维亚，50 年代在英国得到了**

The essence of contemporarism refers to international developments in 1920s and 1930s, and therefore is termed as new international modernism. It originates in the US and Scandinavia, prospers in Britain in 1950s and gradually replaces the "functional furniture" style.

很大发展，并逐步取代了"实用家具"笨重而朴素的风格。

1951 年，英国为纪念"水晶宫"博览会 100 周年而举办了一次盛大的"英国节"，以展示英国的工业成就和文化，并向公众进行设计教育。这次活动得到了工业设计协会的大力支持，并由工业设计协会选送了部分展品。"英国节"展现了艳丽的色彩和丰富的表面装饰，与战前现代主义对装饰的厌恶和战时的严酷形成鲜明的对比。这标志着英国公众已从战争的阴影中解放出来，开始向往欢快、热烈的生活，同时也为后来英国设计中更为形式感因素的兴起铺平了道路。

从 20 世纪 50 年代起，公众趣味逐渐取代了设计机构的说教而成为设计师关心的焦点，各种装饰图案和艺术形式开始复兴。为应对此现象，1953—1954 年，另一个英国设计机构"设计与工业协会"开辟了两个展厅，一个展示流行趣味，另一个则展示"当代主义"风格，试图通过比较来帮助公众识别设计的优劣。但是，这类活动并没有取得理想的效果，"优良设计"与大众趣味的矛盾反而愈演愈烈，并在 20 世纪 60 年代达到高潮。

1956 年，工业设计协会所属的设计中心正式成立，从而巩固了工业设计协会在英国设计界的重要地位。设计中心不仅收集和展出优秀设计，还负责评奖工作和提供各种有关设计的咨询服务，影响很大。

由于工业设计领域的扩展，英国工业设计协会于 1972 年改称为"英国设计协会"。1988 年英国海德罗凡空压机公司由于设计上的成就获得英国设计协会的欧洲设计奖荣誉提名（见图 8.9.4）。该公司在顾问设计师的帮助下创造了一系列具有鲜明特色的工业机器，尤其在人机工程和色彩设计上独树一帜。

图 8.9.4　海德罗凡公司生产的系列空压机
Fig.8.9.4　Series of Air Compressor produced by Hydro Company

除了具有外观表现的工业机器外，还有一些产品主要由于内部结构的设计而获得了英国设计协会的奖励。例如，1987 年的汽车工业产品设计奖就授予了由卢卡斯·戈林公司与福特英国公司合作设计的刹车控制系统，其作用是能使制动力与路面摩擦力相协调，以防止汽车打滑。

2. 英国设计的代表人物及作品

（1）艾奈斯特·雷斯（Erenest Race，1913—1963）

英国当代主义风格的代表人物之一是艾奈斯特·雷斯（Erenest Race，1913—1963）。雷斯生于纽喀斯特，1932年到1935年在伦敦的巴特来特建筑学院（Bartlett School of Architecture）学习室内设计，毕业后成为一家著名的灯具公司的设计师。1937年雷斯去印度的马德雷斯旅行，并拜访正在那里传教的姨妈，这位姨妈在印度开办了一家纺织中心。雷斯很快请姨妈用他的图案设计来生产新式纺织品，而雷斯回到伦敦便开了一个专卖店，经销这种来自印度的由他设计的现代纺织品。1945年是雷斯设计生涯中最重要的转折点，这一年，他与工程师努尔·尤丹（J.W. Noel Jordon）合作创办艾奈斯特·雷斯制作有限公司（Ernest Race Ltd. ），专门大批量生产廉价家具，这类家具都只能用当时政府规定的材料制作，也只用于战后物资奇缺时普通家庭临时的使用，雷斯的这批家具由于切实解决了实际问题，因此销量非常好。

例如1945年雷斯设计的BA椅在不到20年间销量高达25万件，而这些家具都是用战时遗留的废铝进行再熔化后制成的。BA椅在设计上也是非常成功的（见图8.9.5），当它在1946年的"英国能够制造它"展览会上亮相时，立刻成为焦点，随后又在1951年的米兰国际博览会上荣获金奖，雷斯的设计往往受到种种物质供应的限制，但雷斯在这方面有足够的能力去创造真正物美价廉的家具设计。

图 8.9.5　1945 年 BA 系列椅
Fig.8.9.5　BA Series Chair Designed in 1945

继1945年的BA椅大获成功之后，雷斯的另一件成功的家具设计是1950年的"羚羊"系列椅（见图8.9.6）。这套椅利用两种材料：弯曲的钢条及层压胶合板。这些简单材料的使用仍缘于国家材料配给的限制，而当时这个"羚羊"家具系列是为 1951 年英国皇家庆典的露天平台会场设计的，因此看上去有明显的园林家具的情调，但又更加精美。在此系列中有个特别的设计细节就是腿足底部均以一种涂料的小圆球结束，反映出当时普遍存在的对原子物理和粒子化学的浓厚兴趣。

图 8.9.6　羚羊椅

Fig.8.9.6　Antelope Chair

　　雷斯于 1953 年设计的"尼普顿椅"或叫"海神椅"也是极富创意的作品（见图 8.9.7）。这种造型大胆而优雅的折叠椅是受 PO 船务公司委托设计。主要用于甲板上，很显然，这种椅子对功能要求是非常严格的，对材料要求更多。因为这种甲板家具能够经受极端湿度和海水的侵蚀。最后选定特种层压胶合板并附着一层防水涂层，为了更保险起见，胶合板面板又换的加蓬红木，以增加材料的强度。优雅的造型也同时提供了舒适的坐姿，若座面及靠背上再加上软垫则其更加完美。

图 8.9.7　雷斯 1953 年设计的尼普顿椅

Fig.8.9.7　Neptune Deck Chair Designed by Las in 1953

　　（2）鲁宾·戴（Robin Day，1915—2010）

　　另一位当代主义风格的设计师是鲁宾·戴（Robin Day，1915—2010）。鲁宾·戴是英国战后最活跃的设计大师，同他的妻子露西安那一道，为推动英国现代设计的发展做出了举足轻重的贡献。鲁宾·戴在 1935 年获得一笔奖学金考入伦敦最著名的皇家艺术学院，并于 1938 年毕业。1942 年他与纺织品设计师露西安娜·康拉迪结婚。随后在 1948 年两人开办了自己的设计事务所，主要从事家具设计、展览设计、平面设计及各类工业设计。1949 年纽约现代艺术博物馆举办全球性的"低造价家具设计国际竞赛"，鲁宾·戴和克利夫·拉蒂麦（Clive latimer）提交的钢木组合储藏空间设计荣获第一名，为他赢得很大声誉。不久他就受希勒国际公司（Hille International）委托为 1949 年的"英国工业博览会"设计家具。1950 年鲁宾·戴受聘为希勒公司的总设计师，第二年他为米兰国际博览会上的英国"家与花园"展厅的设计荣获金奖。

鲁宾·戴的家具设计同雷斯一样，也是以工业化批量生产为目标的，因此设计师自然会在使用材料上花大力气。1950 年鲁宾·戴开始发展他的弯曲胶合板家具，但因当时没能研制出三维层压制作胶合板的方法，其家具作品中均使用二维层压的构件，但实际上鲁宾·戴采用了两次二维层压后所取得的构件，形式与三维层压制作的构件效果差别不大。这批 1950 年设计的命名为"希勒椅"的家具系列旨在将一种物美价廉的现代设计带给战后的英国公众（见图 8.9.8）。

图 8.9.8　鲁宾·戴 1950 年设计的希勒椅
Fig.8.9.8　Hillestak Chair Designed by Robin Day in 1950

鲁宾·戴一生中最成功的家具设计就是 1962—1963 年完成的聚丙烯家具系列（见图 8.9.9）。最初是受到美国设计大师伊莫斯的"塑料壳体椅"的启发，鲁宾·戴认为可以据此利用新材料发展出一系列更低造价的椅子。其单件造型的壳体座位是第一次用聚丙烯模压而成，这是当时刚发明不久的一种价格便宜、经久耐用又轻便的合成塑料，当时这种单体模具一周能制作出 4000 个同样的壳体座位并且能变换不同色彩。鲁宾·戴的这件设计也立刻大获成功，自 1963 年至今，已销售 1500 万件这个系列的家具。后来许多年间，设计师又在原来作品的基础上做了许多变体设计，满足了更广泛的市场需求，从而使这件设计成为 20 世纪最为人们熟悉的现代家具之一。

图 8.9.9 鲁宾·戴于 1962—1963 年设计的 Polyprop 椅

Fig.8.9.9 Polyprop Chair Designed by Dai in 1962—1963

鲁宾·戴还将当代主义风格应用到家用电器设计上，他 1957 年设计的电视机便是其中一例（见图 8.9.10）。

图 8.9.10 鲁宾·戴于 1957 年设计的电视机

Fig.8.9.10 TV Designed by Dai in 1957

<u>既注重产品的外观造型，又强调产品的技术结构和实用性，是英国工业设计师的重要特点。英国工业设计师兼具意大利设计师的浪漫与激情和德国设计师的理性与严谨，因而在国际设计界享有盛誉。</u>英国著名工业设计师詹姆斯·戴森（James Dyson，1947— ）便是其中一位。

他设计的新型吸尘器就体现了产品的外观设计与工程技术的完美结合。戴森在使用传统吸尘器的过程中发现普通吸尘器需要经常换集尘袋，而且集尘袋中逸出的微小尘粒常常堵塞了吸气口的过滤片，降低了吸尘器的效率。戴森认为可以用工业用的气旋式除尘原理来解决这一问题。于是他采用模型

British designers focus on the appearance, technology and utility of the products. By having both Italian designers' romanticism and passion and German designers' rationalism and preciseness, British designers enjoy worldwide design reputation.

来进行模拟试验，最终采用了双气旋结构，可以除去极小的尘粒。戴森设计了一个透明的 PVC 外筒以显示新型吸尘器的工作原理，并提示使用者什么候该倾倒垃圾。1983 年，第一台完整的样机完成。当时零售商和用户告诉戴森，他们并不喜欢透明的外壳，因为脏物暴露出来毕竟不太雅观，但设计师坚持认为看到吸尘的过程可以证明吸尘器的效率。第一款样品采用了银灰色的机身，并用黄色突出关键的部件，使吸尘器看起来更加有趣。戴森希望它像一件太空时代的高技术产品，其超凡的性能应该完善地展现出来。经过一系列的挫折后，戴森在英国建立了自己的研究中心。双气旋吸尘器于 1993 年 6 月在英国推出，并很快在商业上取得成功，产品销量一度是竞争对手的五倍。**戴森曾说过：** **"我们的哲学是真正创造出最好的产品，也就是精良的设计加上更好的技术。"** 他的双气旋吸尘器的成功，正好诠释了他的设计哲学。2009 年，戴森 DC24 吸尘器荣获红点产品设计至尊大奖（见图 8.9.11）。

Dyson once said: "our design philosophy, which is fine design combining with advanced technology, is a genuinely best product."

图 8.9.11　戴森 DC24 吸尘器

Fig.8.9.11　Dyson DC24 Vacuum Cleaner

3. 法国设计

不是所有的发达国家都有发达的工业设计，比如法国，这个罗维出生的国家，直到 1987 年全国总共才有 300 个工业设计师。

法国拥有巨大的国家项目，设计相当出色，如巴士底歌剧院、蓬皮杜文化中心等。而法国的日常工业用品的设计则是比较少的。法国本身的工业产品有雪铁龙汽车（Citroen DS19，1959）等（见图 8.9.12），还有一些厨房电器用品。

图 8.9.12　雪铁龙汽车
Fig.8.9.12　Citroen Auto

　　1945 年，第二次世界大战结束，法国名义上是战胜国，但是事实上却损失惨重，经济元气大伤，再不复为战前的经济强国了。战后的法国百废待兴，城市、交通、工业全部在战争中遭受到严重的破环。德国虽然摧毁了它的工业经济体制，但法国有着悠久的手工业传统。

　　19 世纪末到 20 世纪初的"新艺术"运动和继之而来的"装饰艺术"运动都是具有世界影响力的手工艺运动，为法国的家具、玻璃、陶瓷、首饰和其他的装饰手工业奠定了良好的发展基础。法国虽然不如德国那样具有强力的现代主义设计运动，但是法国一直是世界现代主义艺术的中心和摇篮，法国战前的现代艺术家联盟参与设计了大量的供批量生产的工业品，勒·科布西耶在法国长期的现代主义设计活动，使法国同样成为现代主义设计的重要中心之一。

　　法国在战后初年开始了设计上的大复兴。其中心是法国现代艺术家联盟在 1949 年成立的新附属组织：实用形式组，它的目标是提高法国工业设计的水准。当年此组织就举办了第一次工业产品设计展览，地点在装饰艺术博物馆，以后每年在一个艺术沙龙举办同样的设计年展。1950 年，维诺特展开了一个旨在推动法国工业设计的全国运动；1951 年，法国工业美术设计学会成立，其目的是设立工业设计的基本原则，促进工业设计技术的应用；同年，此学会参加了在伦敦举行的世界工业设计学会联合会的年会。

　　法国战后的设计一直是集中于法国的传统设计中心，即奢侈产品的设计，法文称为 hautesouture 。

　　法国有一些大型企业比较重视设计，它们设有类似西方其他国家企业中的产品设计部之类的设计部门，这类企业主要是汽车、家庭用品和厨房用品生产企业。目前比较重要的有汽车企业中的雪铁龙汽车公司（Citroen），其人情味十足的内部设计与德国汽车形成鲜明对照；厨房用品企业莫里涅克公司（Moulinex）；家庭用品企业特拉隆公司等。

除此以外，法国也有一些独立的设计事务所，比如位于巴黎的创造计划设计事务所（Plan Creatif），这个设计事务所的创立人为克劳德·布劳斯坦（Claude Braunstein），这个设计事务所主要为波舍尔（Porcher）公司设计各种水龙头，在设计风格上一向走欧洲、特别是德国布劳恩公司的设计路线，在国际市场上颇受欢迎；另外一个公司是 MBD 设计事务所（MBD Design），这家公司的设计风格比较法国化：讲究豪华的设计特点，主要为法国厨房用品企业罗尼克公司设计，在国际市场上主要的竞争对象是布劳恩公司和荷兰的飞利浦公司的产品。

法国也有一些比较重要的现代产品设计师，比如飞利浦·斯塔克（Philippe Starck）、让·来切尔·威尔莫特，他们主要设计家具和家庭用品（见图 8.9.13、图 8.9.14），由于他们活跃在国际设计界，因而往往被认为是国际设计大师，而不被视为典型的法国设计师。

图 8.9.13　1991 年朱茜·萨里弗柠檬榨汁机　　图 8.9.14　2007 年卡西纳系列家具
Fig.8.9.13　Juicy Salifu Lemon Juicer in 1991　　Fig.8.9.14　Cassina Furniture Designed in 2007

法国的设计教育基本是以美术型为中心的。法国大量的公立美术学院和学校，培养出大量的艺术家。直到战后，才开始缓慢地建立不完整的设计教育机构，与发达的德国、美国相比较，显得非常落后。法国可以称为非单纯美术学院的最重要的一所是在巴黎的国立高等工业创意学校，它是法国的第一所工业设计学院。除此之外，法国各个省和地方都有一些有设计专业的职业学校。

法国一直不断有世界水平的时装设计师和首饰设计师涌现。他们是法国自 20 世纪初以来就形成的奢侈豪华设计走向的代表。法国的设计师至今仍然是式样师，而不是"逻辑—艺术—工程—式样"四种功能集于一身的新式的工业设计师。这使法国的工业产品设计与世界其他先进国家的设计之间仍然存在很大的差距。

World-class fashion clothing designers and jewelry designers keep emerging in France. They are the representatives of luxury design direction since 1920s.French designers are still stylists, rather than industrial designers that excel in logic, art, engineering and format.

法国的十大奢侈品牌如下。

品牌一：Louis Vuitton（见图 8.9.15）

图 8.9.15　品牌 Louis Vuitton
Fig.8.9.15　Louis Vuitton

路易·威登（Louis Vuitton，LV）是法国皮具品牌，于 1854 年创立，最著名莫过于历久常新的 Monogram 标志。LV 于 20 世纪 90 年代后开始发展时装王国，但仍以手袋最受欢迎，新近力作有和日本艺术家村上隆一起合作的 Monogram Cherry Blossom 桃花公仔 Crossover，以及 Eye Love Monogram 眼睛图案加彩色 Monogram 系列。

品牌二：Chanel（见图 8.9.16）

创立于 1913 年的法国品牌 Chanel，最为人津津乐道的是创办人香奈儿（Coco Chanel）传奇的故事及强烈的个人色彩。她早期设计一直以典雅的高级女性套装闻名。自 1983 年卡尔·拉格菲尔德（Karl Lagerfeld）成为设计总监后，重新将此品牌发扬光大，现在它不仅仅只是具有女人味。最新的运动款式套装可说明，Chanel 可以女性（Feminine）与爱运动的（Sporty）并重。

图 8.9.16　品牌 Chanel
Fig.8.9.16　Chanel

品牌三：Christian Dior（见图 8.9.17）

贵族出身的克里斯汀·迪奥（Christian Dior）于 1946 年用自己的名字创立第一间专门店，以设计前所未有的紧腰上装配宽松长裙而闻名，展现女性的修长线条美，尽得当年淑女的欢心。而 1996 年开始，Dior 由英国设计师约翰·加利亚诺（John Galliano）主理，将以往贵族式的典雅服饰变成更具玩味及能跟上时代步伐，最新设计是以波希米亚式风格，衬上绒面革（Suede）的 Dior Bag，成为潮流先锋。

图 8.9.17　品牌 Christian Dior
Fig.8.9.17　Christian Dior

品牌四：Hermes（见图 8.9.18）

此品牌于 1837 年由法国人蒂埃利·爱马仕（Thierry Hermes）创立，最先以制造马具起家，至 20 世纪 20 年代后期开始出产手袋及丝巾，在大受欢迎后更索性全力投入时装生产。最经典的是家喻户晓的凯莉包（Kelly Bag）及方型 Scarf，据说 Kelly Bag 的订单已长达数年，7 年后才有货可取，市面价格达到人民币 60000 元。让所有的产品至精至美、无可挑剔，是 Hermes 的一贯宗旨。Hermes 拥有的 14 个系列产品，包括皮具、箱包、丝巾、男女服装系列、香水、手表等，大多数都是手工精心制作的，无怪乎有人称 Hermes 的产品为思想深邃、品位高尚、内涵丰富、工艺精湛的艺术品。Hermes 精品让世人重返传统优雅的怀抱。

图 8.9.18　品牌 Hermes
Fig.8.9.18　Hermes

品牌五：YSL（见图 8.9.19）

1961 年伊夫·圣·洛朗（Yves Saint Laurent）与拍档皮埃尔·贝尔热（Pierre Berge）共同创立了 YSL 王国，其手工精致得一丝不苟的晚礼服备受名媛淑女追捧，2001 年 YSL 退休前将成衣（Ready to Wear）左岸系列（Rive Gauche）卖给由汤姆·福特（Tom Ford）主理的 Gucci，使 YSL 再出现一片新气象。2003 年的系列，汤姆·福特把 YSL 于 20 世纪 50 年代的著名 Pop Art 大图案嘴唇及玫瑰花设计重新注入新设计的 Fashion 系列。

图 8.9.19　品牌 YSL
Fig.8.9.19　YSL

品牌六：Agnes b.（见图 8.9.20）

Agnes b. 是 1975 年由阿尼亚斯·贝（Agnes b.）创立的法国品牌，是中国香港地区及日本最流行的法国品牌，其简便独特的风格，体现了自然的简单法国情怀。而 Agnes b. 近年对法国艺术及电影关注很多，除设立 Art galleries 外，更赞助法国电影艺术。

图 8.9.20　品牌 Agnes b.
Fig.8.9.20　Agnes b.

品牌七：Jean Paul Gaultier（见图 8.9.21）

让·保罗·高提耶（Jeam Paul Gaultier）出道时不过 17 岁，于 20 世纪 70 年代为皮尔·卡丹（Pierre Cardin）的设计学徒，后于 1976 年开设自己的品牌，他天马行空地将时装传统反转，更因此成为众多明星及电影的服饰指导。2000 年后高提耶的设计返璞归真，收敛以往的坏孩子角色，设计趋向禅味及更有亚洲味道。

图 8.9.21　品牌 Jean Paul Gaultier
Fig.8.9.21　Jean Paul Gaultier

品牌八：Paula Ka（见图 8.9.22）

Paula Ka 是于 1987 年由 Serge Cajfinger 创立的品牌，虽属较新的牌子，但却以较成熟的风格出现，属典雅斯文的设计，以贵精不贵多闻名。

图 8.9.22　**品牌** Paula Ka
Fig.8.9.22　Paula Ka

品牌九：Sonia Rykiel（见图 8.9.23）

Sonia Rykiel 由 20 世纪 80 年代红极一时的索尼亚·里基尔（Sonia Rykiel）创立于 1968 年，是成熟女士时装的代表、掌舵人 Nathalie Rykiel 设立副线 Sonia by Sonia Rykiel 后，便主攻年青便服市场，她推出的七彩设计，能贯彻 Rykiel 的设计精髓，却又能更趋年轻化。

图 8.9.23　**品牌** Sonia Rykiel
Fig.8.9.23　Sonia Rykiel

品牌十：Chloe（见图 8.9.24）

玩味与可穿性并重的法国品牌克洛伊（Chloe），创立于 1952 年，其中一个创办人为卡尔拉格斐（Karl Lagerfeld），后由斯特拉·麦卡特尼（Stella McCartney）设计，结合现代与古典令 Chloe 再次扬名。当斯特拉独当一面设立个人品牌后，她的助手菲比·菲洛（Phoebe Philo）便升任为 Chloe 总设计师，成为最年轻的时装掌舵人，设立 See By Chloe 便服路线，主攻少女市场。

图 8.9.24　品牌 Chloe
Fig.8.9.24　Chloe

8.10　中国香港、台湾地区设计的兴起

Section X　China Hong Kong and Taiwan Area's Design Uprising

中国香港是名副其实的创意沃土。香港现代设计仅有 40 年历史，在短短时间内香港设计已取得骄人成绩屡获奖项，或在商业上十分成功，或打破传统。一切都在说明，设计不但对服务业、工业和制造业有所裨益，它更是香港迈向知识型经济的重要元素。

我国台湾地区正式发展工业设计是在 1961 年底。工业设计让台湾地区的产品结构由劳动密集型产品向知识密集型产品转变，并对国际上重要的高科技产品生产基地起到积极推动的作用，同时也使台湾地区的工业设计达到了更高的水平。

1. 香港设计

说香港之前，人们首先会想到意大利，它是欧洲艺术、时尚的中心之一。专家认为，当好像没有什么可大大利用的时候，还有脑子。香港是一个逼迫大家勤奋工作、努力用脑的地方，而且"用脑者"条件优越。所以在这块不大的土地上，能表现出非常优质的城市管理、组织，以及活跃浓郁的创意氛围。

Charles Ng, Chairman of HK Design Association, believes that the international vision, awareness of intellectual property protection and originality are the design mottos of HK designers, and these designers become "HK elite designers" in Chinese mainland.

香港设计协会主席吴秋全认为：香港设计师的国际视野、知识版权保护意识及原创的设计精神，在内地形成了一股"香港势力"。其中，知识版权保护意识是设计行业得以健康发展的一大重要因素，在香港，各个层面，包括政府、商界、教育界乃至民众整体，设计的意义与重要性都越见增长。

香港，一个区域性的设计中心，一个充满原创精神的海港，"中国设计"的梦想首先从这里起飞。据香港工业设计师协会会长何伟明介绍，全港目前从事工业设计的大概 3000 多人，包括在教育、个人设计工作室以及制造企业从事和设计相关的设计师、市场和营销人员等。该领域的高手包括叶智荣等人，叶智荣是香港产品及工业设计领域的一位代表人物，他的代表作品"寿司"计算器 14 年来经久不衰（见图 8.10.1）。

图 8.10.1　"寿司"计算器

Fig.8.10.1　"Sushi" Calculator

　　香港的时装设计起源于 20 世纪 70 年代中期。在此之前，香港的时装业基本上停留在替国外品牌加工出口层面。20 世纪 70 年代中期，香港理工学院开设了第一个时装设计课程，这也可以看作是香港时装设计诞生的标志。到 80 年代，香港的第一批时装设计师，如张路路、马伟明、杨远振等已经开始经营自己的时装品牌。1984 年，马伟明、邓达智等中国香港设计师在应邀到欧洲参加时装展览时互相认识，发现大家都有振兴香港时装设计业的共识，于是回到香港后便自发成立了香港时装设计师协会，由杨棋彬担任协会主席，当时他们有一个非常实在的愿望，就是让香港人可以认同自己的时装。香港时装品牌名声日显，像堡狮龙、班尼路、阿桑娜、佛罗伦等服装品牌，都是 MADE IN HONGKONG。而杨远振、马伟明、邓达智等设计师已经在国际时装舞台上有了一席之地，香港时装业也正从外单加工逐渐走向自有品牌、独立设计的国际前台。

　　香港的时装设计是高度商业化的，强调艺术创作与商业性的平衡。香港时装设计师协会主席杨棋彬说："香港的时装设计的创意理念就是商业化的创作，商业不会限制创作，它给了创作非常广泛的空间。"

　　论综合实力，香港时装在亚洲区可谓数一数二。但是，杨棋彬认为，若单讲时装设计的水平，香港是暂时难以与世界一流品牌比肩的，但香港时装品牌今天的水准及地位已接近外国大品牌的二线水平。比如本土的一些时装品牌完全有与 CK、DKNY 等二线品牌抗争的实力。

　　虽然香港时装设计尚没有在国际上形成较强的影响力，但是香港人却是把"香港时装设计"看作一个重要品牌悉心经营，香港的时装设计师有着非常良性的成长环境。如香港贸发局举办的"香港青年时装设计家创作表演赛"是为发掘本土时装新秀而设的比赛，至今已有 27 年历史。

2. 中国台湾设计

　　我国台湾地区正式发展工业设计是在 1961 年底，并在"中国台湾生产力及贸易中心"机构中设立了产品改善组，邀请美国工业设计师从事观念宣传及公开讲习工作。应该中心之邀，日本千叶大学吉岗道隆教授在 1963—1966 年间每年暑期到我国台湾地区举办工业设计训练班，培养师资并挑选优秀人才出国深造。1964 年，明志工专在创校时同时设置了工业设计科（五年制），该校还发行《工业设计》杂志。

　　"中国台湾生产力及贸易中心"在设立产品改善组之初，为唤起工业界对产品设计的注意，曾进行示范设计，供各厂家选用，并指导各企业进行产品设计，成效显著。随着我国台湾地区工业的迅速成长，市场竞争走向激烈，如何改良产品的设计，成了工业发展的重要工作。在这种情况下，台湾工业设计协会于 1967 年 12 月成立，各院校也纷纷成立工业设计系，大力培养设计人才。1973 年 5 月，台湾工业设计及包装中心成立，并于次年举办了第一届产品设计竞赛。1979 年在外贸协会中设立了产品设计处，接替原工业设计及包装中心的工作。外贸协会产品设计处成立后，通过研讨会、展览会、咨询服务、技术协助及出版技术资料等方式来推广产品和包装设计。1981 年 7 月举办了外销产品与包装优良设计选拔及展览，以鼓励厂商运用设计技能，从事产品与包装的研究开发，树立台湾地区高品质产品与包装的优良形象。所有获奖的产品与包装均获得授权使用专门的标志（见图 8.10.2）。

图 8.10.2　中国台湾优秀产品标志
Fig.8.10.2　Taiwan Excellent Product Logo

　　20 世纪 80 年代以来，中国台湾地区的产品结构发生了根本性的变化，由劳动密集型产品向知识密集型产品发展，成了国际上重要的高科技产品生产基地。在这一重要的转型过程中，工业设计起了积极的推动作用，同时也使中国台湾地区的工业设计达到了更高的水平，1988 年建立的浩汉设计公司是这方面的一个代表。1995 年，国际工业设计协会联合会在中国台湾地区召开了第 19 届设计大会，进一步推动了中国台湾地区工业设计的发展。

　　近年来，海峡两岸工业设计的学术交往日益频繁并卓见成效。为推动文化创意产业发展，中国台湾地区于 2003 年成立了"财团法人台湾创意设计中心"，并于 2004 年正式启动营运。中国台湾创意设计中心的宗旨定位于台湾创意设计发展的整合服务，提升设计人才原创能力，促进设计交流，加强产业市场竞争力并奠定企业发展自有品牌基础，提高产业附加价值。2011 年，由 ICOGRADA、ICSID、IFI 联合举办的世界设计大会将在台北举行，主题为：交锋（Design at the Edges）。

The missions of Taiwan Creative Design Center are to achieve the integration of Taiwanese creative design developments , enhancement of the original design abilities , and promotion of design exchange so much so that to strengthen the market competitiveness and lay a solid foundation for private brand development to improve the added value.

8.11　重点词汇

Section Ⅷ　Important Words

现代主义：Modernism　　　　　　功能主义：Functionism

多元化 Pluralism

实用性：Practical Applicability　　工业产品：Industrial Products

消费时代：Consumption Age　　　优良设计：Good Design

工业设计美学：Industrial Design Aesthetics

风格：Style　简洁：Concise　　　有机设计：Organic Design

胶合板：Plywood　　　　　　　　整体成形：Integral Forming

批量生产：Mass Production　　　　大众化：Popular

轻便化：Lighting　　　　　　　　边缘学科：The Edge Discipline

有机现代主义：Organic Modernism　模压成形：Die Forming

圆足：Rounded Foot　　　　　　　生产技术：Technology

人体姿势：The Body Posture　　　工业时代：Industrial Age

精神：Spirit　　　　　　　　　　家用产品：Household Products

美学标准：Aesthetic Standard　　精练质朴：Refined Plain

高雅趣味：Elegant Taste

工业设计部：Industrial Design Department

商业性：Commercial　　　　　　流线型：Streamline

设计竞赛：Design Competition　　现代用品：Modern Products

低成本：Low-cost

厂商合作：Manufacturer Cooperation

自然形式：Natural Form　　　　　多功能：Multifunctio

塑料：Plastic　　　　　　　　　黏结技术：Bonding Technology

材料组合：Combination of Material

当代设计：Contemporary Design

道德色彩：Morality Color　　　　追求时尚：Fashion

商品废止制度：Merchandise Abolition of the System

表面修饰：Surface Modification　社会价值：Social Value

工艺美术运动：Art & Crafts Movement　市场：Market

象征性：Symbolism　　　　　　　形式主义：Formalism

商业主义：Commercialism　　　　销售：Marketing

汽车设计：Vehicle Design　　　　纯粹视觉化：Pure Visual

年度换型计划：Annual Plan of Changing　外观：Appearance

福特公司：Ford Motor Compan　　镀铬部件：Chrome Parts

弧形整片玻璃：Whole Piece Curved Glass

雕塑化：Sculptural   尾鳍：Caudal Fin

细部处理：Detail Treatment   流线造型：Streamline Modeling

艺术价值：Artistic Value   速印机：Stenograph

视觉简化：Visual Simplification   改型设计：Model Change

运输工具：Transport Machine   高速运动：High-velocity Motion

现代感：Modern Sense   标志：Symbol

设计组织：Design Organization   市场调查：Market Research

模型制作：Model Making   商业原则：Business Principles

设计哲学：Designing Philosophy   视觉识别：Visual Identification

宜人性：Agreeableness   经济性：Economical

尖端科学：The Acme of Sciences   设计顾问：Design Advisor

信息时代：Information Era   苹果公司：Apple Inc.

理性设计：Rational Design

技术美学：Technological Aesthetics

乌尔姆设计学院：Ulm Institute of Design

好的外形：Good Appearance   恢复：Renew

建筑：Construct   设计教育：Design Education

合理结构：Reasonable Structure

国际主义风格：International Style

钢管家具：Steel-pipe Furniture   建筑构造：Building Construction

制造业：Manufacturing Business   设计职业：Design Professional

艺术性：Artistic Quality

专业化分工：Division of Labor Based on Specialization

设计专业化：Design Professional

分工精细化：The Division of Refinement

科学技术性：Scientific and Technical   理性主义：Rationalism

平衡：Balance   表现性设计：Expressive Design

人情味：The Milk of Human Kindness

技术引导型设计：Technology to Guide Design

第三帝国：The Third Reich   纳粹政权：Nazi Regime

日尔曼传统：Germanic Tradition

大德意志民族：Big German National

超人优越性：Superman of Superman   民主化：Democratization

国际主义：Internationalism   有机形态：Organic Form

自然材料：Nature Materials

青年风格运动：Style of Youth Movement

形式追求：The Pursuit of Form　空气动力学：Aerodynamics

紧凑：Well-knit　未来：Future

流线运动：Stream Line Motion

形式动机：In the Form of Motivation

立体主义：Analytic Cubism

人体工程学：Human Engineering

设计理论：Theory on Design　应用美学：Applied Aesthetics

技术美学：Technological Aesthetics　定量的：Quantitative

城市规划设计：MA in Urban Design　政治因素：Political Factors

生活设计：Design for Living　合理化设计：Reasonble Design

布劳恩公司：Braun Company　新理性主义：New Rationalism

科学过程：Scientific Processes　衍生产品：Derivative Instrument

工艺美术：Industrial Art　设计协会：SEGD

设计研究中心：Center for Design Research

设计学院：School of Design　设计模式：Design Mode

规范化：Regulations　统一：Integrate

逻辑关系：Logical Relations　次序：Arrangement

体系化：Systematization　新积极主义者：Neopositivistst

设计伦理：Design Ethics　社会结果：Social Outcomes

理想主义色彩：Idealism Color　个人主义：Individualistic

艺术品位：Artistic Taste　经济利益：Economic Benefit

包豪斯：Bauhaus　电器风格：Architectonic Style

时代感：Period Feel　玻璃链运动：Glass Chain Sports

有机形式：Organic Form　现代功能：Modern Function

国家精神：National Spirit　工业化设计：Industrial Design

解决问题：Solve the Problem　自我表现：Self-expression

获得性的美：Assessing Beauty　社会工程：Social Engineering

工具：Implement

乌尔姆设计学院：Ulm Institute of Design

平面设计：Graphic Design

科学技术：Science and Technology

工科学科：Engineering Disciplines　系统化：Systematization

模数化：Modularization

多学科交叉化：Multidisciplinary Cross

工业设计：Industrial Design

科学技术：Science and Technology

视觉传达设计：Visual Communication Design

工业生产：Industrial Manufacture　　　社会政治：Social Politics

视觉敏感水平：Visual Sensitivity Level

表达能力：Presentation Skill　　　企业性格：Corporate Personality

设计程序：Design Procedure　　　冷漠：Unconcerned

布劳恩原则：Braon Outline　　　模数体系：Modular System

系统设计：The Inception of System Design

社会责任感：Sense of Social Responsibility

基本单元：Elementary Unit

非人情味：The Milk of Human Kindness

减少风格：Reduce Style　　　新功能主义者：New Features

工业企业：Industrial Enterprise　　　青蛙设计：Frog Design

高质量产品：High-quality Products　　　新潮产品：Trendy Products

高度次序化：The High Order　　　文化个性：Cultural Personality

西柏林：West-Berlin

新德国设计：New German Design

废品组合：Combination of Waste　　　前卫：Vanguard

激进设计：Radical Design

折中发展：Compromise Development

风格派：Stylism

彼特·科内利斯·蒙德里安：Piet Cornelies Mondrian

国际主义风格：Internationalism Style

加尔文主义传统：Calvinist Heritage

高速火车：Speed Train　　　城际列车：Intercity Train

荷兰货币：Netherland Currency　　　地铁：Metro

文明历史：The History of Civilization　　　民主政治：Democracy

建筑中心：Center for Architecture　　　热情：Enthusiasm

"新艺术"运动："New Art" Movement

工业设计研究协会：SEDI

马德里：Madrid　　　建筑信息常设展馆：EXCO

建筑师：Architect　　　家具展览：Furniture Exhibition

建筑语言：Architectural Language　　　工业设计协会：ADI-FAD

金银"德尔塔"奖："Delta" Gold and Silver Award

实用主义：Pragmatism

瓦伦西亚博览会：Expo Valencia

家居用品：Household

生产策略：Production Strategies

鲜明大胆：Bright Bold

马德里现象：Movida Madrilène

图像：Graphics

官方设计机构：Official Design Agency

国家设计奖：National Design Award

设计特质：Design Characteristics

地中海及拉丁风情：Mediterranean and Latin

表现力：Expressive Force

返璞归真：Return to Innocence

多样化：Diversification

创意触角：Creative Tentacles

印刷革命：Printing Revolution

折中主义：Eclectic

本土：Local

外族引入：The introduction of Alien

哥德风格：Gothic Style

卡塔兰文化：Catalan Culture

表现主义：Expressionism

建筑热潮：Building Boom

设计院校：Design Schools

生产制造：Manufacturing

新奇设计：Novelty Design

巴塞罗那设计中心：BCD

欧共体：EC

国际日常家居设计沙龙：SIDI

国内市场：Domestic Market

极简主义：Minimalist

工艺民俗：Folk Craft

强烈对比：Strong Contrast

手工绘图：Manual Drawing

海量字体：Massive Fonts

历代因袭：Ancient Lineage

罗马复古风格：Rome Retro Style

复兴：Revival

象征主义：Symbolism

造型艺术家：Plastic Artist

巴塞罗那设计中心：BCD（Barceiona Centrode Diseno）

意识形态：Ideology

组装：Assemble

塑料产品：Plastic Products

未来派：Futuristic

三维技术：Three-dimensional Technology

国际主义平面风格：Internationalism plane Style

版面设计：Layout

工艺精湛：Exquisite Workmanship

传达设计：Communication Design

整洁：Tidy

浪漫色彩：Romantic

节能产品：Energy-saving Products

政治海报：Political Posters

"新浪潮"：New Wave

严谨：Rigorous

工整：Neat

实用：Practical

国际主义平面设计风格：（International Typographic Style）

网格结构：Grid Structure

无衬线体：Sans Serif

规范化：Normalization

理性科学：Rational Science

视觉秩序：Visual Order

通用体：Univers

苏黎世：Zurich

点：Point

面：Surface

负形：Negative Shape

可读性：Readability

概念力量：The Power of Concept

幽默：Humor　个人化：Personalized

技术训练：Technical Training

手工艺传统：Traditional Crafts

人情味：Impersonal

纵横结构：Vertical and Horizontal Structure

完全设计事务所：Total Design Office

新精神馆：New Spirit House

优势互补：Complementary Advantages

经典设计：Classic Design

整体成形：Integrally Formed

继承传统：Inherit the Tradition

设计年展：Design Annual Show

设计政策：Design Policy

经济生活：Economic Life

民族特色：National Characteristics

柔化：Soften

粗糙质感：Rough Texture

高技术产品：High-tech Products

设计问题：Design Problem

国际市场：International Market

理性化：Rational

形式语言：Formal Languages

数学方式：Mathematically

标准化：Standardization

程式化：Stylized

数学逻辑：Mathematical Logic

字体设计：Typography

巴塞尔：Basel

基本元素：Basic Elements

线：Line

设计布局：Design Layout

空白空间：Vacancy Space

易读性：Legibility

视觉造型：Visual Modeling

变化性：Variability

兼收并蓄：Eclectic

人文主义：Humanism

典型元素：Typical Elements

PH 灯具：PH lamps

物质基础：Material Basis

热压胶合板：Hot Plywood

明代家具：Ming Dynasty Furniture

人机性：Human Nature

产品开发：Product Development

公众意识：Public Awareness

人性：Humanity

怀旧感：Sense of Nostalgia

调和：Reconcile

天然材料：Natural Materials

系统：System

最高层次：Highest Level

技术设施：Technical Facilities

家庭环境：Family Environment

操作方便：Easy to Operate

双向交流：Two-way Communication

电子技术：Electronic Technology

高技术：High tech

时代特色：Characteristics of the Times

人机交互：Human-Computer Interaction

界面设计：Interface Design

照搬：Copy

日本身份：Japanese Identity

两重性：Duality

佛教禅宗：Buddhism Zen

自我控制：Self-control

日本制造：Made in Japan

文化标签：Culture Tags

共存：Coexist

折中转化：Compromise Conversion

榻榻米：Tatami

小型化：Miniaturization

多功能化：Multifunctional

集团式工作方式：Group Work Style

内部力量：Internal Forces

政府：Government

企业：Enterprise

高度重视：Attaches Great Importance to

机构：Agency

生命线：Lifeline

工业设计：Industrial Design

罗维讲学：Rowe Lectures

摩托车：Motorcycle

日本工业设计协会：Japan Industrial Design Association

标准法规：Standards and Regulations

发展期：Development Period

技术魅力：Technical Charm

象征表现：Symbolic Representation

造型高雅：Elegant Design

逻辑操作：Logic Operation

硬边艺术：Hard Edge Art

高情趣：High Taste

用户体验：User Experience

文明传统：Cultural Tradition

融合：Fuse

美学传统：Aesthetic Traditions

崇尚自然：Respect for Nature

内敛：Introversion

自我修养：Self-cultivation

优质产品：Quality Products

外来文化：Foreign Culture

改良应用：Improved Application

少而简约：Less and Less

模数体系：Modulus System

便携式：Portable

双轨并行：Two Track Parallel

大力扶持：Vigorously Support

产品设计：Product Design

机制：Mechanism

设计专利：Design Patent

恢复期：Convalescence

汽车工业：Auto Industry

夏普公司：Sharp Corporation

电子产品：Electronic Products

仿制：Copy

照相机：Camera	合作精神：Spirit of Cooperation
终身雇佣制：Lifetime Employment System	
附加价值：Added Value	创造市场：Create Market
引导消费：Consumer Guide	适应市场：Adapt to Market
设计项目：Design Project	创造国：Creating national
独特性：Distinction	文化身份：Culture Identity
消费者：Consumer	时髦：Fashionable
文化感：Sense of Culture.	设计杂志：Design Magazine
美国设计：American Design	自由竞争：Free Competition
协调关系：Coordination	
金圆规奖：Golden Compass Award	有机雕塑：Organic Sculpture
生产技术：Production Technology	塑料家具：Plastic Furniture
小规模：Small-scale	手工艺人：Craftsmen
手工作坊：Hand Workshop	实验：Experiment
改型：Remodel	创造样品：Create Sample
灯具：Lighting	工作台灯：Work Lamps
艺术传统：Artistic Tradition	趣味：Taste
廉价机动交通：Cheap Motorized Transport	
精致：Refinement	形式感：Sense of Form
评价准则：Scientific Evaluation Criteria	
浪漫：Romantic	激情：Enthusiasm
风洞试验：Wind Tunnel Test	高技术特征：High-tech Features
生活理想：Ideal of Life	
技术型外观：Technology-based Appearance	
孟菲斯：Memphis	流行元素：Popular Elements
后现代：Postmodern	反讽意味：Irony
色彩绚丽：Colorful	解构：Deconstruction
游戏特点：Game Features	
个人回顾展：Personal Retrospective	东方哲学：Eastern Philosophy
人性化：Humane mization	
环境效应：Environmental Effects	办公机器：Office Machines
探索：Explore	
刻意求新：Deliberately Innovation	争议：Controversy
室内空间：Interior Space	弹性因素：Elasticity Factor
有机构成：Organic Composition	灵活性：Flexibility

设计中心：Design Center

实业阶层：Industrial Stratification

工业设计协会：Industrial Design Association

企业：Enterprise　　　　　　　公众：Public

设计教育：Design Education　　大众化：Popularization

实用化：Practical　　　　　　　高贵：Noble

小汽车：Compact Car

台式交流收音机：Desktop AC Radio　　实用家具：Practical Furniture

心理因素：Psychological Factors

当代主义：Contemporary Modernism　　弹性：Elasticity

建筑风格：Architectural Style　　产品风格：Product Style

水晶宫：Crystal Palace

新国际现代主义：New International Modernism

英国节：Festival of Britain　　公众趣味：Public Interest

流行趣味：Popular Interest　　业机器：Industrial Machinery

内部结构：Internal Structure

钢木组合：Steel Wood Composite　　弯曲胶合板：Bending Plywood

红点产品设计：Red Dot Product Design　　国家项目：National Project

复兴：Revival

实用形式组：Practical form Group　　奢侈产品：Luxury Goods

设计事务所：Design Office　　豪华：Luxury

国际设计人物：International Design People

美术型：Art Type

公立美术学院：Public Academy of Fine Arts

时装：Fashionable Dress　　首饰：Jewelry

式样师：Pattern Division　　奢侈品牌：Luxury Brands

创意氛围：Creative Atmosphere

国际视野：International Perspective

知识版权：Intellectual Property Rights　　保护意识：Protection Awareness

原创：Origination　　设计投资：Design Investment

仿制品：Imitation and Creative Industries　　创意产业：Creative Indastry

中国制造：Made in China　　区域性：Regional

时装设计：Fashion Design

高度商业化：Highly Commercialized

艺术创作：Artistic Creation　　商业性：Commercial

综合实力：Comprehensive Strength

悉心经营：Careful Management

公开讲习：Public Workshops

外贸协会：Foreign Trade Association

研究开发：Research and Development

劳动密集型：Labor-intensive

知识密集型：Knowledge-intensive

转型：Transformation

海峡两岸：Across the Taiwan Strait

学术交往：Academic Exchanges

自有品牌：Private Label

二线水平：Second Line Level

观念宣传：Concept Publicity

包装中心：Packing Center

推广产品：Promoted Products

品质产品：Quality Products

文化创意：Cultural Creation

交锋：Design at the Edges

Fifth

Diversified Design of The Information Age （21th Century—The Future）

第五篇

信息时代的多元化设计（21世纪—未来）

第9章 后现代主义多元化设计
Chapter 9 Postmodernism and Diversified Design

9.1 有机现代主义
Section Ⅰ Organic Modernism

有机现代主义是第二次世界大战后到 20 世纪 60 年代，流行于斯堪的纳维亚国家、美国和意大利等国的一种现代设计风格，它是对现代主义的继承和发展。这种风格在造型上常常体现出"有机"的自由形态，而不是刻板、冰冷的几何形，无论是在生理上还是在心理上给使用者以舒适的感受，而与此同时这些有机造型的设计往往又适合于大规模生产。

这标志着现代主义的发展已突破了正统的包豪斯风格而开始走向"软化"。这种"软化"趋势是与斯堪的纳维设计联系在一起的，被称为"有机现代主义"。

在 1945 年之后的 10 年里，许多的设计师个人获得了国际的成功。新型的材料，特别的成形胶合板，为产品展示新的表现形式提供了可能，而电子技术的发展使得设计风格有了更大的可能性，用于普通消费的产品，其设计空间开始变得和艺术创作一样宽广、复杂。而有关装饰性的家庭内部物品已转向了有机的方向，拒绝抽象形式的产品。

在北欧，有机现代主义的著名的代表人物是阿尔瓦·阿尔托，在美国以沙里宁为代表，在意大利则以尼佐里为代表。以"有机"设计的代表作——20 世纪 50 年代至 60 年代由沙里宁设计的"胎"椅及"郁金香"椅为例："胎"椅是 1946 年设计的，采用玻璃纤维增强塑料模压成形，覆以软性织物。"郁金香"椅（见图 9.1.1）设计于 1957 年，采用了塑料和铝两种材料。由于圆足的特点，不会压坏地面。这些形式是仔细考虑了生产技术和人体姿势才获得的，并不是故作离奇，它们的自由形式是其功能的产物，并与某种新材料、新技术联系在一起。正如沙里宁自己所说的，如果批量生产的家具要忠于工业时代的精神，它们"就决不能去追求离奇"。

图 9.1.1 "郁金香"椅子
Fig.9.1.1 Tulip Side Chair

9.2　波普风格

Section Ⅱ　Pop Style

波普风格这个词来自英语的 Popular（大众化），最早起源于英国。第二次世界大战以后出生的新生一代对于风格单调、冷漠缺乏人情味的现代主义、国际主义设计十分反感，认为它们是陈旧的、过时的观念的体现，他们希望有新的设计风格来体现新的消费观念、新的文化认同立场、新的自我表现中心，于是在英国青年设计家中出现了波普设计运动。

波普运动产生的思想动机来源于美国的大众文化，包括好莱坞电影、摇滚乐、消费文化等。英国的"波普"运动由于受艺术创作上的"波普"运动而很快发展起来。

波普风格的中心是英国。早在战后初期，伦敦当代艺术学院的一些理论家就开始分析大众文化，这种文化强调消费品的象征意义而不是其形式上和美学上的质量。这些理论家认为，"优良设计"之类的概念太注重自我意识，而应该根据消费者的爱好和趣味进行设计，以适合于流行的象征性要求。对这些理论家而言，消费产品与广告、通俗小说及科幻电影一样，都是大众文化的组成部分，因此可以用同样的标准来衡量。他们的文化定义是"生活方式的总和"，并把这一概念应用到了批量生产物品的设计之中。

在寻求具有高度象征意义的产品的过程中，他们将目光转向了美国，对20世纪50年代美国商业性设计，特别是汽车设计中体现出来的权利、性别、速度等象征性特征大加推崇。到20世纪60年代初，一些英国企业和设计师开始对公众的需求直接做出反应，生产出了一些与新兴的大众价值观相呼应的消费产品，以探索设计中的象征性与趣味性，并开拓在年轻人中的市场。这些产品专注于形式的表现和纯粹的表面装饰，功能合理的生产的现代主义的观念被冷落了。

9.3　高技派

Section Ⅲ　High Tech School

高技派的概念来自建筑领域。广义的高技派是指使用当代最高强、最先进的技术来达到各种设计、生态、使用要求的建筑。狭义的高技派也称"重技派"，突出当代工业技术成就，并在建筑形体和室内环境设计中加以炫耀，崇尚"机械美"，在室内暴露梁板、网架等结构构件以及风管、线缆等各种设备和管道，强调工艺技术与时代感。

20世纪五六十年代，西方工业出现文明危机，发达资本主义国家遭遇石油危机、通货膨胀、收支不平衡、失业等问题，导致社会政治、文化、心理等方面的严重冲突。此时，处于一种对技术的强烈兴趣和对未来的信仰，建筑师们创造了一种表现科技力量并具有特异外观的建筑——"高技派"风格建筑。

机械美学大致经历了两代。第一代机械美学强调逻辑性、流程、机械设备、技术和结构。第二代机械美学则更注重形式的运动性，风格倾向于"外骨架效果"，或像昆虫般的骨骼在外而代谢循环系统则紧贴其间，结构所承托的空间和物体的内容变得可有可无。

上溯到1779年英国赛文河上的第一座铸铁桥全金属的预制结构，体现基于工业技术而不是传统的建造模式之后，1851年的伦敦水晶宫（见图9.3.1），1867年的巴黎机械馆（见图9.3.2）和1889年的巴黎埃菲尔铁塔（见图9.3.3），新技术的运用已是大势所趋。

图 9.3.1　伦敦水晶宫
Fig.9.3.1　The Crystal Palace in London

图 9.3.2　巴黎机械馆
Fig.9.3.2　Machinery Hall in Paris

图 9.3.3　巴黎埃菲尔铁塔
Fig.9.3.3　Eiffel Tower in Paris

高技派的形成如图 9.3.4 所示。

现代主义 ——否定—— 后现代主义
发展 继承
晚期现代主义

高技派

图 9.3.4　高技派的形成

Fig.9.3.4　The Formation of High-Tech School

高技派以机器美学和结构美学理论为基础，抛弃传统的制约，以视觉感受为基础的形式动态学理念：暴露结构形式造成强烈的视觉动感，结构与空间的转换形成视觉动感，高材质的特殊性，构成手法的多样性。同时，高技派具有极端化技术倾向，也有丰富的设计语言。

高技派代表人物如图 9.3.5 所示，从左到右依次为诺曼·福斯特（Norman Forster）、理查德·罗杰斯（Richard Rodgers）和伦佐·皮亚诺（Renzo Piano）。

诺曼·福斯特　　　　理查德·罗杰斯　　　　伦佐·皮亚诺
Norman Forster　　　Richard Rodgers　　　Renzo Piano

图 9.3.5　高技派的代表人物

Fig.9.3.5　Representatives of the High-Tech

高技派的历史发展阶段如图 9.3.6 所示。

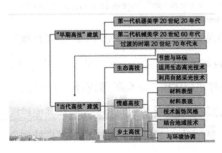

"早期高技"建筑
第一代机器美学20世纪20年代
第二代机械美学20世纪60年代
过渡的时期20世纪70年代末

生态高技
节能与环保
运用生态高光技术
利用自然采光技术

"当代高技"建筑

情感高技
材料表型
材料表现
技术装饰风格

乡土高技
结合地域技术
与环境协调

图 9.3.6　高技派的主要历史发展阶段

Fig.9.3.6　Main Historical Development Stages of the High-Tech

（1）早期的高技派

第一阶段："第一代机器美学"始于 20 世纪 20 年代，人们出于经济和适用的目的，试图把最新的工业技术应用到建筑中去，以适应第一次世界大战后人们对住宅的大量需求。它们追求的并不是便捷的功能和效率，而更多的是机器般的造型，如图 9.3.7 所示。

玻璃之星　　　　　　　　　埃姆斯住宅
Pierre Chateau　　　　　　Charles & Rav Eamas

图 9.3.7　早期高技派的代表建筑
Fig.9.3.7　Early High-Tech Representativ Architectures

第二阶段以 20 世纪 60 年代英国的阿基格拉姆提出的运动变化的城市设计美学思想为代表，追求具有广泛适应性和可变性的超大空间，被称为"第二代机械美学"——高技术美学。相对于"当代高技"建筑，以上两个阶段也可称为"早期高技"建筑阶段。此阶段的设计特征是：巨大的尺度、对人的情感的漠视、严重耗能、高昂的造价、对自然环境及人文环境缺乏应有的关注……这一切使得"高技"建筑备受批判，如图 9.3.8 所示。

图 9.3.8　第二阶段高技派的代表建筑——蒙特利尔博览会德国馆
Fig.9.3.8　The Representative Architecture in the Second Stage of High-Tech—German Pavilion in Montreal World Expo

第三阶段起始于 20 世纪 70 年代末，是"早期高技"建筑向"当代高技"建筑过渡的时期，在这段时期内，高技建筑对自身进行了较全面的修正与充实。一方面，继续吸收各种先进科技，在建筑中体现"技术美"的魅力；另一方面，在建筑能耗、建筑与环境的关系及建筑的表情等方面向相关学科和其他建筑流派学习，日臻完善，从而走向"当代高技"建筑，如法国巴黎蓬皮杜文化中心（见图 9.3.9）。该建筑给予工业结构、工业构造、机械部件以美学价值。

这座设计新颖、造型特异的现代化建筑是已故法国总统蓬皮杜于 1969 年决定兴建的，1972 年正式动工，1997 年建成，同年 2 月开馆。设计者是 49 个国家的 681 个方案中的获胜者意大利的 R·皮亚诺和美国的 R·罗杰斯。中心大厦南北长 168m，宽 60m，高 42m，分为 6 层。

大厦的支架由两排间距为 48m 的钢管柱构成，楼板可上下移动，楼梯及所有设备完全暴露。东立面的管道和西立面的走廊均被有机玻璃圆形长罩所覆盖。中心打破了文化建筑所应有的设计常规，突出强调现代科学技术同文化艺术的密切关系，是现代建筑中重技派的最典型的代表作。

图 9.3.9　蓬皮杜文化中心

Fig.9.3.9　Pompidou Art Center

（2）当代高技派

"当代高技"建筑可分成 3 个分支：生态高技、情感高技、乡土高技。

生态高技建筑是同周围生态环境协同发展、具有可持续性特点的高技术建筑，是对当今生态危机的一种积极主动并且有效的反映和解决之道。建筑师利用最先进的结构、设备、材料和工艺，结合不同地区的特殊气候条件，因地制宜，努力创造理想的人工建筑环境，以形成舒适的建筑"微气候"。生态高技建筑关注节能环保，运用生态高新技术，充分利用自然采光和通风，图 9.3.10 所示为世界公认的第一座高层生态建筑——劳埃德大厦。

图 9.3.10　劳埃德大厦

Fig.9.3.10　Lloyds Building

此外，图 9.3.11 所示的柏林新国会大厦（德语：Plenarbereich Reichstags-gebaude），其玻璃顶也是通风系统的排风口，体现了设计师对技术与建筑形式和空间的驾驭能力。

图 9.3.11 柏林新国会大厦
Fig.9.3.11 German Reichstag in Berlin

"情感高技"建筑，以蓬皮杜文化艺术中心为代表，突出强调了结构理性，在艺术性与情感性方面较为贫乏。当代人本主义审美思潮逐渐与"情感高技"建筑相融合。作为一种建筑观，在"情感高技"建筑中高技术的表现基础上，追求情感的形成，旨在塑造具有时代精神和独特个性的建筑场所。所谓"高技术、高情感"便是在此方面的反映。情感高技建筑，在关注建筑的功能和工业化的同时，有机地结合结构和艺术，用灵活、夸张和多样性的概念来激发人们的思维领域，使结构和技术称为高雅的"高技艺术"，图 9.3.12 所示为伦敦四频道电视台总部。

图 9.3.12 伦敦四频道电视台总部
Fig.9.3.12 Channel 4 Headquarters
in London

表现新技术的"高技"建筑与表达地方性文化的"地域性"建筑，曾被认为是两个对立的极端。在信息高度发达的当代社会里，随着跨文化交流的不断深化，两者之间不断交融，乡土高技建筑应运而生。"乡土高技"建筑在运用高技术的基础上，从地域性技术中吸取有益因素；并以反映地方性文化特色，与环境结合为自己的另一目标。

建筑师皮亚诺设计的栖包屋文化中心（见图9.3.13），参照当地传统民居——棚屋的结构特色，利用风压使建筑内部产生良好的自然通风，同时形成了独特的建筑造型。

图9.3.13　栖包屋文化中心
Fig.9.3.13　Tjibaou Cultural Centre

"高技派"的设计风格就是要跳出半机械、半手工的传统制作方式，把工厂化的大生产的特性凸显在人们眼前，能否适应工厂化流水生产作业是建筑装饰产业效率能否提高的一个关键环节。

9.4　解构主义风格

Section Ⅳ　Deconstruction Style

"解构主义"是借用哲学的一个名词。解构主义早在1967年前后就已经提出来了，但是作为一种设计风格的形成，却是20世纪80年代以后的事情。解构主义（Deconstruction）这个字眼是从"结构主义"（Constructionism）演化出来的。因此，它的形式实质是对于结构主义的破坏和分解。

解构主义是在反中心、反权威、反二元对抗、反非黑即白的理念中诞生的，解构主义建筑的特征为：①无绝对权威，个人的、非中心的；②恒变的、没有预定设计的；③没有次序，没有固定形态，流动的、自然表现的；④没有正确与否的二元对抗标准，随心所欲；⑤多元的、非统一化的，破碎的、凌乱的。

解构主义在理论与实践的碰撞中发展，在建筑方面，最大的特征就是传统建筑和解构建筑的对比。从德里达到屈米再到埃森曼，这些理论大师们象征着解构主义的发展脉络。

雅克·德里达（Jacques Derrida, 1930—2004），当代法国哲学家、符号学家、文艺理论家和美学家，解构主义思潮创始人，如图9.4.1所示。

德里达表示他一向尊重古典文本如柏拉图和亚里士多德，同时表明一切解构均来自潜在的内部矛盾，不是自外强加的。

伯纳德·屈米（Bernard Tschumi）（见图9.4.2），世界著名建筑评论家、设计师。他出生于瑞士，毕业于苏黎世科技大学，具有法国、瑞士以及美国国籍。他的看法与德里达非常相似，他也反对二元对抗论。屈米把德里达的解构主义理论引入建筑作品中，他认为应该把许多存在的现代和传统的建筑因素重新构建，利用更加宽容的、自由的、多元的方式来建造新的建筑理论构架。

彼得·埃森曼（Peter Eisenman）（见图9.4.3）认为无论是在理论上还是在建筑设计实践上，建筑仅仅是"文章本体"，需要其他的因素，如语法、语义、语音这些因素而使之具有意义，他对解构主义建筑应用理论的探讨，奠定了重要的基础。

图9.4.1 雅克·德里达 　　图9.4.2 伯纳德·屈米 　　图9.4.3 彼得·埃森曼
Fig.9.4.1 Jacques Derrida　　Fig.9.4.2 Bernard Tschumi　　Fig.9.4.3 Peter Eisenman

9.5 后现代设计
Section Ⅴ Postmodern Design

科学技术和经济的发展，带动了社会文化领域，诸如哲学、艺术、文学等对主流文化的叛逆，设计艺术也逐渐摆脱了现代主义单一的设计样式和传统的设计理念，走向多元化和多品味的发展方向。随着商品的极大丰富，厂家把设计的个性化、人性化、多样化作为吸引消费者的有效手段，消费者的消费趋向和审美追求已经成为左右设计艺术发展的重要因素。同时，人机工程学原理成为设计师进行设计的主要依据之一。现代主义设计注重产品技术和功能、追求统一设计样式、忽略人的个性和心理需求的理念走到了尽头。

现代主义设计是大机器时代的生产技术与现代艺术中的客观化趋势相结

合的产物。本质上现代主义设计的基础是功能主义，主张形式遵循功能（Forms Follow Function）。正如德国现代主义设计大师 D·拉姆斯阐述的现代主义设计的基本原则——简单优于复杂，平淡优于鲜艳夺目；单一色调优于五光十色；经久耐用优于追赶时髦，理性结构优于盲从时尚。这种风格引领了世界范围内的设计主潮，以致战后人们称之为国际主义风格。

功能理性的设计思潮在现代主义的设计发展之路上画下了浓墨重彩的一笔，然而战争带来的加速重建和人口爆炸导致的一系列问题，却使得现代主义走向了极度理性的误区。机器化大生产导致了人的异化。正如戏剧大师卓别林在影片《摩登时代》里反映出的现实问题（见图 9.5.1）。

作为卓别林最后的"无声"电影，《摩登时代》充满了声音效果，每个人都在制造说话的声音。影片中查理反对现代社会、机器时代和进步。首先我们看到他疯狂地试图跟上一条生产线，拧紧螺栓。他被选为一个自动送料机的实验对象，但各种事故导致他的老板相信他已经疯了，于是查理被送到一家精神病院……当他从精神病院出来时，他挥舞着红旗，被误认为是一个共产主义者而又被送进监狱，经历一次失败的越狱后最终出狱。在查理的种种冒险经历中我们看到了电影的结尾。

人类的生活被极度机械化、理性化，人的存在作为一个工具，丧失了其作为个体的特殊性，以至于丧失了生活的热情。这些社会问题突出地体现在设计领域。欧洲第二次世界大战以前发展起来的现代主义设计经过在美国的发展成为战后流行的国际主义风格。在 20 世纪 60 ～ 70 年代发展到登峰造极的程度，以至于在一定时期内几乎成为垄断整个设计产业的设计风格。国际主义风格的形成和发展源于现代主义建筑设计理念，一度导致设计的单一化和中心化。

Modern times, as Chaplin's last silent film, filled with sound effects, as everyone was made to voice sound. In the movie, Charlie turned against modern society, the machine age, and progress. Firstly, we saw him frantically trying to keep up with a production line, tightening bolts. He was selected for an experiment with an automatic feeding machine but various mishaps led his boss to believe he had gone mad, and Charlie was sent to a mental hospital... When he got out, Charlie was mistaken for a communist while waving a red flag,and was sent to jail, after a failure of jailbreak, he was let out again. We saw the end of the film with various adventures of Charlie.

图 9.5.1　《摩登时代》海报

Fig.9.5.1　The Posters of "Modern Times"

从时代背景的角度考量设计发展，现代主义设计确实与当时的经济文化社会的发展相协调。而第二次世界大战过后，大众的物质文化生活进入了一个新的状态。一方面，从物质层面上说，世界经济都在快速发展，人们的生活水平和生活质量日益提高。另一方面，从非物质层面上说，文化格局同政治格局都变得多元化，新技术时代的一次又一次变革，拓宽了人们的视野，也带来更多对于现有制度和观念的质疑。社会的飞速发展导致了一定程度上的人的异化，大众开始步入一个富裕的社会，同时也有着混乱的价值观念。营造着精神上的极度匮乏与空虚，这就需要"个性化""人性化"的产品来抚慰和平抑人们难以企及的心灵渴望。这时，人们对产品的要求已不仅仅停留在对功能的满足上，而是要追求精神上的愉悦。而单一的现代主义设计不再能满足大众对于新时代的情感诉求，后现代主义设计由此诞生了。

1972年，由日本山崎宾设计的"帕鲁伊特艾戈"公寓因为其极端的功能主义和单调冷漠无情，长期无人入住而被炸毁，这被看成是现代主义的终结。

诚然，历史是割不断的。后现代主义设计虽然是对现代主义设计的一种反叛，但这种反叛在某种意义上说，是一种"扬弃"。它们两者之间其实存在着某种联系，具体可以用表9.5.1来表达。

表 9.5.1　现代主义与后现代主义设计的联系

	现代主义设计	后现代主义设计
哲学的	理性主义、现实主义	浪漫主义、个人主义
历史的	从19世纪到第二次世界大战结束，以工业革命以来的世界工业文明为基础	从20世纪70年代到现在，以科技和信息革命为特征的后工业社会文明为基础
思想的	对技术的崇拜，强调功能的合理性或逻辑性	对高技术、高情感的推崇，强调人在技术中的主导地位，和人对技术的整体系统化把握
方法的	遵循物性的绝对使用，标准化、一体化、专业化和高效率、高技术	遵循人性经验的主导作用，时空的统一与延续，历史的互相渗透，个性化、散漫化、自由化
设计语言	功能决定形式，少就是多，无用的装饰就是犯罪，纯而又纯的形态，非此即彼的肯定性与明确性，对产品的实用性原则、经济性原则和简明性原则的强调	产品的符号学语义，对隐喻的共同理解，形式的多元化、模糊化、不规则化，非此非彼，亦此亦彼，彼中有此，对产品文脉的强调
艺术风格	构成主义、风格主义、纯粹主义、象征主义、形而上绘画和康定斯基的抽象主义，非艺术与反艺术	达达艺术、波普艺术、拼合艺术、行为艺术、表现主义、超现实主义、偶发艺术、非艺术与反艺术

后现代主义设计虽然具有某些共同的特点，但从总体上说，它们并没有共同的风格，也没有一致的思想，它们只是集合在"后现代主义"这把伞下面。究其原因，一方面，随着现代社会的发展，社会的分工越来越细，使设计变

得纷繁复杂和无比多样，各种类别的设计之间差异加大，共性减少；另一方面，在全球经济一体化之下，世界的联系日益密切，使文化的交流、碰撞日益激烈，对于民族的、传统的文化的立场及其出路，人们在深入发掘、研究之余，对其认识及其在现代设计中的运用有不同的看法，因此，在进入后现代主义设计时代以后，其理论体系的建立和认同显得模糊、滞后。

1. 后现代主义理论探索及其代表人物和组织

（1）罗伯特·文丘里（Robert Venturi）——"少就是乏味"

在众多对现代主义设计理论探索的人物中，来自建筑领域的罗伯特·文丘里（Robert Venturi）（见图9.5.2），查尔斯·詹克斯（Charles Jencks）和罗伯特·亚瑟·莫尔顿斯特恩（Robert A. M. Stern）做出了一些积极的研究，代表了后现代主义设计思潮的主流，具有广泛的代表性。

图9.5.2　罗伯特·文丘里
Fig.9.5.2　Robert Venturi

文丘里是第一个向现代主义宣战的美国建筑师。可以说，他提出的传统和混乱的审美趣味是后现代主义设计风格形成的雏形。他主张在设计中吸收当代各种文化精神、杂乱的活力，走歪路，模棱两可，变化无常。

1966年，罗伯特·文丘里发表了他的《建筑的复杂性与矛盾性》（*Complexity and Contradiction in Architecture*）一书，在书中，罗伯特·文丘里首先肯定了现代主义对于设计的贡献，然后，大胆地提出了与现代主义不同的观点，对现代主义思想中的国际主义风格进行了无情的抨击，被认为是"继1923年勒·柯布西埃的《走向新建筑》之后的又一部里程碑式的重要著作"。文丘里指出国际主义风格已经走到了尽头，成了设计师才能发挥的桎梏，必须找到一种全新的、不同于现代主义的设计思想，来满足社会生活多样化的需求，摒弃国际主义风格的一元性和排他性，创建建筑的复杂性和矛盾性体系。他的这种言论和主张，在启发和推动后现代主义的运动中起到了航标灯的作用。1979—1983年，文丘里受意大利阿莱西公司之邀设计了一套咖啡具，这

Venturi points out that the International style has come to an end, it has already become shackles for designers. Thus it is essential to find a complete new design ideology that is different from modernism, the new design ideas aim to satisfy the diverse demands of society and abandon monism and exclusiveness of international style, and build a complex and contradictory system.

套咖啡具融合了不同时代的设计特征，以体现后现代主义所宣扬的"复杂性"。1984年，他又为先前美国现代主义设计的中心——诺尔家具公司设计了一套包括9种历史风格的桌子和椅子，椅子采用层积木模压成形，表面饰有怪异的色彩和纹样，靠背上的镂空图案以一种诙谐的手法使人联想到某一历史样式，如图9.5.3所示。

图9.5.3　文丘里于1984年设计的历史风格桌椅

Fig.9.5.3　The Historical Style of Table and Chairs Designed by Venturi in 1984

（2）查尔斯·詹克斯（Charles Jencks）

查尔斯·詹克斯第一个将后现代主义引入设计领域的英国建筑评论家，他被公认为是后现代主义的辩护人，如图9.5.4所示。

1977年，查尔斯·詹克在他出版的《后现代建筑语言》中给后现代主义下了一个定义："一座后现代主义建筑至少同时在两个方面表述自己：一层是对其他建筑以及一小批对特定建筑艺术语言很关心的人；另一层是对广大的公众、当地居民，它们对舒适的传统房屋形式以及某种生活方式问题很有兴趣"。也就是说不仅从专业角度而且从大众的角度都能得到理解和接受的折中性、通俗性及多元性。后来在20世纪80年代，查尔斯·詹克斯在他出版的《什么是后现代主义？》中进一步将后现代主义定为双重译码："现代技术与别的什么东西的组合，以使建筑能与大众及一个有关的少数（通常是其他建筑师）对话。"并指出只有具备这种"双重译码"的混血语言才可为更广泛的各种文化层次的人所接受。查尔斯·詹克斯以日本现代主义设计师山崎宾设计的帕鲁伊特伊戈公寓群的炸毁为标志，宣称现代主义已经死亡，进一步刺激了后现代主义设计运动的发展，并从理论上铺平了后现代主义的道路。

图9.5.4　查尔斯·詹克斯

Fig.9.5.4　Charles Jencks

（3）罗伯特·亚瑟·莫尔顿斯特恩（Robert A. M. Stern）

美国另一位建筑师罗伯特·斯特恩（见图 9.5.5）在他发表的《现代主义运动之后》一书中提出"所谓后现代主义是现代主义的一个新的侧面，并非抛弃现代主义，建筑要重返'正常的'途径在于探索一条比现代主义运动先驱者们所倡导的更有含蓄力的途径。"并将后现代主义定义为文脉主义（Contextualism）、隐喻主义（Allusionism）和装饰主义（Ornamentalism）三种特征。

图 9.5.5　罗伯特·亚瑟·莫尔顿斯特恩

Fig.9.5.5　Robert A. M. Stern

上述三位大师的学说构成后现代主义的理论基础，但是从各自的观点出发，对于后现代主义的描述、理解还是有相当大的出入，其中文丘里和詹克斯基本是持对现代主义的否定态度，而斯特恩则是对现代主义的修正态度，三位之中又以文丘里对于后现代主义的发展贡献最大，正是他给后现代主义的发展提出了比较完整的指导思想。

（4）迈克尔·格雷夫斯

迈克尔·格雷夫斯（Michael Graves）（见图 9.5.6）是美国后现代主义建筑师。1934 年生于印第安纳波利斯。在辛辛那提大学毕业后，又在哈佛大学获硕士学位。1960 年获罗马奖后又在罗马美国艺术学院留学，1962 年开始在普林斯顿大学任教，1964 年在该地开设事务所，1972 年成为该大学教授，此外还在加利福尼亚大学任教。格雷夫斯首先以一种色彩斑驳、构图稚拙的建筑绘画，而不是以其建筑设计作品在公众中获得了最初的声誉。有人认为，他的建筑创作是他的绘画作品的继续与发展，充满着色块的堆砌，犹如大笔涂抹的舞台布景。迈克尔·格雷夫斯的代表作品有波特兰市政厅和佛罗里达天鹅饭店，这两座建筑都是后现代主义的代表作。

图 9.5.6　迈克尔·格雷夫斯

Fig.9.5.6　Michael Gracves

格雷夫斯是个全才，除了建筑，他还热衷于家具陈设，涉足用品、首饰、钟表及至餐具设计，范围十分广泛。在美国，尤其在东海岸诸州，在钟表或服装店中，很容易看到格雷夫斯设计的物品出售，从耳环到电话机，或是皮钱夹，都可能标明设计者是格雷夫斯。在迪士尼乐园中，几万平方米的旅馆以及旅馆中的一切，几乎全是格雷夫斯的作品。除了大炮、坦克、潜水艇之外，大部分的产品格雷夫斯都愿涉足。格雷夫斯为意大利阿勒西公司设计了一系列具有后现代特色的金属餐具，如 1985 年设计的"快乐鸟"开水壶（见图 9.5.7）实用美观，获得了最大的成功，被认为是一件经典的后现代主义作品。这把水壶具有一个最突出的特征——在壶嘴处有一个初出茅庐的小鸟形象，当壶里的水烧开时，小鸟会发出口哨声，非常形象。类似会吹口哨功能的水壶最先是在 1922 年芝加哥家用产品交易会上展出的，是一位退休的纽约厨具销售商——约瑟夫·布洛克在参观一家德国茶壶工厂时得到灵感设计的。格雷夫斯设计的自鸣式水壶上，有一条蓝色的拱形垫料，能够保护手不被金属把手的热量烫伤；它的底部很宽，这样能够使水迅速烧开，上面的壶口也很宽，便于清洗。

图 9.5.7　格雷夫斯于 1985 年设计的"快乐鸟"开水壶
Fig.9.5.7　Happy Bird Kettle Designed by Graves in 1985

尽管起初制造商认为格雷夫斯 7.5 万美元的酬金过于昂贵，但当销量达到 150 万个时，证明了引进生产这种水壶是一个明智的决定。意大利阿勒西公司（ALESSI）产品中唯一能够和格雷夫斯水壶的销量相提并论的，只有菲利普·斯塔克（Philippe Starck）设计的柠檬榨汁机，然而柠檬榨汁机的售价却要便宜得多。它并不像一般的榨汁机一样，有着复杂的构造、极其工整的物理工作原理、极其普通的盒子似的外形，它只由一个主体，三根支架构成。形式极其简单，但却不单调，简单的形式，看似简单的弧度，却内涵丰富，构成了类似蜘蛛似的怪物形象，却又不失可爱和时尚感，一切都富有戏剧性。它极大地体现了设计者的思想情感，表现出趣味性、活跃的思想。这是物资缺乏的时代的产物，绝妙的设计将食物的浪费降到最低。

意大利著名建筑师阿尔多·罗西（Aldo Rossi，1931—）也为阿勒西公司设计了一些"微型建筑式"的产品——银质咖啡壶（见图9.5.8）。这些建筑师的设计都体现了后现代主义的一些基本特征，即强调设计的隐喻意义，通过借用历史风格来增加设计的文化内涵，同时又反映出一种幽默与风趣之感，唯独功能上的要求被忽视了。

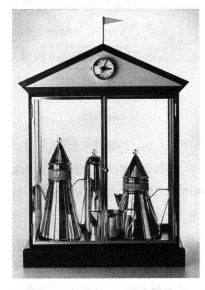

图9.5.8　罗西设计的银质咖啡壶
Fig.9.5.8　Silver Coffee Pot Designed by Rossi

（5）后现代主义的代表组织——孟菲斯

后现代主义在设计界最有影响的组织是意大利的"孟菲斯"（Memphis）设计集团。"孟菲斯"成立于1980年12月，由著名设计师索特萨斯（Ettore Sottsass，1917—2007，见图9.5.9）和7名年轻设计师组成，图9.5.10所示为团队合照。孟菲斯原是埃及的一个古城，也是美国一个以摇滚乐而著名的城市。设计集团以此为名含有将传统文明与流行文化相结合的意思。孟菲斯代表人物有：埃托·索特萨斯（Ettore Sottsass），迈克尔·德·鲁克（Michele De Lucchi），彼特·肖（Peter Shire）"孟菲斯"成立后，队伍逐渐扩大，除了意大利外，还有美国、奥地利、西班牙及日本等国的设计师参加。1981年9月，"孟菲斯"在米兰举行了一次设计展览，令国际设计界大为震惊。**"孟菲斯"反对一切固有观念，反对将生活铸成固定模式。它开创了一种无视一切模式和突破所有清规戒律的开放性设计思想，从而刺激了丰富多彩的意大利新潮设计。**

"孟菲斯"对功能有自己的全新解释，即功能不是绝对的，而是有生命的、发展的，它是产品与生活之间一种可能的关系。这样功能的含义就不只是物质上的，也是文化上的、精神上的。产品不仅要有使用价值，更要表达一种

"Memphis" opposes all kinds of current opinions, and the formation of fixed mode to life. It is also a pioneering mode that breaks boundaries and stimulates colorful Italian up-to-date design.

特定的文化内涵，使设计成为某一文化系统的隐喻或符号。"孟菲斯"的设计都尽力去表现各种富于个性的文化意义，表达了从天真滑稽直到怪诞离奇等不同的情趣，也派生出关于材料、装饰及色彩等方面的一系列新观念。

图 9.5.9　埃托·索特萨斯

Fig.9.5.9　Ettore Sottsass

图 9.5.10　埃托·索特萨斯设计团体的合影

Fig.9.5.10　The Group Photo of Ettore Sottsass's Design Team

"孟菲斯"的设计不少是家具一类的家用产品，其材料大多是纤维材、塑料一类廉价材料，表面饰有抽象的图案，而且布满产品整个表面。设色上常常故意打破配色的常规，喜欢用一些明快、风趣、彩度高的明亮色调，特别是粉红、粉绿之类艳俗的色彩。1981 年，索特萨斯设计的一件博古架是孟菲斯设计的典型。这件家具色彩艳丽，造型古怪，上部看上去像一个机器人。1983 年，马可·扎尼尼（Marco Zanini，1954—）为孟菲斯设计的一件陶瓷茶壶（见图 9.5.11）看上去像一件幼儿玩具，色彩极为艳俗。这些设计与现代主义"优良设计"的趣味大相径庭，因而又被称为"反设计"。

图 9.5.11　陶瓷茶壶

Fig.9.5.11　Ceramic Teapot

"孟菲斯"的设计在很大程度上是试验性的，多作为博物馆的藏品。但它们已对工业设计和理论界产生了具体的影响，给人们以新的启迪。许多有关色彩、装饰和表现的语言已被意大利的设计产品所采用，使意大利的设计在 20 世纪 80 年代获得了更高的声誉。"孟菲斯"也在国际上得到了反响，日本的"生活型"设计就是一例。1988 年，索特萨斯宣布孟菲斯结束。

2. 后现代主义的设计风格

（1）建筑设计中的后现代主义

后现代主义建筑的特征是：强调建筑的精神功能，注重设计形式的变化；后现代主义建筑强调历史文化，即"文脉主义"；后现代主义建筑语言具备"隐喻""象征"和"多义"的特点，表现在建筑造型与装饰上的娱乐性和处理装饰细节上的含糊性。

罗伯特·文丘里作为美国接触的建筑师，反对米斯名言"少就是多"，认为"少就是光秃秃"。他认为现代主义建筑语言群众不懂，而群众喜欢的建筑往往形式平凡、活泼，装饰性强，又具有隐喻性。他认为赌城拉斯维加斯的面貌，包括狭窄的街道、霓虹灯、广告牌、快餐馆等商标式的造型，正好反映了群众的喜好，建筑师要同群众对话，就要向拉斯维加斯学习。于是过去认为是低级趣味和追求刺激的市井文化得以在学术舞台上立足。

罗伯特·文丘里的代表作品有费城母亲之家、费城富兰克林故居、栗子山庄别墅（见图 9.5.12）、伦敦国家美术馆（见图 9.5.13）、俄亥俄州奥柏林大学的艾伦美术馆、新泽西州大西洋城马尔巴罗·布朗赫姆旅馆的改建等。

图 9.5.12　栗子山庄别墅
Fig.9.5.12　Chestnut Hill Villa

图 9.5.13　伦敦国家美术馆
Fig.9.5.13　The National Gallery

（2）产品设计中的后现代主义

后现代主义的建筑师也乐意充当设计师的角色，他们的设计作品对设计界的后现代主义起到了推波助澜的作用，并且使后现代主义的家具和其他产品的设计带上了浓重的后现代主义建筑的气息。1971 年，意大利名为"工作室 65"的设计小组为古弗拉蒙公司设计的一只模压发泡成形的椅子，就采用了古典的爱奥尼克柱式，展示了古典主义与波普风格的融合，如图 9.5.14 所示。

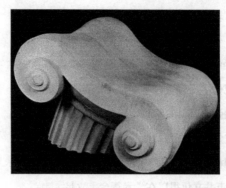

图 9.5.14 "工作室 65" 于 1971 年
设计的椅子
Fig.9.5.14 The Chair Designed by
"Studio" 65 in1971

9.6 绿色设计
Section Ⅵ Green Design

"绿色设计"是 20 世纪 80 年代末开始出现的一股国际设计潮流，社会的可持续发展的要求预示着"绿色设计"依然将成为 21 世纪工业设计的热点之一。绿色哲学的本质，原来是表达对自然的敬畏。它的核心是宣传"3R"思想，即减少（Reduce），再循环（Recycle），再利用（Reuse），它要求不仅减少物质和能源的消耗，减少有害物质的排放，而且要使产品及零部件能够方便地分类回收并再生循环或重新利用。这在当下无疑具有积极的现实意义。

设计风格虽然越来越变化多样，但是社会的发展迫使很多设计师开始转向更深层次的对于工业设计和人类持续发展关系上的探索。如何通过设计，在人—社会—环境之间建立起一种协调发展的机制，对这一问题的思考，标志着工业设计发展的一次重大转变。绿色设计的概念应运而生，成为当今工业设计发展的主要趋势之一。

当人类面临着人口增长迅速、自然资源短缺、环境污染严重、人类无节制地开发利用自然资源，给自身生存环境造成危机等问题时，除了工业、农业等生产过程造成的破坏之外，人们日常生活中制造的大量垃圾也给生态环境造成极大的破坏。家庭日常生活资源消耗的大幅度增加，不仅是由于人口的增加，还由于人均物资消费量的增加。

绿色设计源于人们对于现代技术文化所引起的环境及生态破坏的反思，体现了设计师的职业道德和社会责任心的回归。在很长一段时间内，工业设计在为人类创造了现代生活方式和生活环境的同时，也加速了对资源、能源的消耗，对地球的生态平衡造成了巨大的破坏。特别是工业设计的过度商业化，使设计成了鼓励人们无节制消费的重要介质。"有计划的商品废止制"就是这种现象的极端表现，因而招致了许多的批评和责难，设计师们不得不重新思考工业设计的职责与作用。

绿色设计着眼于人与自然的生态平衡关系，在设计过程的每一个决策中都充分考虑到环境效益，尽量减少对环境的破坏。对工业设计而言，绿色设计的核心是"3R"，即 Reduce、Recycle 和 Reuse，不仅要尽量减少物质和能源的消耗、减少有害物质的排放，而且要使产品及零部件能够方便地分类回收并再生循环或重新利用。绿色设计不仅是一种技术层面的考虑，更重要的是一种观念上的变革，要求设计师放弃那种过分强调产品在外观上标新立异的做法，而将重点放在真正意义上的创新上面，以一种更为负责的方法去创造产品的形态，用更简洁、长久的造型使产品尽可能地延长其使用寿命。

对于绿色设计产生直接影响的是维也纳出生的美国设计理论家维克多·巴巴纳克（Victor Papanek，1927—1999）。早在20世纪60年代末，他就出版了一部引起极大争议的著作《为真实世界而设计》（*Design for the real world*）。该书专注于设计师面临的人类需求的最紧迫的问题，强调设计师的社会及伦理价值。巴巴纳克认为，设计的最大作用并不是创造商业价值，也不是在包装及风格方面的竞争，而是一种适当的社会变革过程中的元素。他强调，设计应认真考虑有限的地球资源的使用问题，并为保护地球的环境服务。1995年，巴巴纳克出版了他的另一本有影响的理论著作《绿色紧迫》。对于他的观点，当时能理解的人不多，并引发了许多的争议。但是，自从20世纪70年代"能源危机"爆发，他的"有限资源论"得到了普遍的认同。

就像现代主义所追求的乌托邦式的社会理想与资本主义社会的经济现实难以协调一样，绿色设计在一定程度上也具有理想主义的色彩，要达到舒适生活与资源消耗的平衡以及短期经济利益与长期环保目标的平衡并非易事。这不仅需要消费者有自觉的环保意识，也需要政府从法律、法规方面予以推进。当然，设计师努力也是必不可少的。

尽管绿色设计并不注重美学表现或狭义的设计语言，但绿色设计强调尽量减少无谓的材料消耗，重视再生材料使用的原则在产品的外观上也有所体现。**在绿色设计中，"小就是美""少就是多"具有了新的含义。从20世纪80年代开始，一种追求极端简单的设计流派兴起，将产品的造型化简到极致，这就是所谓的"极简主义"（Minimalism）。**

法国著名设计师菲利普·斯塔克（Philip Starck，1949—）是极简主义的代表人物。斯塔克是一位全才，设计领域涉及建筑设计、室内设计、电器产品设计、家具设计等。他的家具设计异常简洁，基本上将造型简化到了最单纯但又十分典雅的形态，从视觉上和材料的使用上都体现了"少就是多"的

Just like the unattainable coordination between the utopian social ideas and economic reality in Capitalist society, the green design has a certain sense of idealism. It is not a simple task to achieve a balance between a comfortable life and resource depletion, as well as the short-term economic benefits and long-term ecological goals. This not only requires consumers' self-conscious ecological awareness, but also demands the rules and regulations from government. Of course, the designers' efforts can never be overlooked.

Green design puts forward the design ideology that "pettiness is beautiful, less is more". Starting from 1980s, extreme simple design genre springs up and highlights products modeling , it is the so-called "Minimalism".

原则。图 9.6.1 所示是斯塔克设计的路易 20 椅及圆桌。椅子的前腿、座位及靠背由塑料一体化成形，就好像靠在铸铝后腿上的人体，简洁而又幽默。

图 9.6.1　斯塔克设计的路易 20 椅及圆桌
Fig.9.6.1　The Louis 20 Chairs and Round Table Designed by Starck

　　1994 年，斯塔克为沙巴法国公司设计的一台电视机（见图 9.6.2）采用了一种用可回收的材料——高密度纤维模压成形的机壳，同时也为家用电器创造了一种"绿色"的新视觉。

图 9.6.2　斯塔克为沙巴法国公司设计的电视机
Fig.9.6.2　TV Designed by Starck for SABA Co.

　　于 1993 年成立的荷兰设计团体 Droog Design 致力于将再生循环的理论用于日常生活用品的设计中，创造出一种与众不同的审美情趣，从而引导人们新的消费观。丢弃的抽屉、废旧的地毯，甚至是用过的空牛奶瓶等材料通过设计师的改造，成了新的家具、灯具等各种用品。设计师德乔·瑞米（Tejo Remy）用 20 个被人丢弃的抽屉捆扎成一件新的橱柜（见图 9.6.3），完成了一个产品再生循环的过程。

图 9.6.3　瑞米用被丢弃的抽屉设计成的橱柜
Fig.9.6.3　The Cupboard Designed with the Discarded Drawer by Tejo Remy

　　在不少国家和地区，交通工具不仅是空气和噪声污染的主要来源，并且消耗了大量宝贵的能源和资源。因此交通工具，特别是汽车的绿色设计备受设计师们关注。新技术、新能源和新工艺的不断出现，为设计出对环境友善的汽车开辟了崭新的前景。不少工业设计师在这方面进行了积极的探索，在努力解决环境问题的同时，也创造了新颖、独特的产品形象。绿色设计不仅成了企业塑造完美企业形象的一种公关策略，也迎合了消费者日益增强的环保意识。

需要指出的是，绿色设计主要上还是针对物质产品的设计而言的，所谓的"3R"目标也主要是技术层面上的。要系统地解决人类面临的环境问题，还必须从更加广泛、更加系统的观念上来研究。于是，可持续设计的理念应运而生。可持续设计是在可持续发展的基础上形成的。可持续发展（Sustainable Development）的概念是自然保护国际联盟（IUCN）于1980年首次提出的。而后，一个由多国官员、科学家组成的委员会，对全球发展与环境问题进行了长达5年（1983—1987）大跨度、大范围的研究，于1987年出版了被誉为人类可持续发展的第一个国际性宣言——《我们共同的未来》。报告中对可持续发展的描述是："满足当代人需要又不损害后代人需要的发展"。研究报告把环境与发展这两个紧密联系的问题作为一个整体加以考虑。人类社会的可持续发展只能以生态环境和自然资源的持久、稳定的支承能力为基础，而环境问题也只有在可持续发展中才能够得到解决。因此，只有正确处理眼前利益与长远利益、局部利益与整体利益的关系，掌握经济发展与环境保护的关系，才能使这一涉及国计民生和社会长远发展的重大问题得到满意解决。

"发展"和"增长"的区别在于，"增长"是指社会活动规模的扩大，而"发展"是指社会整体各部分组成的相互连接、相互作用以及由此产生的活动能力的提高。不同于"增长"的是，"发展"的根本动力在于"不断对更高程度和谐"的追求，而"发展"的本质可以理解为"更高的和谐程度"，而人类文明演进的本质在于人类不断寻求"人的需求"与"满足需求程度"之间的平衡关系。因此，促进"发展"的"和谐"，是"人的需求"与"满足需求程度"之间的和谐，也是社会进步的本质动因。

可持续发展得到了广泛的共识，使得设计师们积极努力去寻求新的设计理念及模式与可持续发展相适应。与可持续发展相适应的设计理念是以人与自然环境的和谐相处为前提，设计出满足当代人的需求，又兼顾保障子孙后代永续发展需要的产品、服务或系统。在现有的研究当中，主要涉及的设计表现在建立持久的生活消费方式、建立可持续社区、开发持久性能源及工程技术等。

The difference between "development" and "increase" is that, "increase" indicates the expansion of social activities, and "development" illustrates the ability improvement of connection and the interaction among all parts of society and its activity What makes "development" unique from "increase" is that, the intrinsic motivation for "development" is to pursue a higher degree of harmony, and the core of "development" can be understood as "a higher degree of harmony". The essence of human civilization progress is to keep trying to achieve a good balance of "human needs" and "satisfaction of that needs". Thus, the intrinsic motivation to promote "development" and "harmony" is the harmony between "human needs" and "satisfaction of that needs". This provides the engine for the society to move on.

米兰理工大学设计学院的艾佐·曼梓尼（Ezio Manzini）教授为可持续设计下的定义是："可持续设计是一种构建及开发可持续解决方案的策略设计活动。针对整个生产消费循环，利用系统式的产品与服务整合和企划，以效用和服务去取代物质产品为最终目的。"曼梓尼教授对于可持续设计的定义是理想化的，有非物质主义设计的偏向。非物质主义设计是以信息社会是一个"提供服务和非物质产品的社会"为前提，以"非物质"这个概念来表述未来设计发展的总趋势：即从物的设计转变为非物的设计，从产品的设计转变为服务的设计，从占有产品转变为共享服务。非物质主义不拘泥于特定的技术、材料，而是对人类生活和消费方式进行重新规划，在更高层次上理解产品和服务，突破传统设计的作用领域，去研究"人与非物"的关系，力图以更少的资源消耗和物质产出，保证生活质量，达到可持续发展的目的。当然，人类社会甚至于自然环境，都是构建在物质的基础之上的，人的生命活动、生存和发展离不开物质本质，可持续发展的载体本身也是物质的，可持续设计不可能完全脱离其物质本体。

简而言之，可持续设计是一种构建及开发可持续解决方案的策略设计活动，均衡考虑经济、环境、道德和社会问题，以再思考的设计引导和满足消费需求，维持需求的持续满足。可持续的概念不仅包括环境与资源的可持续，也包括社会、文化的可持续。

在可持续设计之后，又出现了低碳设计的概念。所谓低碳设计是以减少人类碳排放，降低温室效应带来的破坏效应为目标而进行的设计。低碳设计可以分为两种类型：一是重新规划人们的生活方式，提高人们的环境意识，在不降低生活水平的前提下，通过日常生活行为模式的再设计，降低碳消费量；二是通过节能减排技术的应用，或者开发新的、可替代的能源，实现减排。可以预见，低碳设计将成为未来工业设计的一个关键主题。

9.7 服务设计
Section Ⅶ　Service Design

传统设计关注人和产品间的关系，而服务设计则相反，它有若干关注点，并关注消费者随着时间的推移在这些关注点上的交互。这些关注点包括环境、对象、流程和人。

环境是服务发生的地方，可以是物理地点如饭店，商场，也可以是数字化的或无形的地点如网上购物、电话服务。环境提供了服务活动发生所需要的空间和标识（标语、标志）。

和产品不同，服务通常是在同一地方购买递送和消费的。因此服务需求的设置需要包括购买、创造和消费服务。

对象可以是环境中的各种资源，服务设计中的对象是用来交互的（菜单、自动贩卖机），这些资源提供了交互和参与的可能。某些对象是复杂的机器，如机场的包裹分拣系统。有些对象又非常简单，如鞋刷。

流程是有关服务如何进行的：如何预订、如何创建、如何递送。能够落实在文字上的都可设计。流程可以非常简单和短暂（提款、买报纸），也可以非常复杂（法律案件）。

流程通常不是固定的，用户在接受服务的时候可能会有不同的体验。这种变化可以是细微的也可能是巨大的。服务也可以通过多种途径来实现。设计师在服务设计的时候要注意不可能控制整个体验。但是交互设计师至少可以设计和定义某些路径。这些路径包含若干个体验片段，当把这些片段组织在一起，就构成了服务和对它的体验。

人是服务设计中最重要的部分之一，因为大多数服务是为人服务的，只有人的存在才存在服务的可能。服务设计中有两类人要设计——消费者和雇员。消费者和雇员常常执行服务的不同部分，以达到某一特定的结果。例如，在饭店，消费者点菜、侍应生接收菜单和上菜、厨师做菜，共同构成了服务的整个链条，实现就餐服务的目的。这两类人是在实时地共同构建服务。

服务的这种实时共创的性质意味服务难以设计，设计师可以在脑海中设计产品，但是难以设计人，他们可做的是设计各种角色，如客户、侍应生和厨师，再根据角色确定典型的人格，运用到服务场景中检验设计成果。

服务遍布在生活的每一个角落：餐馆、酒店、公共场所、商店、银行、保险公司、文化机构、大学、机场、公共交通……随着社会的发展，人们的消费预期不断提高，使得一些现有的服务设施与服务系统不能满足消费者的需求。毫无疑问，人们从来没有像现在这样关注他们所接受的服务。消费者在售前、售中、售后获得的体验决定着一个品牌和企业的整体品质在消费者心中的地位。消费者可以在几分钟内对他们使用的任何东西——产品及服务，做出评估和比较。在这样的世界里，公司要为它们的行为和所提供的产品承担比以往更多的责任，也要对他们所传递的服务予以特别的关注

因此，在服务领域应用设计的技术是十分必要的。这样可以有效地提高品牌和企业的整体形象，使消费者对服务产生更大的满意度。通过品牌知名度和整体品牌形象的提升，更多的商业机遇和投资合作也会随之而来。

另一方面，服务设计能够帮助企业提高服务效率从而节约成本。从生态

学的角度来说，服务设计对问题的服务化解决方案减少了有形产品在生产过程中对资源和能源的过度使用，企业能够更好地控制服务所提供的内容，并从中获得更多的回报。

服务设计所适合的对象是所有提供服务的行业，它可以是有形的也可以是无形的。它可以是饭店、学校、机场、医院、公共交通，也可以是手机、电视和网络。服务设计流程为：第一步，服务发掘定位；第二步，服务方案形成；第三步，服务整合说明；第四步，服务产生；第五步，服务体验评估；第六步，服务传递。服务设计主要的方法有：服务路径走察、背景调研、日志法、背景访谈、头脑风暴、形象辅助、联合创造、原型走察、人物角色分析、服务设计蓝图、角色扮演、故事板等。

1994 年英国标准协会颁布了世界上第一份关于服务设计管理的指导标准为 BS7000—31994，最新的版本为 BS7000—32008。在欧洲，人们已经开始爆发出对服务设计的兴趣。英国著名的从事服务设计的公司有 Live/Work、Direction Consultants、Engine。美国著名的 IDEO 公司也增加了服务设计业务内容。一些国家的学校在设计学院也开设了服务设计专业。

在我国，服务设计才刚刚起步，但这并不妨碍服务设计在我国的发展。我国服务行业巨大的市场需求，以及以人为本观念的日益普及，预示着我国服务设计行业极大的潜力。北京洛可可设计公司是国内首家对服务设计的概念进行推广，并把它列入业务范围之内的设计公司。而国内一些著名的高校，也在考虑开设服务设计方面的相关课程。

9.8 信息设计

Section Ⅷ　Information Design

手工业时代催生了工艺美术，工业时代产生了工业设计。时至今日，信息时代已经来临。在信息革命的浪潮中诞生的信息设计将完全不同于工业设计，信息设计的特征是复杂的、多变的、自由化的、单一的、模糊的、个性化的、人性化的。

信息社会和以往工业社会不同，设计人员所面临的不再仅仅是有形实体产品的设计和创造，而要更多地是要解决海量的、无处不在的、以数字形式存在的无形信息的设计问题。事实上，当通信和语义技术日益占据我们生活的中心时，信息设计就不仅仅是显得重要，而是一个涉及社会、经济、文化发展的根本性的问题。

目前，对信息设计尚没有一个确切、统一的定义。准确地说，信息设计更多的是指一种思想和理念，是关于对信息的清楚而有效的表示。信息设计的研究涉及与交流相关的多个学科的交叉，是对多领域技术的集成：图形设计、技术性和非技术性的创造、心理学、交流理论和认知学习等。实际中，当需要使相对复杂的信息变得更易理解，或要满足特定文化群体的需求时，就需要使用信息设计方法。简而言之，信息设计是一个搜索、过滤、整理和表达信息的过程。与传统设计中设计者与用户的关系相比较，信息设计者更注重与用户的交流。

信息设计的发展历史最早可以追溯到美国独立战争期间，威廉·普莱费尔（William Playfair）发明了一些主要的图表类型用于行政和经济方面的写作。其后，英国医学专家弗洛伦斯·南丁格尔（Florence Nightingale）发明了统计图，并于克里米亚半岛战争期间应用于政府政策报告中，这是信息设计最早的一个应用实例。接着，米迦勒·乔治·穆郝尔（Michael George Muhall）发明了图表统计法，在此基础上，澳大利亚社会科学家奥图·纽拉特（Otto Neurath）（1973）发展出一种能更有效地显示信息的方法学。而大卫·斯贝特（David Sibbet）（1980）发明的一系列技术可以图示化会议中组织的动态发展过程。Horn 在其论著中以"视觉语言"为标题论述了这一创新的历史。图 9.8.1 描述了信息设计这一职业的形成过程。

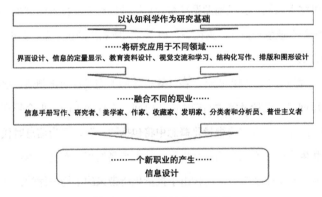

图 9.8.1　信息设计业发展概况

Fig.9.8.1　The General Situation of Information Design

信息设计这一概念最早是由英国的信息协会（British Information Design Society）提出并进行普及的。事实上，在这一概念提出以前，信息设计早已存在于诸多领域，只是在不同的领域中，信息设计被赋予了不同的名称：在报刊领域，称作信息图形（Information Graphics）；在商业范畴，称为表达图形或商业图形（Presentation Graphics or Business Graphics）；在科学领域，则是我们所熟知的科学可视化（Scientific Visualization）。另外，计算机工程师称之为界面设计（Interface Design）；会议设备人员使用图表记录（Graphic Recording）的概念；建筑师形象地把它叫作标记（Signal）或路径发现（Wayfinding），图形设计者则直接称之为设计。

1976 年，时任美国建筑师协会 (AIA) 会议主席的理查德·索尔·乌尔曼（Richard Saul Wurman）将信息结构（The Architecture of Information）作为会议的主题，首次对信息结构设计师做出如下定义：①按照数据内涵对其模式进行组织，从而从纷繁中揭示其意义的个人；② 创造信息结构或图示，以帮助他人找到其独特的知识获取途径的人；③ 21 世纪涌现的一种为了满足时代的需求而专注于如何清晰了解世界以及信息组织科学的职业。1984 年，Wurman 召集了第一次 TED（Technology, Entertainment, Design）会议。会议围绕探讨了科学、理解和信息的关系。可以说，通过此次会议，正式确立了信息设计这一学科。

Information design includs the following aspects: computer aided design, multimedia design, 3D design, computer animation design, computer simulation design, like virtual space design,web design,remote design,digital photography and graphic stunt,digital logic design,information design theory and so on.

信息设计包括如下方面：计算机辅助设计、多媒体综合设计、三维设计、计算机动画设计、计算机仿真设计、虚拟空间设计、网面设计、远程设计、数码摄像及图文特技、数字逻辑设计、信息设计的美学原理等。

信息设计的发展有如下 3 个特点。

（1）在产品的生产方式上，由于信息技术的迅猛发展，更强大的个人计算机、机器人以及计算机辅助设计与计算机辅助制造等技术的进步，将彻底改变传统的企业生产方式。据推测，如今我们所利用的技术量，只占 2050 年技术量的 1%。

产品通过计算机辅助设计，在计算机辅助下完成自动化制造，这些将大大地缩短创意、设计及完成制造成品的时间。设计和生产不再会受到批量化的限制，产品生产方式的批量化概念中将包括"一"，因为信息时代的企业把设计和生产一件产品作为一个批量，是很容易的事，而且成本也非常低。这样，从根本上改变工业化时代由于批量化所带来的千篇一律的设计风格，从而满足人们对个性的追求。如黛安芬内衣每年推出的设计款式就达六七千种之多、一种产品样式只生产 1 件或生产 3 ~ 5 件是常有的事。在平面设计方面，由于先进廉价的计算机打印系统的支持，没有任何商业行为的广告设计成为设计家最为得意的艺术品。

（2）在商品的流通方式和销售方式上，因互联网的普及将发生深刻的变化，人们可以足不出户从互联网上轻而易举地找到各种自己需要的商品。并可直接与生产商进行对话，表达自己的需要。商品在这样的流通及销售中，批发商、销售商甚至商品美丽的外包装都会被作为中间环节而省略。因此，商品本身的设计将更加重要，外包装促销功能将会弱化，甚至成为选购件。不仅如此，更多的商品的设计及生产将会在计算机上虚拟完成。在互联网上你可以把一件商品的包装一层层地打开，然后全方位地看到一件产品虚拟的真实。如有需要可以订购，然后生产商可以马上进行生产。

由于信息资讯的发达，设计制造和流通销售的循环周期——创意、发明、革新或模仿正逐步缩小，因此，推出新的设计，新的产品的企业必须在竞争对手仿制之前迅速占领市场。在过去，产品循环的周期可长达二十年，今天，最长的循环时间也很少能超过三十周。产品的循环周期常常是几个月就要更新换代。在这种环境下，个人设计师将会重新得宠，他们将在新的时代中直接面对消费者，如同手工业时代一样，与消费者进行一对一的服务。

（3）消费观念的变化。工业化时代人们的消费是你有、我有、他也有，大家使用的是一模一样的商品，人们穿着批量生产的成衣，只有大、中、小号的区别，甚至有的只有一种——均码，毫无个性可言。互联网使消费者与生产者可以在网上面对面地沟通，使生产者更加严格地根据消费者或市场的需求进行生产，从而使生产与消费者更加"匹配"，这样大大减少了由于盲目生产所造成的浪费，生产商完全可以满足消费者的个性需求，按消费者的需求设计生产。消费者甚至可以参与生产的过程，可以在互联网上请人专门设计，然后再通过网络请生产商进行加工制作。

如在图书出版业，桌面印刷装订系统在正在迈入个人的大门。先进的技术将为消费者提供极为自由的购书方式，消费者可以在家里通过互联网购书，然后通过自己的打印装订设备把书装帧成册。出版社还可以通过网络提供多种版面样式和封面设计给消费者选择，消费者也可通过互联网请名师专门设计或者自己设计封面，这样消费者便拥有一本独特而心仪的书。

可以说，由于第三次产业革命的推动，计算机、多媒体、宽带互联网……正在渗透到社会生活的各个领域，以往的工业设计因历史的局限更多强调的是共性，而信息设计侧更多地重视人的个性。

尽管信息设计有较长的研究历史，然而从其发展过程以及所覆盖的领域范围来看，缺少对信息设计领域中所面临的共同问题的研究。在研究方法上，缺少可重用的、较为统一的理论和工具。信息设计的好坏，更多地取决于设计者的经验和对信息的理解程度、理解偏好，设计质量缺少足够的稳定性。当所要表达的信息在类型和数量上不断增多，以及信息之间的关系趋于多样性和复杂性时，这种设计方法会显得力不从心。基于此，需要将信息设计领域中具有共性的问题提出来进行专门的研究，进一步建立统一的、具有较强可操作性的信息设计理论和工具，从而降低信息设计的门槛，使更多的人可以加入信息设计领域中。调查表明，目前从事信息设计的专业人员的年龄基本处于 30 岁左右，如何将信息设计理论与他们的创造性相结合，是一个亟待解决的问题。

围绕如何增强信息的可理解性展开的一些共性基础研究包括：人类对信息的主要认知模式、人机交互方式的改进和革新、信息的多种表示途径、信息的组织方式等。

9.9 重点词汇

Section IX Important Words

后现代主义：Postmodernism

孟菲斯：Memphis

解构主义：Deconstructivism

机构主义：Structuralism

符号系统：Semiotic System

隐喻主义：Allusionism

高科技风格：High-Tech Style

绿色设计：Green Design

可持续发展：Sustainable Development

符号化：Symbolic

极少主义风格：Minimalism

折衷主义：Eclecticism

国际风格：International Style

文脉主义：Contextualism

装饰主义：Ornamentalism

结构主义：Constructionism

极间主义：Minimalism

服务设计：Service Design

国际自然及自然资源保护联盟：IUCN（International Union for Conservation of Nature and Natural Resources）

可持续设计：Sustainable Design

低碳设计：Low-carbon Design

英国信息协会：British Information Design Society

信息图形：Information Graphics

科学可视化：Scientific Visionlization

表达图形：Presentation Graphics

商业图形：Business Graphics

界面图形：Interface Design

非物质主义设计：Immaterial design

信息设计：Information Design

图形记录：Graphics Recording

标记：Signal

路径发现：Way Finding

Sixth

Origin, Development and Future of China Modern, Contemporary Industrial Design

第六篇 中国现当代工业设计的发轫、发展及未来

第 10 章　中国近现代设计与当代工业设计

Chapter 10　Origin of Chinese Modern Design and Modern Industrial Design

10.1　中国近现代设计与近现代工业设计教育的发轫

Section I　Chinese Modern Design and Modern Industrial Design Education

设计作为一种文化现象，它的变化反映着时代的物质生产和科学技术水平，也体现一定的社会意识形态的状况，并与社会的政治经济、文化、艺术等方面有密切的关系。中国的近现代设计自鸦片战争到辛亥革命、解放战争从无到有，从"被动"的"拿来主义"到"自强"的"民族主义"，由最初闭关自守的简单工艺品设计，到鸦片战争时期打开国门被迫迎接工业化进程，到"五四"时期狂热的否定传统文化的全面接受，在设计的各领域，都出现了很多优秀的设计作品，有些设计开创了中国设计的新历史。经过清末民初的"手工教育"到民国时期的"图案教育"，中国的设计教育在不经意之间逐步开始发展。

1. 近现代中国"被动的"工业化进程与中国设计

工业设计是工业时代的产物，是伴随着工业革命而出现的。在西方，工业设计史作为现代设计史的重要组成部分，基本上是以西方工业发达国家设计发展的轨迹为样本的历史解释，而近代中国特殊的国情导致工业化水平大大落后于西方，这种落后不仅体现在时间的滞后、技术能力的低下，也体现在"现代性"思想和文化意识自觉在工业化进程中的缺失。在这种情形下，"被动性"成为中国近代设计发展历史中的显著特点。

中国自古以农为本，社会长期停留在自给自足的自然经济阶段，没有现代设计成长的商业、大工业的土壤。虽然早在明末清初，西方设计就以不同方式进入中国，但是上层统治者们没有把握"走向海洋"的机遇，依旧闭关自守，社会生活依旧保持自给自足的自然经济和手工业生产状态，难以向大工业生产转变，人们的设计观念根基基本没有动摇，西方设计器物输入都只不过是作为玩具、稀罕之物供上层使用而已，他们轻视技术原理的研究和开发、普及，扭曲了设计品的科学精神和实用价值。在这样的大背景下，中国的设计更多的是为上层统治者的奢侈生活提供装饰。清末，广州、苏州开始造钟和修钟，有"广钟""苏钟"之称，但钟体一般为西洋人所造，附件由中国人配制，有绘画、音乐、水法、转人或敲钟人等，装饰精巧奢侈，竭尽匠心。

1840 年鸦片战争以后，帝国主义用洋枪洋炮轰开了中国闭关自守的大门，也惊醒了许多有识之士，中国不得不正视"西化"的现实，提出"师夷长技以制夷"的口号，为中国近代工业的产生提供了历史机遇。洋务运动的倡导者创办了一批近代军事工业，这些工业在经营管理上实行的是一套腐朽的官僚制度，在生产技术上，完全依赖外国，这些企业实际上是控制在洋人手中，但在兴办军事工业机构的同时，西方设计观念和技术伴随而来。无论是官办还是民办（商办）的工业，其内容几乎前所未有、开天辟地，而所造之物，也是闻所未闻、见所未见，所以有了很多的中国第一。1862年，上海修建了第一条西式马路，并于1865年首次出现了煤气路灯，有了第一条陆路电报线。1865年中国第一个新式兵工厂安庆内军械所的徐寿、华蘅芳等自行设计制造了中国第一艘木壳蒸汽动力的小火轮，命名为"黄鹄"号，如图10.1.1、图10.1.2所示，船长17米，航速6节，自重25吨。江南机器制造总局为了建造轮船，设计制造了中国最早的工作母机——机床，在1867—1904年间制造了车床等工作母机600多台，这在当时还没有机器制造业的情况下，对民族工业的起步和技术发展起到了重要作用。1876年江南机器制造总局设计制造了中国第一艘铁甲兵船，标志着中国造船水平跃入了世界先进行列。1895年汉阳兵工厂仿制步枪成功并开始小量生产，定名为"汉阳造88式七九步枪"，俗称"汉阳造"为中国第一枪，如图10.1.3所示，汉阳造是中国近代产量最大，使用范围最广，参战最多，使用时间最长的步枪。

图10.1.1 "黄鹄"号简图
Fig.10.1.1 "Huang Hu" Sketch

图10.1.2 中国船舶馆陈列的"黄鹄"号模型
Fig.10.1.2 "Huang Hu" Model in Chinese Ship Museum

图10.1.3 中国第一枪——"汉阳造"
Fig.10.1.3 China First Shot —"Made in Hanyang"

甲午战败、第二次鸦片战争后，有识之士开始意识到西方的富强在"商政"而不仅是"军政"。由此各种民用企业在"自强""求富"的口号下兴起，洋务派还创办了一些民用工矿业（包括煤矿、炼铁、纺织）和交通运输事业（如轮船招商局、电报局），这些民用工业由于掺杂着太多的官方势力，其发展面临着很大的阻力和障碍。在清政府创办民用工业期间，在中国南方出现了民族资本经营机器缫丝业，1874 年广东南海一地就拥有 5 家缫丝厂。1879 年，广东佛山县出现了第一家中国人自己开办的巧明火柴厂，1881 年（光绪七年）在上海租界有了电话，1882 年，清政府在上海建造了上海机器织布局和伦章造纸厂，上海租界安装了电灯。1882 年以后，上海也陆续出现数家缫丝厂，继缫丝业之后，中国近代棉纺织业在华北和长江口一地也出现了。其他工业，如面粉、火柴、造纸、印刷、玻璃、制药等在沿海的一些城市和内地的重庆、太原、汉口等地纷纷涌现。

1862 年，由英商创办的《上海新报》开创了中国报纸广告的先河，当时的广告还主要以文字介绍为主，该报先后为风琴、铁柜等新奇商品打广告，开始以图文的形式出现。而影响最大、持续时间最长的要算 1872 年，英商开办的《申报》，在创刊号上就登了广告 20 则，商品形象和推销广告并重，文字叙述已逐渐走向简洁，版式装帧也更为讲究。图 10.1.4 所示为创刊初期的《申报》广告。从此报纸的图文广告形式逐渐推广开来，这是中国现代图文广告的原形。19 世纪 70 年代以后，中国人自己办报纸登广告逐步增加。

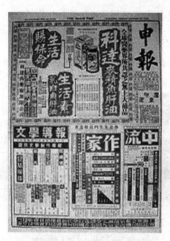

图 10.1.4　创刊初期的《申报》广告
Fig.10.1.4　Start-up Publication Of "ShenBao" Advertisement

1878 年，上海海关造册处以蟠龙为主图案，印制了三枚一套的邮票——邮票正中图绘一条"五爪蟠龙"，蟠龙两目圆睁，腾云驾雾，呼之欲出，其后衬以云彩水浪，但颜色和面值不同，如图 10.1.5 所示。面值是以通用的银两为单位计算的："一分银"（绿色，为邮寄印刷品的资费）、"三分银"（红色，为邮寄普通信函的资费）、"五分银"（橘黄色，为邮寄挂号件的资费）。票面上的"大清邮政局"十分醒目，邮票上方有"CHINA（中国）"、下方有"CANDARIN（S）（海关关平银、分银）"等英文字样。大龙邮票是中国发行的第一套邮票，在邮票发行史上具有重要位置。

图 10.1.5　清末大龙邮票

Fig.10.1.5　Dragon Stamp at the End of the Qing Dynasty

西方列强根据不平等条约在通商口岸建立了租界，形成了很多有各国建筑风格的建筑群，如上海外滩、天津五大道等，这些西化的建筑形式和设计风格也影响了中国本土的建筑设计。在上海、天津、广州、厦门、青岛以及与海外联系密切的广东、福建等地，出现了建造"洋房""洋楼"，采用西式建筑装饰的热潮。连最受关注的官府建筑、公共建筑也开始采用西方建筑设计的形式。1893 年恢复修建的北京颐和园的"清晏舫"，如图 10.1.6 所示，仿照西洋火轮结构建成，并在船体两侧加上了两个机轮。1901 年修建的北京中海"海晏堂"建筑群及 1906 年兴建的"陆军部"建筑群等建筑，如图 10.1.7、图 10.1.8 所示。这些建筑虽然较多地保留了中国古代建筑青砖墙体砖雕装饰等传统，但整体结构已受到西洋建筑的强烈影响，采用洋式玻璃门窗，饰以洋式花卉，是典型的"洋楼式"官府建筑。北京民居宅院以及店铺大量出现了"洋式楼房"和"洋式门面"，还出现了"中西混合"的装饰风格。"西洋楼"作为一种门面样式在北京民间的商店建筑和民居建筑中广为流行。不仅在一些洋布行、西服店、钟表眼镜行等新兴行业中被采用，连一些传统的商号如绸缎庄、金店、粮店也多改装为"西洋楼"样式。著名的"瑞蚨祥""谦祥益"等大型商店部分地采用了欧洲巴洛克的建筑装饰风格，与中国传统的建筑风格相结合，更加相得益彰，图 10.1.9 所示为北京瑞蚨祥店面。

图 10.1.6　北京颐和园的"清晏舫"

Fig.10.1.6　"Yan Qing Fang"of the Summer Palace In Beijing

图 10.1.7　北京中海"海晏堂"外观
Fig.10.1.7　External View of Beijing Zhonghai Haiyantang

图 10.1.8　清末"陆军部"衙署主楼
Fig.10.1.8　Army Office Building In the Late Qing Dynasty

图 10.1.9　北京瑞蚨祥店面
Fig.10.1.9　Beijing Rui Fuxiang Storefront

In 1898, the reformists also formulated the first regulation-to encourage the development of China's modern industry and commerce "the revitalization of the process to award the articles of association" 12, publicly acknowledged and follow the legal status of manufacturing and follow the foreign reward system to invention, emphasizing the encouragement to those who make great contribution to the development of technology, science and technology with plaques, official position and, patent incentives. In 1907, issued the award for the medal of shang cheng, rules that "those people who can make the ship competing with western new ship,and those who made the , trains, cars railways,and longbridge reaching a length of several zhangs, as well as those who can make the new law and gave birth to electric machine maker", must be rewarded by the government. The same rule applied to those people who spread scientific knowledge, improve industrial production technology,invent new products such as reward, Thus changed the traditional policy of encouraging agriculture rather than trade .

　　1895 年，以康有为为代表的维新人士在"公车上书"中提出了以发展工商业为主的"立国自强之策"，诸如精印钞票、设置银行、扩充商务、建筑铁路、制造机器和轮舟、奖励工艺等都在应提倡发展之列。1898 年维新派还制定了中国近代第一个鼓励发展工商业的法规《振兴工艺给奖章程》12 条，公开承认工艺制造的地位合法，并效仿国外奖励发明创造的制度，强调对发展工艺、科技有功者赏以匾额、授以官职、予以专利的激励。1907 年发布《奖给商勋章程》，规定"凡制造轮船能与外洋新式轮船相呼，制造火车、汽车及造铁路、长桥在数十丈者，能出新法造生电机器者"，必须由政府奖赏。对传播科学知识、改进工业生产技术、发明创造新式产品等给予奖励，由此改变了传统的重农抑商政策。1908 年开始有了有轨电车。1905—1909 年詹天佑主持修建我国自主设计并建造的第一条铁路——京张铁路。

　　进入 20 世纪，我国近代的报纸广告有了迅速的发展，各种报纸广告由过去纯商业性推销扩展到了社会、文化、交通等内容，广告的版面比例也开始迅速上升，报纸广告已经成为近代广告最为普及、最理想、最易传播的媒体。"月份牌广告"是为了商业竞争，占领商品市场，适合中国人审美习俗而出现的一种广告形式。它采用了中国传统的神话故事内容，以中国传统工笔绘制。表现形式从中国传统年画中的节气表、月历表演变而来。1896年鸿福来票行随彩票奉送了一种"沪景开彩图，中西月份牌"的画片，此后，"月份牌"这个名词就沿用了。《沪景开彩图》是中国最早的月份牌画的设计，画面采用传统白描加西画透视技法，描绘了满目的新奇之物，受到民众

图 10.1.10　《沪景开彩图》月份牌
Fig.10.1.10　The Calendar of 《*Shanghai Street Scene Color Picture*》

欢迎，如图10.1.10所示。由于月份牌广告对产品推销的奇特效果，工商业者纷纷仿效，遂使月份牌画为之流行。月份牌画发展初期的题材是丰富多样的，历史掌故、戏曲人物、民间传说、时装仕女、摩登生活无所不包。周慕桥是上海月份牌广告第一代设计家。20世纪初，他以古画形式设计月份牌广告，并且在传统绘画基础上融入了西洋画的造型与透视，取得成功，名声大震。图10.1.11所示为周慕桥设计的"月份牌"广告。继周慕桥之后，郑曼陀是近代上海又一著名的月份牌广告设计家，他创造的"擦笔水彩法"一度风靡上海。即先用炭精粉揉擦出人物形象的明暗变化，然后再用水彩层层渲染。此画法柔和细腻、形象逼真、富有立体感、色彩艳丽，尤其表现风俗人情、欧州风光、时装美女、细腻柔嫩的肌肤感具有特殊效果。图10.1.12所示为郑曼陀设计的月份牌广告。受中国画熏陶的画家们巧妙地将西方现代设计的手法融入作品，从1920年到1950年，成为群众喜闻乐见的形式。当时的药品广告、香烟广告、食品广告甚至纺织物的广告，多采用郑曼陀、杭樨英、李慕白、谢之光等设计家的设计样式：美人画为主，产品广告、广告词置于面面的一角，多用照相擦笔画的画法，结合中国的炭精肖像画法绘制而成，作品活泼生动，富有浓厚的民间气息，因此受到大众的喜爱。月份牌广告是中国广告设计艺术的一枝奇葩。

图 10.1.11　清末周慕桥设计的"月份牌"广告

Fig.10.1.11　Zhou Mu Qiao's "Calendar" Advertising Design at the End of the Qing Dynasty

图 10.1.12　民初郑曼陀设计的"月份牌"广告

Fig.10.1.12　Zheng Mantuo "Calendar" Advertising Design at the Beginning of the Republic

　　1911 年辛亥革命带来了民众思想的大解放。民主制度，为现代民族工业的发展开辟了道路，新的生产关系在中国并始有了较为显著的改变，中国手工业在机器大生产的发展和刺激下有了新的进步。这一时期，与工业设计联系密切的传统手工艺领域也一度出现了复兴与发展，一些采用机械生产方式的现代工艺应运而生。1912 年，上海家兴工厂仿制出国内最早的手摇织袜机，胡国光创办的中国蓄电池厂，生产汽车蓄电池，是国内第一家蓄电池厂。1914 年，大隆机器厂仿制成功国内第一台单级离心泵。1915 年，上海裕康洋行会计杨济川按照美国奇异电扇仿制成功国内最早的一台国产电扇"华生电扇"，如图 10.1.13 所示，由于产品质量可靠，价格低于舶来品，销路从上海逐步扩大到内地和南洋一带，被视为当时中国民族工业的代表产品。1915 年巴拿马世博会上，京汉铁路与京张铁路等一起获得了世博会最高奖"大奖章"。图 10.1.14 所示为京汉铁路的汉口"大智门火车站"，"大智门火车站"当年为京汉铁路南段的第一大站。

图 10.1.13 民国初华生牌电扇
Fig.10.1.13 the Wahson Brand Electric Fans at the Beginning of the Republic

图 10.1.14 民国初汉口"大智门火车站"
Fig.10.1.14 Hankou Dazhimen Train Station At the Beginning of the Republic of China Era

由于民国时期政治、经济的复杂性，该时期的设计观念也不能单纯用"西化"与"民族化"来概括，但是从整体而言，无论中、外设计师还是商家，其设计观念都是力求中西合璧、力求顺应中国人的审美习惯并且符合现代设计的要求。这种主动探索新道路的观念在建筑设计上的表现尤为突出，20 世纪 20 年代末南京国民政府的《首都建设计划》以及 30 年代对于"新市区运动"和"中国固有式建筑"的提倡，使模仿西方的城市规划和探索民族形式的建筑活动达到前所未有的高潮。梁思成、吕彦直、杨廷宝、董大酉等设计师在引领民族建筑风格设计方面身先士卒，将国外所学与"国粹"结合，先后尝试了许多"宫殿式""混合式"的建筑形式，为民族风格的延传和新变提供了可资借鉴的榜样。如南京中央博物院大殿、南京灵谷寺阵亡将士纪念塔、南京中山陵和陵园藏经楼、北京大学的未名湖塔等建筑均属于这种风格。这些建筑设计是在对中国传统建筑深刻理解基础上，既有继承又注重创新的优秀作品。南京中山陵就是其中典型的一例，如图 10.1.15 所示。该建筑采用中国传统的宫殿造型，经过巧妙的变革和创新，营造出一种庄严肃穆、气势雄伟的感觉，被当时誉为"完全融会了中国古代与西方建筑精神、特创新格"的建筑作品。中山陵建筑是中国近代建筑史上首次进行的具有规划设计意识的大型建筑群组，其重要意义在于摆脱了纯"欧化"的模仿或拼凑，以新工艺、

Because of the complexity of the politics and economy during the period of the republic of China, the design concept of this time cannot be simply be summed up in the "westernization" and "nationalization", but generally speaking regardless of the designer or merchants at home and abroad, its design concept is to brew, and makes every effort to comply with the Chinese aesthetic habits and conform to the requirements of modern design.

Sun yat-sen's mausoleum building is carried out for the first time in the architectural history of modern China's large construction groups with planning and design consciousness, the significance is to get rid of the pure imitation of europeanization or put together, with new technology, new material division reform of traditional architectural form, as the following example for the traditional Chinese architecture.

新材料改革传统的建筑形式，为其后的中国传统式建筑树立了典范。

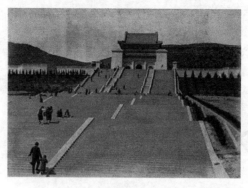

图 10.1.15　民国时期中山陵照片
Fig.10.1.15　Photo of Dr. Sun Yat-sen's Mausoleum in the Period of the Republic of China

中国近现代的书籍装帧设计，由于受西方近代印刷技术和书籍装帧设计的影响，正处于一个在装帧形式上新旧并存，设计风格上传统向现代转型的过渡阶段。清末民初，我国的书籍装帧还基本上沿用着传统的古籍线装书的题签形式。"五四运动"以后，书籍装帧设计出现了明显变化，这就是新式的平装和精装书籍的出现。平装和精装装订形式为书籍装帧提供了一个能充分展示的设计空间，使书籍装帧分离出来，与装订形式一起成为书籍整体设计的两个既各自独立、又相互密切联系的重要组成部分。书籍装帧设计的风格也开始突破传统装帧形式的限制，无论在封面字体设计和编排上，还是封面图形的设计、配色等方面都已出现了较多的现代意味。例如鲁迅先生的封面设计，他除了是作家外，还是一个资深的封面设计师，堪称中国封面设计第一人。他的书刊设计超乎文人趣味，具有专业设计的风范。他以图案字体来设计书名，大胆改变汉字原有的笔画结构，突破传统书法的既有规则，蕴涵着设计语言的丰富性和象征性，可谓自成一派。鲁迅先生亲自为许多书刊设计过封面，并为其中一些书刊封面题字，如《呐喊》《华盖集》《木刻纪程》《伪自由书》《热风》《萌芽月刊》等。图 10.1.16 所示是鲁迅为自己的小说集《呐喊》和许广平译作《小彼得》所作的封面设计。《呐喊》封面设计是鲁迅最优秀的设计之一，暗红的底色如同腐血，包围着一个扁方的黑色块，令人想起他在本书序言中所写的可怕的铁屋。黑色块中是书名和作者名的阴文，外加细线框围住。"呐喊"两字写法非常奇特，两个"口"刻意偏上，还有一个"口"居下，三个"口"加起来非常突出，仿佛在齐声呐喊。鲁迅只是对笔画作简单的移位，就把汉字的象形功能转化成具有强烈视觉冲击的设计元素。这个封面不遣一兵，却似有千军万马；它师承古籍，却发出令人觉醒的新声。《小彼得》因为是一本童话集，所以鲁迅把"小彼得"3 个字写得颇具童趣。图 10.1.17 所示为民国封面设计。左图为《醉里》的封面，1928 年，基本由漫画的方式来完成，画面描述着一个佯作休息的醉汉，在画面的左上方出现极具艺术魅力的"醉里"二字，封面的设计一气呵成，图文很自然的融合衔接，令人耳目一新。右图为《良友》，1926 年创刊于上海，是以照片为主导的画报式杂志，在民国时期影响较为深远，其封面多为漂亮优雅、富有气质的女性。"良友"的字形设计简约现代，将其直接放置在照片上，巧妙地将图片和文字相结合，用图片引读者入文。《良友》的封面设计在当时可谓是一种前卫的尝试。

　　鲁迅先生周围聚集了陶元庆、陈之佛、孙福熙、丰子恺、钱君匋、莫志恒等一大批优秀的设计家。图 10.1.18 所示为陈之佛的封面设计。陈之佛一生设计过的图书杂志的封面约有 200 种，主要部分是杂志。《东方杂志》1904 年创刊于上海，1948 年停刊。是近代中国历史最长、影响最大的一种大型综合性杂志。陈之佛应邀从 1925 年第二十二卷起，到 1930 年第二十七卷止（每卷 24 期），连续六年为它做装帧设计。他"洋为中用"，"大量运用来自古埃及、古希腊、古波斯、古代印度、古代美洲以及西方文艺复兴直至新古典主义的各种装饰母题、装饰元素与装饰风格，通过中国式的经营布局、版式设计与字体运用，使之转化为中国式、民族化的艺术气质、艺术品格"。《文学》是郑振铎 1935 年创办的大型文学刊物，第一卷至第四卷的封面也为陈之佛设计。与七八年前相比，他的装帧艺术也有了变化。创刊号封面的飞驰的火车、奔腾的骏马、高大的厂房、飞转的车轮，造型简洁、风格现代、充满张力和视觉冲击力，也显示了他对立体主义、构成主义、表现主义等新兴艺术的吸收和转化。

图 10.1.16　鲁迅的封面设计
Fig.10.1.16　The Cover Design By Lu Xun

图 10.1.17 民国封面设计

Fig.10.1.17 The Cover Design in the Period of the Republic China Era

图 10.1.18 陈之佛的封面设计

Fig.10.1.18 The Cover Design By Chen Zhifo

卷烟 19 世纪末传入我国后在短短数年间就风靡了全国，成为大众化的消费品之一，烟标是卷烟制品的外包装和标志。其设计主要由品牌名称、图形和生产厂商名组成。烟标作为民国具有代表性的商品包装，其设计表现上呈现了东方与西方、传统与时尚、政治与商业等关系的多样性，有明显的时代特点。图 10.1.19 所示的烟标图形设计多以西方绘画表现为主，如油画、水彩、水粉、版画等，中国传统绘画的表现运用较少，但无论中西绘画形式的图形如何表现，绝大多数的画面呈现了高度的写实性，"五四"新文化运动以来，西方绘画"写实为美"的思想对传统的绘画表现及审美的影响是巨大和普遍的。这时期由于印刷技术的进步，出现了大量的新字体。烟标中的字一是有实用的说明功能，二是有装饰审美的功能，英文在烟标中得到了普遍运用，由于字形结构的不同，英文字体的表现力远远超过汉字，因此烟标中大量地运用了不同的英文字体并居于主要视觉位置，中文则显得非常次要，这也是设计"西化"的表现。烟标的版式结构以对称（或相对对称）为主，在西方现代平面设计与中国传统书籍版式的共同影响下，几乎所有的烟标中都有线框的运用，受到风靡民国时期的月份牌设计的影响，烟标设计多描绘各种美女的形象，其中人物形象的绘制以电影明星等公众人物或美女的生活照为原型而改画形成，另外还受摄影的技术应用的影响，烟标上写实性的风景、建筑图形虽然不是直接运用了摄影图片，但或多或少受到了摄影的启发。在"西学东渐"所促成的多元文化语境中，从整体上来看，在民国烟标设计中，欧美的平面设计表现形式的影响是主导的。

图 10.1.19　民国烟标设计

Fig.10.1.19　the Republic of China Cigarette Package Design

　　许多近现代史资料表明，由于外国资本主义势力与国内的官僚资本家的勾结，这个阶段的民族工业还是存在严重依赖性。多数船舶制造、机械工业、交通业、印刷业、花边业、电机、自行车、铅石印刷、搪瓷、日用化工等民族工商业多由外聘的技师负责产品的设计和开发，不仅造成对外国设计的依赖，而且造成对外贸易的依赖，企业的生死全部由外国人掌控；此外，多数手工艺家和商人虽然开始认识产品设计，但是对现代工业设计的理解尚停留在表面的装饰上，认为产品的"美术设计就是工业设计，不致力于产品形态和功能开发，这些都是造成近现代中国工业设计缺失的原因。从严格意义上说，中国的工业制造和工业设计尚处在仿制加工阶段。上海等工业较为发达的城市，民族工业产品设计大多仿照欧美国家的工业品，如 1925 年上海生产的"华生牌"电风扇；1947 年上海生产的"无敌牌"缝纫机等，均属此类产品。随着批量化的生产以及标准化、系列化的要求，对产品的设计便提到了议事日程上来，但真正具有中国自主知识产权的整体产品造型和结构设计始终未能形成。

2. 中国近现代工业设计教育的发轫

从 1840 年鸦片战争到 1911 年辛亥革命，半个世纪的时间，中国从长期的封建社会一步步沦为半殖民地半封建社会，被迫成为开放的国际市场，原有的自给自足的自然经济快速解体，逐步成为帝国主义的经济附庸，但"被动"的工业化进程造成了工业技术和造型设计的"拿来主义"。**虽然对西方的依赖使得近代中国工业难以崛起，但是最早的中国工业设计意识正在近现代中国工业化不太平衡的发展中不知不觉地出现。**

The modern chinese industry is difficult to rise due to the dependence on the western world, but the earliest Chinese industrial design consciousness emerged in the unbalanced development of modern China's industrialization unconsciously.

1904 年清政府颁布了中国近代由国家颁布的第一个在全国范围内实行推行的系统学制，称"癸卯学制"。学制明确规定了其立学宗旨为"无论何等学堂，均以忠孝为本，以中国经史之学为基。俾学生心术壹归於纯正，而后以西学瀹其智识，练其技能，务期他日成材，各适实用，以仰副国家造就通才，慎防流弊之意"。"癸卯学制"的内容庞杂，大体上有以下各章程：小、中、大学堂章程，初、优级师范学堂章程，初、中、高等实业学堂章程，译学馆、进士馆章程，各学堂奖励、考试章程及管理通则，任用教员章程及学务纲要等等。其中学务纲要带有总括性质，实际上是学制的总纲。这些章程规定了各类学校的立学宗旨、性质、任务、入学条件、课程设置、修业年限及它们之间的衔接关系。从所开设的专业名称看，此类教育事实上涵盖了整个工业部门，……从今日的角度看，也都包含工业设计的因素。尤其值得重视的是，该学制中创设了一个崭新的专业——"图稿绘画科"，这表明此类工艺教育已突破了传统的生产性行业分工的局限，创造性地反映出现代大生产中设计与制作相分离这一新特征，因而就其对专业设计师的培养这一创举而言，它可以看作是设计教育的发轫。

中国经过清末民初的"手工教育"到民国时期的"图案教育"，设计教育在不经意中逐步开始发展。第一次把画图纸分离出来，过去都是师傅讲徒弟做，没有图纸，制作和设计是同一过程，不分开的，从"癸卯学制"开始就分离了，从开始画图纸，慢慢演变成拿图纸去制作，如同大工业生产中按图纸生产一样，可以看作是现代工业设计的发轫，但是并没有出现实质的现代工业设计。"癸卯学制"以后，由于政府的大力倡导，全国各地纷纷创办实业学堂，这些学堂有很大一部分开设有与图案相关的专业，其中以北洋工艺局、直隶高等工业学校和商务部艺徒学堂最具代表性，这些学堂的工艺教育课更趋向实用性。

在现代中国文化形成的过程中，留学生扮演着极其重要的角色，留学生在中国近代新文化的各个领域均有所建树，是中国近现代文化的奠基人、开创者，在设计领域也不例外。1920 年前后中国艺术史上出现了第一个出国浪潮，中国知识分子以主动的探求精神，去学习西方美术设计中可以被自己借鉴的知识和观念。中国人留学日本要晚于留学欧美，但日本却是近现代最大规模的出洋运动的目的地。甲午战争后，日本崛起，明治维新成为东方民族取法西方而自强的榜样，中日一衣带水，隔海相望，留日费用远低于留学欧美，一般中等家庭负担得起，赴日留学一时成为留学生的最佳选择。1918 年陈之佛先生（现代美术教育家、工艺美术家、画家）怀着"实业救国"的宏愿东渡日本，先学绘画，翌年考入东京美术学校的工艺图案科，成为中国留学生中学习工艺图案的第一人。图 10.1.20 所示为 1922 年陈之佛先生在东京时的照片。当时图案设计是与工业生产结合的应用型学科，日本为了保持自己的优势，一般不招中国留学生，陈之佛先生为了实现自己的理想，了解到工艺图案科的主任岛田佳矣教授非常重视中国古代的图案，经介绍后使陈之佛先生成为他的"特招生"。陈之佛先生以优异的成绩掌握了图案设计的新方法，后来成为我国图案学的奠基人、开创者之一。

图 10.1.20　陈之佛先生在东京（1922 年）

Fig.10.1.20　Mr. Chen Zhifo in Tokyo (1922)

西方使用"设计"的概念开始于意大利文艺复兴时期。文艺复兴前后，"Design"是以草图的方式表达艺术家心中的创作意念，即"以线条的手段具体说明那些早先在人的心中有所构思，后经想象力使其成形，并可借助熟练的技巧使其现身的事物"。随着大机器工业的发展，设计的观念发生了较大变化，"Design"的含义突破纯美术或纯艺术的范畴变得较为宽泛。到 20 世纪初期，人类开始有针对性地使用"设计"一词，第一次世界大战后，德国包豪斯学院首次将设计应用于课程名称，有"金属设计""家具设计""包装设计"等。设计逐渐从纯美术或纯艺术中独立出来，现代意义上的"设计"概念逐步形成。在日本，明治十六年（1884 年）出版了《水车意匠法》，意匠即"Design"；明治三十四年（1902 年）东京高等工业学校设立了"工业图案科"，"Design"译成了"图案"。其中，意匠的"意"指"考虑、设计"，"匠"指"意图、思考、技术"，合称为"创意功夫"（创造性设计）；图案的"图"指"谋计、描绘"，"案"有设想之意，合称为"表示设想"。意匠和图案是同一词，因日语汉字易于被中国人接受，故中国也将"Design"译为图案。在中国较早谈及"Design"一词概念的是俞剑华先生（我国著名的中国绘画史论家、画家、美术教育家），他在1926年出版的《最新图案法》中写道："图案一语，近始萌芽于吾国，然十分了解其意义及画法者，尚不多见。国人既欲发展工业，改良制造品，以与东西洋抗衡，则图案之讲求，刻不容缓！上至美术工艺，下逮日用什器，如制一物，必先有一物之图案，工艺与图案实不可须臾离。""发展工业""制品""日用什物"，这些都是工业产品的概念，是具有工业生产概念的"Design"。

1923年4月，从日本东京美术学校图案科毕业的陈之佛先生回国，接受上海东方艺术专门学校的聘请，任该校教育兼图案科主任，并于1923年至1927年在上海福生路德康里二号创办了"尚美图案馆"，专门从事工业产品的图案设计，专门为生产厂家和出版单位作产品、书籍等设计，并通过实际工作培养设计人才，将作品推向社会。图10.1.21所示为"尚美图案馆"标志。这是我国第一所从事图案设计的事务所和培养设计人才的学馆，并促使一些当时的艺术院校开设图案系科。在当时的中国，办"图案馆"不仅是一件旷古未有的新事物，体现着一种全新的设计思想，并且标志着现代工业生产中设计与制造的分工。可惜的是当时的企业家没有工业设计的概念，不肯在产品的艺术品质上投资，图案馆因厂商剥削，负债累累，加以受北阀战争影响，业务全部停顿，无法维持而于1927年停业，未能完成陈先生"实业救国"的宏愿。1929年，陈之佛先生举办了我国第一个图案装饰展览，出版了我国第一本图案参考资料——《图案》。第二年出版的《图案法ABC》，则是我国现代第一本图案理论专著。

图10.1.21 "尚美图案馆"标志
Fig.10.1.21 "ShangMei Design Studio" Logo

1925年，庞薰琹先生（著名工艺美术家、工艺美术教育家）来到法国叙利恩绘画研究所学习，参观巴黎博览会，接触了西方装饰艺术设计和装配流水线的现代工业产品，开始了装饰艺术和建筑的研究，并产生了在中国也办一所装饰美术学院的愿望。1932年庞薰琹先生在上海筹建"大熊工商美术社",并组织工商美术展览。但"大熊工商美术社"尚在筹建中即流产,但"尚美图案馆"和"大熊工商美术社"其集体协调的设计形式,在当时产生了相当的影响,不少设计家仿效其形式组织了自己的工作室和设计社团。中国图案学奠基人之一的雷圭元先生于1929年来到法国,设计家常书鸿、李有行、郑可等也先后留学法国。1933年郑可(著名工艺美术家、教育家)在巴黎参观了德国"包豪斯"展览,是中国较早接触"包豪斯"的设计家。1932年,一批中国留学生在巴黎成立"留法艺术学会",积极向国内介绍西方现代设计新思潮。这些留学生学习西方艺术及其思想,传播了中国的传统艺术,他们回国后或从事美术教育活动,或从事图案设计,对建立中国现代艺术理论体系产生了重要的影响。

20世纪二三十年代中国涌现出了许多优秀的图案学理论著作,这些著作中,有陈之佛的《图案ABC》和《图案构成法》(见图10.1.22)、傅抱石(现代画家、美术教育家)的《基本图案学》和《基本图案工艺法》,李洁冰的《工艺意匠》和《工艺材料》等。这些著作从图案的性质、功能、特点、分类、形式美法则等方面对图案进行了系统的研究,结合不同的材料与制作工艺,解决图案的实际应用问题,初步建立起了中国图案学的理论框架。1935年,陈之佛先生在《图案的目的与意义》一文中写道,"把自己所想制作物品的雏形,借用图画表现出来。换言之,即是我们要制作用于衣食住行上所必要的物品之时,考虑一种适应于物品的形状、模样、色彩,把这个再绘于纸上就叫图案"。陈之佛先生在《图案构成法》一书中进一步指出:"图案在英语中叫'Design'。这'Design'的译意是'设计'或'意匠',所谓'图案'者,呈日本人的译意,现在中国也普遍地通用了。然这也不过对于图案的名义而言,至于图案内容的意义,则颇有不同的解说……综合以上各种定义想来,图案是因为要制作一种器物,想出一种实用的而且美的形状、模样、色彩,表现于平面上的方法,决无可疑。"1936年,陈之佛先生在文章中写道:"机械与艺术的接近,可说是现代的一种特殊现象。这特殊现象,最初出现于建筑,至近来已广于一切造型制作物了。故现代艺术多是伴着机械发达而发展的。最近世界各国间多有大规模的工业建设,这等各国的大工业,虽有难分其优劣的情势,然如果欲凌驾他国同类的产业,征服之而求自己的成功,便不得不注意其工业的最大价值。这亦并非专尽力于制品品质的优良,价格的低廉,因为这些问题各国已有一定的标准。尚非竞争的焦点。这里所谓最大价值,自不外乎艺术的特性,就是所谓的'工业品的艺术化'。大概此后产业经济上的竞争,必由制品的是否美化而分胜负,即出产的那种机械的,实用的,技术的，优越的制品，乃为此后对于产业努力的要点。制品的图案，亦必为产业上极重要的要素，能决定了这样的产业上的方针——实用之上更有美的表现，则一般民众于艺术的态度，自然与从前大异了。""艺术以最实在的意味与一般民众的日常生活相关切，艺术化的制品，亦在最大价值之下而成为一般民众生命之粮。"陈之佛先生对设计的描述已经比较具有现代工业设计的初期含义了。

图 10.1.22 《图案构成法》1937 年
Fig.10.1.22 《*Pattern Constitution Law*》in 1937

　　20 世纪二三十年代，第一次世界大战后西方的经济发展正大规模兴起，艺术设计运动已经从莫里斯的艺术手工艺运动发展成为主张工业技术与艺术完美结合的包豪斯设计运动，在西方经济文化迅速发展的情势下，中国被迫处于国际经济循环的态势中。一批人已经明确了中国要参与世界经济竞争，必须发展工业，发展工业艺术设计，提高产品的价值。于是他们积极介绍外国的设计发展和解释设计的重要性。可以说 20 世纪二三十年代是中国设计的萌发期。当然，这里有个时代局限性问题，那时对设计的理解还不具有"Design"的现代面貌。

10.2　中国当代工业设计的现状——在摸索中前行

Section Ⅱ　Present Situation of Chinese Contemporary Industrial Design—Groping Forward

中国的设计，文化底蕴深厚，从几千年前的民间手工艺设计到现今的工业产品设计，中国在吸收和融合外来设计文化理念的同时，也将自己的设计文化发展到了艺术的顶峰。中国的近代工业设计教育经历了自 1949 年以来 60 多年的时代变迁，从无到有，从孱弱到自强，不断地摸索前行，国内对工业设计教育的研究一直是在不断的争论中进行的，高校的工业设计教育的改革也在不断的探索中进行。中国的工业设计师更深刻地体会到工业设计的天职在综合中，在复杂而又有规律的系统中，在限制中去迎接挑战，解决矛盾，寻找机遇。工业设计是中国现代经济振兴的开路先锋，中国的工业设计必须具有现代性的内涵，即民族性、时代性和国际化，才能使中国设计不断前行。回顾中国设计的发展历程，理清思路，为探索新世纪中国工业设计的发展道路提供启迪。

1. 中国当代工业设计的发展历程

1949 年中华人民共和国建立，早在 1949 年 3 月中国共产党七届二中全会提出党的工作重心将由乡村转移到城市，并提出"把消费城市变成生产城市"的口号，催生了新中国的第一批工业产品。当时中央新闻电影制片厂拍摄了一个纪录片，展示上海生产的热水瓶、自行车、饭锅等产品，这表明上海已经从消费城市变成了一个生产性城市……

1953—1957 年第一个五年计划确定了中国优先发展重工业的基本战略，由于旧中国工业基础非常薄弱，仅有沿海地区由殖民者投资的一些工业，所以在新中国成立之初向苏联学习经验，而苏联援助中国 156 个项目的建设为我国建立了比较完整的基础工业体系和国防体系，奠定了中国工业化的基础，其中比较著名的项目有：长春第一汽车制造厂、鞍山钢铁厂、沈阳飞机厂、洛阳东方红拖拉机厂、703 厂（长虹集团前身）等项目，这些工业项目布局主要配置在东北、中部和西部地区。

1952 年 7 月，青岛四方机车厂试制成功第一台蒸汽机车，揭开了我国蒸汽机车制造史上的新篇章，图 10.2.1 所示为解放型蒸汽机车；1958 年大连造船厂根据苏联设计的图纸在 58 天内造出了第一艘万吨轮船"跃进号"；1958 年在借鉴美式军用卡车的基础上，自行制造出了解放牌 CA10 型载重卡车，标志着中国结束了不能制造汽车的历史，图 10.2.2 所示为国产的解放牌卡车，该车曾为国防和经济建设立下了汗马功劳，同年跃进牌轻型卡车在南京汽车制造厂诞生；1958 年 8 月中央向长春第一汽车制造厂下达了研制国产高级轿车的任务，次年 5 月在参考苏联伏尔加汽车的基础上制造出样车，定型为红旗牌 CA72 型，后经多次调试，确定为 CA772 型，是中国第一辆有正式型号的轿车，图 10.2.3 所示为红旗牌 CA772 型轿车；同年上海开始试制凤凰牌轿车，1964 年后改名为上海牌轿车，型号为 SH760；1958 年中国自己建造的万吨轮船"大连号"下水；1959 年由我国完全自主设计制造的万吨级远洋货轮"东风号"问世……

图 10.2.1　解放型蒸汽机车（1952 年）
Fig.10.2.1　Liberation Type Steam Locomotive（1952）

图 10.2.2　解放牌汽车（1958 年）
Fig. 10.2.2　JieFang Automobile（1958）

图 10.2.3　红旗牌CA772型轿车（1959 年）
Fig.10.2.3　HongQi CA772 Car（1959）

　　在日用产品设计制造方面：1949 年底，永久牌自行车在原来老上海昌和制作所诞生了，伴随着中华人民共和国的成立，上海永久也翻开了历史的新篇章；1950 年，中国第一个全部国产化的自行车品牌"飞鸽"在天津诞生；1958 年，上海 267 家小厂合并，组建成了上海自行车三厂，也就是凤凰自行车厂的前身，几年之后，凤凰牌成了家喻户晓的自行车品牌，一时供不应求，图 10.2.4 所示为凤凰牌自行车；以上海 58-I 型相机设计制造成功为标志（见图 10.2.5），中国的照相机生产开始朝着高质量、批量化的目标迈进，同时代的产品还有 1959 年 3 月诞生的紫金山牌 2-135 型单镜头反光相机，

1961 年 3 月诞生的上海 58-Ⅱ型双镜头反光相机，1962 年诞生的海鸥牌 203型相机，1963 年上海牌 203 型相机，1966 年海鸥牌 DF 型 35mm 单镜头反光相机……中国第一批长三针 17 钻细马手表注册上海牌，型号为 A581 型（见图 10.2.6），于 1958 年 4 月 23 日在中国第一家较具批量生产能力的上海手表厂诞生；1956 年 4 月 30 日南京无线电厂试制成功熊猫牌 601 型六灯三波段收音机，该产品 1964 年在全国广播接收机观摩评比中获外观一等奖，如图10.2.7 所示；1958 年 3 月 18 日天津无线电厂（712 厂）试制成功 14 英寸（1英寸 =2.54 厘米）电子管电视机，被命名为北京牌。

图 10.2.4　凤凰牌自行车
Fig.10.2.4　Phoenix Brand Bicycles

图 10.2.5　上海 58-I 型相机（1958 年）
Fig.10.2.5　ShangHai 58-I Camera（1958）

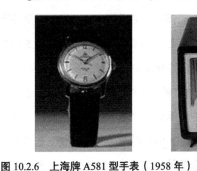

图 10.2.6　上海牌 A581 型手表（1958 年）
Fig.10.2.6　ShangHai Brand A581 Type
Watch（1958）

图 10.2.7　熊猫牌收音机 601-3G1
Fig.10.2.7　Panda Radio 601-3G1

　　在中国火热建设大潮中，工业设计并没有走上现代设计的道路，而是走向了和传统手工业的联姻，"图案学"逐渐被"工艺美术"所代替，这是由于客观上我国的经济是从 1949 年才开始从半封建半殖民社会中解放出来，工业革命并没有出现和发展，工业是在农业经济基础上栽上的新芽，需要一个长期培育和适应的过程。中国工业设计刚开始仅是照搬、借鉴苏联的经验，大量引进的是国外已完成了设计之后的成套生产设备、图纸、模具、工艺以及人员。这种强调生产数量和生产质量的现实需要是国家初创时期经济发展的首要问题，使我们的工业从工人、技术人员到管理者、计划者更加关注生产过程和生产成品数量，这导致我们的工业必然是一种加工型的工业体系。

长期以来，我们固执于传统的美术观念，将工业设计理解成装饰、美化产品，重装饰、图虚表、轻科学、薄实质，这都阻碍设计水平的提高。

"由于工艺美术当时的管理者是手工业管理局，那么它所搞的工艺美术自然就被无形中划在了手工艺的范围内，形成了分门别类的手工艺的那一套。"中国设计走上了以特种工艺为中心的工艺美术道路，加上自我封闭使得中国与世界的交流甚少，在现代设计领域没有跟上时代的步伐。虽然如此，在工艺美术旗号下的设计为人民生活服务的内涵仍然得到国家的重视。早在1953年，周恩来总理在"中国民间美术工艺品展览会"上强调："我们要办工艺美术学院，要从小到大逐步发展，要结合生产，要关心人民生活的需要，要学习先进技术。"1958年5月经国务院批准成立了中央工艺美术学院，中国终于有了一所独立建制的设计学院，尽管当时的设计教育是在"工艺美术"的旗号下进行的，当时还不具有现代设计的面貌，但是，设计和设计教育终于在中国有了一席之地。

在20世纪60年代，我国轻工业产品要出口创汇，当时发现和国外产品有差距，要改进包装。1960年国家轻工业部为了改进轻工业产品的造型和包装，发展经济和扩大对外贸易，决定在无锡轻工业学院建立"轻工日用品造型美术设计专业"，隶属机械系，1961年划归学院基础部领导，招收5年学制的大专生，1962年正式招收学制4年的本科生。1972年扩建为独立建制的轻工业产品造型美术系，专业名称调整为"轻工业产品造型美术设计专业"，这是我国最早的具有工业设计概念的专业系科。当然，在当时的时代，尽管在专业名称上正式打出了"设计"的字样，但在教学的实质内容上基本上还是沿用工艺美术的教学体系，教师也全部是从美术院校调入的，主要还是做包装的设计，整个专业教学还不具有现代工业设计的理念和面貌。

1978年，中国当代社会文化开始全面复苏。新的大规模的经济建设轰轰烈烈地开始了，改革开放政策让中国经济走向了世界。1978年，厦门鼓浪屿召开了"全国包装装潢设计会议"，在这个会议上，一批致力于中国工业设计事业的专家学者有感于对即将到来的开放中国必然表现出的工业设计需求，倡议组建中国设计家自己的组织。1979年，经过当时的领导人李先念、方毅同志批准，"中国工业美术协会"成立，正式开始了自己的使命。当然，这仅仅是一个事业的开始，中国的整个社会对工业设计的认知几乎一无所知。现代工业设计在中国成为一种职业始于20世纪80年代初轻工业产品高速发展时期，当时中国轻工业产品在国外遭遇"地摊货"待遇，因此引发了国内对工业设计概念的引进和发展。

Modern Industrial Design became popular in 1980s when the light industry developed at high speed. During that period of time ,the Chinese light industry products share the synonym of "cheap products".

20世纪70年代末80年代初，上海的著名产品设计更趋理性化，海鸥系列照相机产品经过多轮设计已趋成熟，其4B型双镜头反光相机被誉为中国老百姓最熟悉的"全民相机"，累计生产百万余台，并成为日后中国所有同类相机的设计母本，如图10.2.8所示。稍后诞生的DF型单反相机在前4年便生产了4万台，并催生了"熊猫、孔雀、珠江、长城"等近10种同类产品。在此期间，上海美术学校、上海轻工业专科学校师生完成的丙烯注塑成形的台式彩色电话机和808型低座电话机都是典型的设计，如图10.2.9所示。这个时期还是以家用洗衣机、电冰箱、空调为代表的新家电产品来临的时代，1978年全国只有400台洗衣机，1983年则升至365万台。80年代末，由于人们对食品保鲜的需求，家用电冰箱开始了第一轮火爆销售。这些产品虽然还是消化吸收国外同类产品基础上的开发设计，但的确为人们的生活带来了便利，使人们从传统的生活形态中解放出来，有力地提高了生活品质。

图10.2.8　海鸥4B型双镜头反光相机
Fig.10.2.8　Seagull 4B Type Twin Lens Reflex Camera

图10.2.9　台式彩色电话机
Fig.10.2.9　Desktop Color Telephone

20世纪80年代可以说是中国工业设计教育的创立与普及阶段，出现了中国工业设计教育的第一次发展热潮。原轻工业部首次派遣所属中央工艺美术学院（现清华大学美术学院）、无锡轻工业学院（现江南大学）的柳冠中、王明旨、吴静芳、张福昌四位老师分别赴德国斯图加特造型学院、日本多摩大学、筑波大学、千叶大学学习工业设计，为期两年，80年代中期四位元老相继回国后成为当时中国工业设计教育德国模式、日本模式的实践者。此时，在我国学术界掀起了一场全国性的工业设计"认识运动"。我国第一批派到国外学习工业设计的中青年教师回国以后，开始在全国范围宣传工业设计；一些虽然还没有出国，但最先接触到工业设计概念的教师也在全国演讲。这其中的代表人物有：中央工艺美术学院的柳冠中先生、王明旨先生，广州美术学院的王受之先生、尹定邦先生，无锡轻工业学院的张福昌先生、吴静芳女士。他们的宣传性演讲，对当时设计院校的学子们产生了巨大影响，特别是广州美术学院的王受之先生极具激情的讲演吸引了广大青年学生，讲演可以用"盛况空前"来形容。由于王受之先生演讲中批评了我国工艺美术的教学体系，因而他的演讲也受到了来自国内高校一部分教师的强烈抨击。这也反映出当时国人包括学术界在内，对工业设计这一概念还处于认识的阶段。1984年秋，王受之先生翻译编著了《世界工业设计史》一书，如图10.2.10所示，此书是那个时代工业设计界的"圣经"，是中国第一本全面介绍"工业设计"的教材。

图 10.2.10 　《世界工业设计史》
Fig 10.2.10 　《History of Industrial Design》

在工业设计认识的普及运动中，一些外国专家也功不可没。就任德国斯图加特造型艺术学院院长的克劳斯·雷曼教授以中央工艺美术学院为据点，在全国范围内进行演讲，时常来中国在各校举办工业设计基础教学培训班，传授工业设计基础理论与教学方法。因其对中国工业设计教育的贡献，被授予"中国工业设计特殊贡献奖"。1983年，英国设计委员会顾问、最早由国家轻工业部引进来华进行工业设计讲学的彼得·汤姆逊先生客居无锡，在全国范围讲解工业设计的理念，还在无锡轻工业学院多次举办全国性的工业设计教学培训班，培养工业设计专业教师，帮助和资助青年教师赴英国学习工业设计。他是"一直充当现代工业设计思想在中国的'布道者'"。1988年，彼得·汤姆逊先生定居在深圳大学，1996年病逝于深圳。日本筑波大学朝仓直巳教授来华讲解基础构成，千叶大学小阮二郎教授讲解人机工学，铃木迈教授讲解设计材料，东京造型大学丰口协教授讲解日本设计与经济发展，鱼住双全教授演示表现技法，阿瑟·普洛斯等国际设计界的著名教授来华讲学……表明了国际设计教育界与中国设计教育界开始了更多的交流。

在那个年代，中国工业设计能力的柔弱和对工业设计概念的无知，深深刺激着率先接受工业设计观念的高等院校工业设计专业的年轻学子们。当时在国际设计竞赛中较为著名的"日本国际设计竞赛"中，中国没有很好地理解该设计竞赛的宗旨，还不懂什么是现代设计，参赛的作品大都是玉雕、牙雕之类的手工艺作品，因此没有通过评审，不仅大陆没有作品入围，中国香港、台湾地区包括世界范围内的华人都没有作品入围过。在 1989 年第三届日本大阪国际设计竞赛中，当时无锡轻工业学院两名青年教师过伟敏（现江南大学教授）、何晓佑（现南京艺术学院教授、博士生导师、副院长，中国工业设计协会副会长）合作的作品"火"的设计——"给暖墙体" 通过初、复试，入选了大阪国际设计展，这是中国设计师的设计作品第一次在该项国际设计竞赛中入选。"这应当看作我国设计界跨向世界的大胆尝试。大阪国际设计竞赛是日本国际设计交流协会举办的'国际设计节'的三个组成部分之一……设计竞赛的竞争是十分激烈的，每次都有 50 个左右的国家和地区的 1000 余人参加角逐。评审团由国际上知名度高的专家组成，经过两次严格评审，决定数十件入选作品和若干件得奖作品，淘汰率很高。在第四届竞赛中，日本有 133 作品参赛，入选 24 件，美国有 105 件作品参赛，入选 11 件，德国有 62 件作品参赛，入选 8 件。这三个都是工业基础强、设计力量雄厚的国家，占了入选总数的近半数。其他国家的入选作品就都寥寥无几了。意大利与苏联也仅有 2 件入选，英国仅 1 件入选。原来基础较好的瑞典、瑞士、丹麦及后起之秀的韩国等 24 个国家的作品全部落选。我国有 2 件入选可以看作良好的开端，以此提高我们的信心，激励我们以更大的努力取得新的更好的成绩。"

在第一次设计教育发展热潮中的代表院校有：中央工艺美术院 1977 年成立工业美术系，1984 年更名为工业设计系；无锡轻工业学院 1960 年在机械系下建立"轻工日用品造型美术设计专业"，1972 年扩建为轻工业产品造型美术系，专业名称为"轻工业产品造型美术设计专业"，1985 年正式更名为"工业设计系"；广州美术学院 1980 年建立工业设计专业，但使广州美术学院工业设计名声大震的是设计史论教研室，工业设计系则组建于 1996 年；湖南大学 1977 年建立"机械造型及制造工艺美术研究室"，1982 年成立"机械造型及工艺美术系"，1985 年更名为"工业造型设计系"，1987 年正式更名为"工业设计系"。另外，还有北京理工大学、哈尔滨科技大学、鲁迅艺术学院等高校设立了工业设计系，开始正规化培训工业设计专业人才。

海外进修归来的教师以极大的热情投身到学科建设中，改革开放最前沿的广州美术学院的几位教师接受了从香港传来的关于"三大构成"的一些教材，开始了在广州美术学院基础设计课程的改革实验，后来一些教师如广州美术学院的尹定邦老师、中央工艺美术学院的辛华泉老师将"三大构成"带到了全国各类培训班的教学中，并著书向国内介绍"三大构成"，在全国掀起了"构成热"。张福昌老师从日本回国以后，在无锡轻工业学院的教学中也第一次开设了"构成课"，吴静芳老师从日本回国以后，也引进日本筑波大学"构成"专家朝仓直已先生到无锡轻工业学院进行"构成"教学，当时的无锡轻工业学院在设计学科基础教学中全面引进了"构成"教学，对当时的工艺美术课程体系形成了巨大冲击。后来"三大构成"成为几乎所有设计院校的必修课程，原因是在设计学科的基础训练中增加了对设计本质和规律性知识点的灌输，加强了学生动手能力的培养，并从"写生"的概念转化成"创造"的概念。尽管现在国内对"三大构成"课程提出了很多批评，很多院校已经放弃了该课程，但在我国工业设计教育的历程中，"构成课"确实起到了积极地推动工业设计专业教学发展的意义。

1986 年，在国家机械工业部教育司的主持下，在工科院校内成立了工业设计专业教学指导委员会，主要在所属工科院校开展工业设计的指导与协调工作。同时工业设计也被正式列入了国家教育部所指定的专业教学目录，成为一个正式的专业。1987 年中国工业设计协会正式成立，协会汇集了部分政府官员、艺术教育家、设计师和企业家，在 20 世纪 80 年代末对中国工业设计产生了较大的影响，其在 1988 年发行的杂志《设计》得到了国内设计界的认同，图 10.2.11 所示为《设计》杂志的首刊。

由于工业设计是以"跨越式"的方式进入我国，"在中国，'设计'这个东西几乎是在不与社会化大生产接触的情形下，一下子从发达国家的高端降临到我们的生活中来。"当时的热情是高涨的，一段时间下来，大家对工业设计

图 10.2.11 《设计》杂志的首刊
Figure 10.2.11 "Design" Magazine First Published

好像又熟悉又不熟悉。说熟悉，是因为工业设计与艺术有关，具有美术基础的我国设计院校好像很容易上手，好像能画就能搞设计了；说不熟悉，是因为工业设计与技术制造有关，美术背景的教师和学生对此比较生疏。我国理工科院校的工业设计专业在这两个方面与艺术类设计院校正好相反。更不用说工业设计与市场经济有关，而在当时可以说高等院校的工业设计教学几乎没有有关经济和市场方面的课程。这就使我国的工业设计教育一开始就显示出"短腿"现象，艺术类院校的设计很难与企业接口，理工科类院校的设计又与企业的工程师没有多大区别。总之，不论是艺术院校还是理工院校的工业设计教育都不同程度地与制造业脱节。中国初期的工业设计引入者多为大学的教师，他们对中国社会结构、大众价值理念、企业架构知之较少，使工业设计思想在中国的导入与企业的生产实践中脱节。学界在推动工业设计事业时，不约而同地淡化其"应用性"主旨，弱化其解决现实问题的价值，夸大其塑造未来的幻想作用，赋予了较多的理想色彩。学界过分强调了它的文化价值和美学价值，尽管文化和美学的价值在工业产品设计中确实很重要，但在工业设计引进我国的初始阶段，企业还没有这个认识高度的情况下，学界没有找到与企业的最佳"接口"。因此，中国工业设计教育初期10多年人才的培养出现了尴尬的局面：一方面中国制造业没有工业设计人才，另一方面学校培养的有限的工业设计人才毕业以后大量改行。为此，当时任中央工艺美术学院工业设计系主任的柳冠中先生感慨道："由于社会的偏见，主管部门条条、块块的割据，中国这么大的国家却不能将辛辛苦苦培养的仅14名专业人员分配到最急需的岗位上去。这岂不是最大的浪费？整个社会，没有研究机构，没有工业设计单位，没有实习、实验基地，更没有工业设计师的社会地位。寥寥无几的毕业生还将陆续撤到不能发挥作用的单位内，实在令人担忧。"

　　进入20世纪80年代末90年代初后，我国的工业设计发展情形有了可喜的变化。许多80年代初接受工业设计教育的学生毕业后进入其他的院校执教，将工业设计思想的种子撒向全国。同时一些具有美术基础或工学基础的现任教师又在中央工艺美术学院等高等院校接受进一步的设计教育和培训。企业中也有一些美工或工程师到大学接受工业设计的基本训练，他们将工业设计的观念带回企业，工业设计由院校和研究所向企业渗透，促进和提高了企业对工业设计的认识，一些富有活力的企业开始制定工业设计发展战略。从80年代末开始，中国独立的设计咨询业开始起步和发展，一些地区如北京和深圳相继出现了"工业设计促进会"和"工业设计公司"。在中国沿海主要经济发达地区开始出现设计公司、工业设计事务所为企业提供包括市场分析、概念设计到产品样机的设计服务。更为重要的是由于经济发展已经积蓄了一定的实力，综合国力大大提高，社会产品的总量空前增长，国外先进产品和设计大量引进，以及中国设计队伍日益壮大……所有这些都为工业设计的腾飞奠定了基础。

1987年广州大学艺术设计系与万宝电器集团联合创办的"广州大学万宝工业设计院"建立。1988年7月中国第一个民营工业设计专业服务机构——南方工业设计事务所在广东诞生。南方工业设计事务所由广州美术学院工艺美术系的青年教师童慧明、王习之、刘杰、阚宇与时任广州南方无线电厂厂长的汤复兴、时任广州白云无线电厂副厂长的吴新尧、来自湖北洪湖的企业家李家俊共7人共同创建，历经6年时间，成为当时中国南方地区第一个真正"民营"性质的工业设计实体机构。由于当时中国的工业设计事业只是起步阶段，因而南方工业设计事务所成为工业设计在南方的一面旗帜，并培养出一大批工业设计人才，这些人后来成为了中国南方地区工业设计的主力军。因此，有人戏称"南方工业设计事务所"是中国的"包豪斯"或中国工业设计的"黄埔军校"。南方工业设计事务所是中国工业设计协会最早的团体会员，也是广东省工业设计协会最早的常务理事单位。"南方所"运行的轨迹和运作的模式，对设计机构经营管理模式和对设计理念的探索，以及它的存在和后来的发展对珠江三角洲工业设计事业有很深的影响。

20世纪90年代初期毕业于中央工艺美术学院工业设计师资班的俞军海先生创办了"深圳蜻蜓工业设计公司"，蜻蜓工业设计公司最大的影响是在中国首次以民间形式开发了第一款原创设计的家用轿车"小福星"，如图10.2.12所示，这款汽车采用了奥拓的底盘，但在整体尺寸和外形上都有十分重大的突破，通过与香港理工大学设计学院李达志教授的合作，俞军海整合了二汽部分设计师和有关工程技术人员开发"小福星"。该车也以改革开放以来第一部中国人自己设计的小汽车而受到社会的关注。历经4年（1992—1996），投资数千万元，经过不断改进，共开发出三代车型，50辆样车，完全按照国际通用的设计思路和方法进行设计开发，从构思、创意、草案、效果图、三维油泥模型、概念车，再到工程样车、小批量试制后在钓鱼台、北京车展展出。"小福星"定位是介于三厢与二厢之间的单厢车，设计师最初设想"小车型、大空间"，从而能达到"平民价格、绅士享受"的目标，帮助中国老百姓圆汽车梦。设计完成后，蜻蜓设计公司与北方车辆研究所、亚安秦川汽车公司三方合作，争取到了生产合法身份，生产目录为QCJ7088，并设想利用奥拓生产线进行规模化生产。"小福星"给人印象最深的是弧线车顶，这根决定单厢车成败的"中国弧线"被列入世界著名小车设计之列，对此，设计师选择单厢式的设计是权衡了各种车型利弊的最终结果。它的直接启发就是 20 世纪 80 年代流行的"子弹头"面包车（现在称 MPV 或商务车）。问题是，如何确定一个小型车的诉求，不能照搬，或比例缩小，而是要重新解构、设计，用其"神"，不能取之"形"。最后在实物（小型车）参照下，发现车身顶部一根弧线的确定非常重要。当时参与设计的设计师三人有争论，各持己见，谁也说服不了谁。原因是各有各的设计经验和审美观，以及对汽车的理解。在一比一的胶带图上，画了撤，撤了画，反反复复，最后存异求同，通过油泥模型、实际观察、模拟体验，最终达成了共识，找到了单厢车设计的"黄金线"。**这根弧线的归纳主要是三点：首先是审美的需要，涉及造型设计的基本出发点；其次是功能的需要，满足驾乘人员对空间的基本要求；最后是降低风阻的需要，符合汽车空气动力学原理，力求达到最佳状态。正因为这根弧线的确定才有了"小福星"造型的基本框架，它被认为是东方人从对"鱼"的崇拜中汲取灵感，并从鱼的曲线中提炼出优美的线条（符合流体力学）而设计出来的，创造了平和而优雅的视觉效果。**由于这些认识和把握，"小福星"奇巧的造型手法、宜人的造型符号才得以发挥，如鱼得水，使其在世界汽车造型设计中独树一帜，并被认为是代表中国原创设计的杰作而收录到国际著名汽车杂志《CAR STYLE》中。最终"小福星"因种种原因夭折了，但作为一项设计和成果，不能认为是失败，只不过没有投产上市而已。即便是今天，"小福星"还是经得起时间的检验，是研究中国汽车设计难得的蓝本。它的整个设计过程是有理论、文化和市场支撑的，其含金量并不完全体现在产品设计上，而是体现在它所提供的设计思路和方法上。"小福星"设计不是孤立的，它完全是置于国际化设计和要求背景下展开的设计。设计团队研究了整个汽车设计的历史和人文背景，包括每款车畅销的原因和消费需求，以及社会学的意义等。此外，邀请了世界上著名的汽车设计师来探讨设计方案，还走访了国外著名的设计公司，以及实地考察了国外的汽车消费市场。遗憾的是这些中国早期的工业设计专业公司现在都因各种各样原因倒闭了。正如原蜻蜓工业设计公司总经理俞军海先生所说："在这一进程中，我们真切地体会到设计推广的艰辛……"，"遗憾的是因种种原因，蜻蜓公司'小福星'在国民汽车的伟大实践中途夭折！原构想实现从设计服务——设计实业——设计强国的战略发展道路没能实现，留在世人中一个不想悲壮的'汽车疯子'之'梦'，成为蜻蜓同仁壮志未酬的永远之'痛'……"

This arc can be summarized mainly from three points: the first one is the need of aesthetic, involving the baisc starting point of modeling design; Second is the need of function, which aim to meet the basic requirements of space for driver, the last one is the need of reducing wind resistance, in line with the car aerodynamics striving to reach the best state. Thanks tothe determination of this curve, the basic framework of "little star" ,which is believed to draw inspiration from the worship to fish of eastern people and choose the best curve of fish(in accordance with the fluid mechanics It creates a peaceful and elegant visual effect.

图 10.2.12 北方"小福星"微型家用小汽车

Fig.10.2.12 "Northern Small Lucky Star" Mini Car

20 世纪 90 年代，国内一些著名企业纷纷聘请设计师对自己的产品进行升级换代设计，并将自己的品牌进行梳理，在工业设计上强调学习西方突显产品技术特性的"高技派"风格，并以"人机工学"作为设计思考的重点。1991 年上海金星电视机厂邀请设计师傅月明设计了国内首款大尺寸画面电视机——28 英寸金星彩色电视机，命名为"金星——金王子"。图 10.2.13 所示为傅月明的电视机设计草图和照片。当时傅月明已经加盟由同学俞军海等人在深圳创办的蜻蜓工业设计公司，从设计上看，28 英寸金王子彩电没有太多的按键，具有人性化的风格，强调个性化、时髦化的理念。其追求是"如喷射般的强劲音乐，如石头般的立体雕塑"，简洁明快的意象，优美的曲面构成一只展现图像的容纳体。28 英寸金王子彩电投产后迅速成为该厂高端品牌和拳头产品，进入国际市场并赢得了广泛的好评。

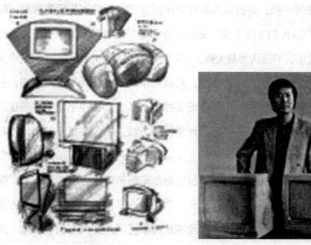

图 10.2.13 傅月明的电视机设计草图和照片

Fig.10.2.13 Fu Yueming's TV Design Sketches and Photos

1993 年开始长春客车车辆厂委托中央工艺美术学院设计"公务员专列"室内环境及产品，由王明旨教授担纲。所谓"公务员专列"是指中央高层领导外出工作用车，过去的设计是将平日办公室的写字台、沙发、灯具等产品直接搬至列车上，其功能分区也不尽合理，尤其是厕所设计更是不好，新设计的方案从人机工学角度出发，借鉴日本新干线列车的成熟经验，从整理造型逻辑开始，按照标准化、通用性的原则创造设计语言，车厢内主照明灯具由原来普通日光灯改为长方形，磨砂玻璃灯罩灯，沙发专门根据列车室内环境设计，窗帘、窗架等细微之处均有设计，厕所洁具采用树脂材料，造型现代简洁，语言统一，取得了很好的效果。此后双方合作项目已从公务员专列发展到普通列车室内及产品设计。

1994 年青岛海尔集团与日本 GK 设计集团共同成立了青岛海高设计制造有限公司，主要针对海尔自身的产品和品牌制定设计策略并直接进行各种新产品开发，这也成为中国第一家由企业成立的合资设计公司。多年以来优良的工业设计为海尔创立国际品牌起到了巨大作用，使得海尔产品迅速提升品质，并扩大了国内、国际市场的占有率。海尔当年从德国引进成套技术设备生产冰箱，原先的设计是冷藏箱在下方，冷冻箱在上方。海尔设计人员考虑到消费者使用冷藏箱更多，需要经常弯腰，很不方便，就把冷藏箱改在了上方。过后有专家在评价这件事时表示，"这是一个典型的人性化工业设计，改变了一个细节，使得海尔冰箱在一段时期内销售火爆，国内甚至海外很多冰箱厂家都群起仿效。"2002 年日本政府工业设计大奖 G-Mark 设计大奖揭晓，由海尔集团海高公司设计的嵌入式酒柜和小小神童洗衣机获得 G-Mark 设计大奖，这是中国工业设计产品第一次获得 G-Mark 大奖。该奖历年来都是由索尼、松下、本田等国际大型著名企业的最新设计产品所包揽，以前中国还没有过自主设计的产品取得该项大奖。2006 年海尔"鲜风宝"空调、彩晶三门冰箱、三超直流空调获得了被称为工业设计界"奥斯卡"的德国 IF 设计大奖，如图 10.2.14 所示，海尔的三项设计从全球 50 多个国家和地区的 1952 件产品中脱颖而出，一举摘得代表全球工业设计最高水平的德国 IF（If design award）工业设计奖，不仅成为全球空调类的唯一获奖企业，也是该奖项成立 53 年以来中国家电品牌的首次捧杯。正如"德国国际设计论坛设计协会"专家所评价的一样："可以肯定地说，在这次象征工业设计奥运会的比赛中，来自中国的海尔让我们有了一个审视中国家电业的机会，他们是所有参评的空调作品中唯一的胜出者，他们获奖的两款空调已经达到了工业设计的世界之巅，海尔是这次工业设计奥运会当之无愧的冠军。"

图 10.2.14　获得 2006 年德国 IF 设计大奖的海尔设计

Fig.10.2.14　Haier Design Won the 2006 German IF Design Award

　　中国从封闭的计划经济体系转向 20 世纪 90 年代开放的市场经济体系，国外的录音机、彩电、空调、音响、照相机等产品纷纷进入中国，对中国的市场和中国人的生活方式都产生了巨大的冲击。单一的卖方市场逐步转向多样化的买方市场，人们的消费水平和消费结构逐步发生了根本的变化。中国社会的消费意识逐渐从对消费数量的拥有转为对消费品品质的拥有。人们更多谈论的是拥有什么样的品牌，对产品的质量、样式、服务更为挑剔。消费者的消费意识和消费行为也都发生了很大的改变。人们不再单纯把价格因素看成唯一的购买因素，甚至人们不再把产品的使用功能看成第一位的购买因素，品质的概念开始贯穿在消费行为之中。人们的消费心理和消费意识更加成熟，更加独立。国外企业成功的案例对中国企业也产生了巨大的影响，比如来自欧洲、日本和韩国企业设计发展的榜样，特别是韩国三星公司。1994 年，三星董事长李建熙将三星公司重新定位在"高端"以后，首先抓工业设计。他组织了一个 17 人的代表团访问美国洛杉矶艺术中心设计学院，开始与美方合作培训三星企业内部的设计师。三星建立了自己的设计学院，建立了创新设计大楼，全脱产学习工业设计知识，李建熙认为："一个企业最重要的资产在于它的设计和其他创新的能力。我相信 21 世纪最终的赢家将会由这些能力决定。"正因为来自企业高层对工业设计的重视，三星的设计得到了非常快的发展，国际品牌协会连续两年宣布：三星是世界上扩展最快的品牌。三星公司销售的产品 75% 是自主研发的，产品从研发到上市从 14 个月缩短到 5个月，结果是"三星公司远远地站在它的竞争者之前，以其对技术进步的快速反应和及时满足消费者审美的特点而著称"。这一切，刺激着中国的设计界，也唤醒了中国的制造业竞争意识。

由于来自国内的需求和国外的影响，中国社会必然对院校的工业设计教育提出了更高的要求。这一要求也就促使了中国高等院校工业设计教育的再一次大发展。在 20 世纪 80 年代中后期至 2000 年，20 年中全国建立工业设计本科专业并获得教育部学士学位授予权的高等院校有 162 所。2001 年以后工业设计教育经历第二次高潮，短短的五年中，又有 86 所高校建立了工业设计本科专业并获得了教育部学士学位授予权。越来越多的院校开设了工业设计专业，工业设计教育逐步形成了较为独特的教学体系。由以工科院校为主的设计教育体系和以艺术院校为主的设计教育体系得到进一步的发展。原有机械部工业设计教学指导委员会划归教育部管理，并成立了 2001—2005 工业设计教学指导委员会，由 11 个重点设计院校的教授组成，其目的是为政府的教学行政机构提供咨询、专业教学评估、指导和教材建设、促进设计教育的发展。同时教育部所制定的本科生专业学科目录也将工业设计列入二级学科，强化了工业设计的专业学科特色。

尽管在国家《普通高等学校本科专业目录》上没有"工业设计硕士学位点"，但几乎所有开办工业设计专业并有硕士学位授予权的学校都在"艺术设计"或"机械工程"下招收工业设计方向的硕士研究生，有的学校还直接招收工业设计博士生。另外，还有多所院校在艺术设计学、机械、林业、计算机学科下设立了工业设计博士学位的研究方向，如清华大学、湖南大学、武汉理工大学、浙江大学、苏州大学、江南大学、中南林学院、南京林业大学等。在这一次热潮中，工业设计教育的发展已经不是停留在"有"的层面下，而是向"优"的层面上发展。国内的一些主要设计学校都在进行新一轮设计教育的改革，重新整合学科的内涵和结构，全面提升工业设计教育的"学术地位"和"学院地位"，将工业设计教育列为学校的重点发展学科。

进入 21 世纪以来，工业设计已成为中国经济腾飞的引擎，中国设计的行业协会组织与行业间的互动日益明显：2005 年北京市科委、工业设计促进中心正式启动"北京设计资源共享中心"园区基地，并于次年成功地推出了"中国创新设计红星奖"，图 10.2.15 所示为 2012 年红星奖部分设计作品，并计划用 10 年时间将其塑造成中国设计领域的"奥斯卡"奖；深圳市已将工业设计作为产业振兴的支点，并于 2008 年先行申请加入"世界创意城市网络"，成为设计之都；上海设计创意中心、上海工业设计协会于 2008 年举行了"影响上海设计的 100 位（个）设计师与设计机构"评选活动，意在建立设计人才高地；2009 年由中国工业设计协会、上海市经济和信息化委员会、上海设计创意中心、上海工业设计协会、宝山区人民政府和国际设计组织共同打造了"上海国际工业设计中心"园区，并开设了"中国工业设计博物馆"，展出的五百余件中国各个时期批量生产的工业产品及设计故事，为收藏、研究中国工业设计历史提供了基地。

消防式氧气呼吸器 新松智能服务机器人
（深圳市柏斯工业设计有限公司） （崔亮生）

煤矿探水雷达 数位演讲台
（洛可可设计集团） （深圳市舵手工业设计有限公司）

图 10.2.15 2012 年红星奖部分设计作品
Fig.10.2.15 a Part of Works of the 2012 Red Star Award Design

自 2011 年起，中国工业设计协会创办了"中国工业设计十佳大奖"的全国公益性评选活动，旨在通过表彰为工业设计做出突出贡献的机构和个人，推广最新模式和经验，树立行业变革典范，推进设计创新进程，引领产业转型升级，助力创新型国家建设。四年来广受关注，共计千余家机构和七百余位个人参加评选，每年都评选出"年度中国工业设计十佳创新型企业""年度中国工业设计十佳设计公司""年度中国工业设计十佳杰出设计师""年度中国工业设计十佳推广杰出人物""年度中国工业设计十佳教育工作者"，评选出来的人物和公司都是在中国工业设计领域的佼佼者。图 10.2.16 所示为

2012 年中国工业设计十佳教育工作者和十佳设计公司。

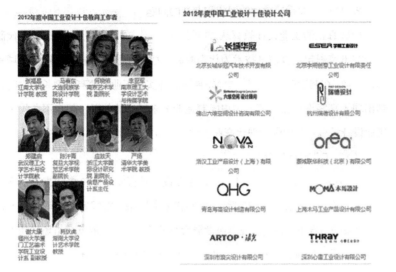

图 10.2.16　2012 年中国工业设计十佳教育工作者和十佳设计公司

Fig.10.2.16　Chinese Industrial Design Top Educators and Top Ten Design Company in 2012

至今的二三十年，历经了中国轻工业行业，家电行业，通信行业发展的几个阶段，工业设计在企业中逐步形成相对成熟的职业形态。

近年来，从工业设计外协到建立企业级工业设计中心，从设计工作室到专业 design house，工业设计在企业内外的发展可谓迅猛；从市场角度来看，近年来工业设计在手机设计和汽车设计领域所产生的影响尤其令人瞩目。随着韩国 design house 模式的引入和竞相拷贝，在国内巨大市场需求的带动下，国内手机设计业借助国际资本发力，德信的美国上市、明基收购西门子的事例似乎预兆着中国成为国际性手机设计研发中心已经不会太遥远了。而与手机相比，汽车设计在国内虽然刚刚起步，但国内企业已经意识到工业设计技术对于汽车工业的重要性，与意大利设计大师、知名设计公司的合作预示着国内汽车工业很有可能仿效手机业发展的思路，现阶段本土汽车企业不会正面与国际巨头比拼核心技术，而转从工业设计等软创新技术出发来获得市场的认可，如奇瑞 QQ 在中国市场的成功就是一个很好的范例。工业设计在行业应用过程中，从起初的家电产品，到手机等通信产品，然后到现在的汽车等交通工具，设计的专业化趋势越来越明显，企业对设计的要求以及专业门槛越来越高。

中国工业设计的发展与中国工业设计教育是紧密相联的，随着中国经济融入国际市场体系，中国工业设计将带动中国企业的进一步发展。中国设计产业将会随着国民经济的增长而迅速提升，中国的设计教育也会在社会文化、

In recent years, industrial design is playing increasingly important role in the development of the enterprise inside and outside. not only from industrial design to the establishment of enterprise industrial design center, but also from the design studio to the technical design house, From the Angle of market, industrial design exert remarkable influence in the field of mobile phone design and car design As the introduction and competitive learning of South Korea design house mode and the huge domestic market demand, it will be a near future that china would become a international research and design center with the help of international capital and the successful market of the Dayton superior in the United states as well as the merger from BenQ to Siemens.

经济的发展中得到不断调整和提高，为中国企业的设计创新培养更多的人才。

2. 中国工业设计教育的现状和存在的问题

中国真正的工业设计教育从 20 世纪 80 年代初开始起步。中国的现代制造业在迅速崛起，以信息技术为代表的高新技术几乎冲击着所有经济领域和制造产业。在制造业经历了跨越性发展阶段并实现工业产值高速增长的同时，却出现了高等设计教育产出与中国制造业需求错位的状况，起步不久的中国工业设计教育，为中国的现代产业提供着稍微滞后的服务。

（1）工业设计教育现状

中国在 20 世纪 80 年代开始引进工业设计教育体系，30 多年来有了飞跃的进步与发展。特别是自 20 世纪 90 年代末期以来，在国家"高等教育大众化"政策的引导下，在制造业迅速发展后对设计人才需求的就业市场驱动下，高等艺术设计教育迅速扩张，在进入 21 世纪后的今天，中国已经成为全球规模最大的高等艺术设计教育大国。据初步统计：中国目前设立设计专业（包括艺术设计、工业设计、建筑设计、服装设计等）的高校（包括高职高专）已达上千所，每年招生人数已达数十万人，设计类专业已经成为中国高校发展最热门的专业之一。但是，与西方发达国家不同的是，中国的工业设计教育是在社会经济高速发展与转型的历史背景下发展起来的，因此面临的问题与困难特别突出，而且中国的工业设计教育至今还是处于发展的阶段，尚未真正定型与成熟。

（2）工业设计教育产出与中国制造业需求的错位

虽然中国的工业设计教育发展迅速，但是令人深思的是，在经济全球化的背景下，中国作为世界上最大的人口大国和制造大国，目前全球最大的汽车制造与销售大国，家电制造与出口、家具制造与出口、服装制造与出口、玩具制造与出口大国，然而直到今天，中国仍然没有培养出自己的汽车设计大师、家电设计大师、家具设计大师、服装设计大师、玩具设计大师。

中国的当代设计教育进入了一个十字路口，高校设计教育与产业发展跟进脱节，高等设计教育的发展滞后于产业。中国作为"世界出口贸易大国"，工业设计教育需要以新的人才培养模式、专业设置、教学内容和课程体系，来解决未来中国制造产业的需求。

中国的工业设计教育与中国制造产业的需求并没有形成有效的接口，工业设计教育的发展，不仅是数量上的增加，而且还必须优化教育结构，包括学科专业结构、层次结构、类型结构和地区结构。人才培养必须以适应中国市场经济发展与制造产业的需求为主要目标，尤其要与国际接轨。对于这个问题，我国工业设计教育的学术带头人柳冠中先生给予了非常深刻的评述：与设计教育的"不良性过度"所形成对照的是设计产业的幼小或畸形。设计教育与设计产业处于严重的失衡状态，造成我国设计业的两端大、中间小的模式，即设计教育与设计需求增大，专业化的设计队伍与合格的设计人才却相当缺乏。

因此，我们有必要冷静理智地认清中国工业设计教育的现实，重新理清发展现代工业设计教育的思路，取消全国"大一统"的专业设置与办学模式，重新思考艺术设计学科的专业设置，重新思考中国工业设计院校布局，在办学模式、专业特色与区域经济产业相适应，重构中国的现代工业设计教育体系，使工业设计教育真正成为中国现代制造产业发展的第一推动力，共同迎接"中国设计"时代的来临。

（3）重"道"轻"器"、重"艺"轻"技"的教育体系

目前中国的工业设计教育院校在专业设置方面强调"拓宽基础、淡化专业"的教学改革，在人才培养目标方面强调"通才"教育的定位上，提出要培养面向未来的信息技术时代的新一代设计师，培养"全能"的设计师。在办学目标与学科建设方面把主要精力放在中专升大专、大专升本科、本科申报硕士点与博士点上。而真正的工业设计专业教育在很大程度上仍然停留在纸上谈兵、脱离实践的"理论设计"或"模拟式设计"的状态中，特别是设计技能的实践教学课程和实践教学的车间与设备欠缺很多。

从 20 世纪 50 年代一直到 80 年代，高校中的艺术设计专业设置一直是在普通大学中的艺术系、美术系与工艺美术系中（1980 年后，开始在少数工科大学设立艺术设计专业），基本上以工艺美术装饰设计教育（包装装潢设计、广告设计、染织设计、书籍装帧设计等）为主，在工业产品设计方面，长期以来，是以传统手工艺美术品为主（陶瓷设计、漆器设计、特种工艺等），一直 1988 很多高校还在展开关于"工艺美术"与"工业设计"的概念之争，现代工业设计到 20 世纪 80 年代末期才开始起步。在教育体制方面，设计教育一直是以纯艺术的美术教育和传统工艺美术教育为基础，从师资结构到学生素质，长期以来"重艺轻技"，尤其是严重缺乏以培养动手能力为主的技术实践教育，这种现象一直延续到今天，是导致中国设计教育落后于国际现代设计教育的关键因素之一。幸好，时至今日，很多高校已经开始关注并解决这一问题。

由此，我们不得不重新审视当代中国的工业设计教育模式和体系，中国的现代工业设计及设计教育源于中国的工艺美术教育，长期从属于纯美术（绘

画），从民国初期的图案教育一直到今天的艺术设计教育，我国的现代设计教育萌芽于 20 世纪初期，探索于 20 世纪 50 年代，兴起于 20 世纪 80 年代。一个世纪来，中国的艺术设计教育经历了从"图案"——"工艺美术"——"艺术设计"的不同发展阶段，我们虽然曾经在民国时期和 20 世纪 80 年代初期先后引进了"包豪斯"及西方的设计教育模式和体系，但是这种"引进"并没有真正切入到制造产业、教育体系和经济制度的深层，而只是浮在形式模仿的表层形态。中国"大一统的设计教育模式"，造成中国设计教育体系在 21 世纪的经济竞争中的新一轮落后。

3. 中国工业设计的现代性内涵

现代工业设计文化要素在时空中传播，在一定地域中存在，同一定的社会人群发生关联，形成现代设计的民族性；由于文化在一定时间内存在，即同一定的社会历史变迁相关联，产生了现代设计的时代性。而民族性与时代性，又构成了现代设计文化的本质属性。中国的现代设计，应该更多是一种融通古今、关怀人性的思考方式，是多种文化并存，是人与自然协调的现代化体现，是庄子所畅想的天地与我并生，万物与我为一的人生境界。中国设计的现代性内涵应包括以下几点。

（1）民族性

中国现代设计要体现出中国传统文脉中的重要组成部分，体现中国式的智慧、意境和精神，即民族性。 真正的中国设计应该试图去发现一种既根植于我们民族的根性，又对整个设计语言具有意义的东西，并潜在于我们的意识深处。**让寻找表现某种可以识别、分析、解读我们传统艺术中渗透的中国特性的本土记忆翻腾出来。**

世界上每一个民族，由于不同的自然条件和社会条件的制约，都形成了与其他民族不同的语言、习俗、道德、思维、价值和审美观念，因而也就必然形成与众不同的民族文化。**现代设计文化的民族性主要表现在设计文化结构的观念层面上，它反映了整个民族的心理共性。不同的民族，不同的环境造成的不同的文化观念，直接或间接地表现在自己的设计活动和产品中。** 如德国设计的科学性、逻辑性和严谨、理性的造型风格，日本的新颖、灵巧、轻薄玲珑而有充满人情味的特点，以及意大利设计的优雅与浪漫情调等，这些无不诞生于不同民族的文化观念的氛围中。

现代工业设计越来越认同本土化，本土化是对本土文化的认同，对民族性的认同。中国传统文化中圆满、完整、对称、偶数、硕大等审美因素，表现在中国设计风格上，以形式上的完整性、对称性和平稳性、寓意性为特点。

Chinese modern design should reflect the most essential integral parts of Chinese tradition and ethincity, that is, Chinese wisdom, artistic conception and spirit.

Local memory is churned out to identify, analyze and interpret the Chinese characteristics lied in the traditional Chinese art.

The ethnicity of modern design culture lies in the conceptual aspect of the designed culture structure. It reflects the common psychology of the whole nation. All kinds of cultural ideology resulted from different nation and surroundings are manifested directly or indirectly in their own design activity or products.

例如，中国传统图形——盘长纹（见图 10.2.17），源于佛教八宝的八吉祥之一，在民间它常结合方胜图案来使用，并以此表达人们四环贯彻、一切通明的美好意愿。中国联通公司的标志就是采用了盘长纹的造型，取其源远流长、生生不息、相辅相成的本意来延展联通公司的通信事业无以穷尽、日久天长的寓意（见图 10.2.18）。该标志造型无论从对称上讲，还是从偶数上说，都洋溢着中华民族流传的吉祥之气。

图 10.2.17　盘长纹
Fig.10.2.17　Long Plate Vein

图 10.2.18　中国联通标志
Fig.10.2.18　Logo of China Unicom

（2）时代性

它是指中国的现代设计应该跟随时代的发展要求，具有时代的生命力。现代设计文化既是民族的，又是时代的。一个民族在漫长曲折的历史发展过程中，于不同的历史阶段，该民族文化分别会表现出不同的时代性特征。只要我们承认设计文化的承接性和发展性，就有设计文化的时代性存在。这是因为设计文化首先是一个历史发展的过程，是该民族各个时代的设计文化的叠合及承接，是以该时代的现实物质社会为基础，是传统设计文化的积淀和不断扬弃的对立统一，是历史性与现实性的对立统一。

设计文化的时代性特征，很自然地使我们的设计活动和产品不能用一个绝对的标准去衡量。不同的时代都有自己的标准，不能把今天或昨天的标准，当作唯一的标准。每个时代的设计文化都有这个时代的烙印。

真正的传统是不断前进的产物，它的本质是运动，而不是静止，传统应该推动人们不断前进。现代设计应体现文化的传承、创造能力与民族个性。因此，中国的现代设计无论是思维方式、价值判断方式、社会组织方式等许多方面，都当随时代前进，并不断地多方位吸收、更新，以建立一个既有民族性又有时代性的新的设计文化系统，这是时代的要求、历史的必然，是中国设计水平跻身于世界前列的关键所在。

（3）国际化

21 世纪是一个注重交流的世纪，越来越宽泛的经济合作带来的不仅仅是

The real tradition is produced in the inceasing forwardness it should push people to move ahead endlessly, as its essence is movement, rather than quiescence. Modern design should reflects cultural inheritance, creativity and ethnicity.

消费者的便利和企业家的利润，它伴随着的是文化的沟通与融合，甚至是强势文化的侵略和弱势文化的消亡。文化之间的界限会越来越模糊，表现在设计上会更加突出。经济的全球化导致设计的国际化是不可避免的趋势，当代意义上的经典已经不仅仅是跨越时代，还包括了跨越地域。当处在一个地球村的时代，面对各色人等，你就必须考虑每一个潜在受众的需要及审美偏好。

然而事物总有其两面性，设计的审美性又使它无法放弃对个性的追求。民族的才是国际的，也只有这样，设计才会有个性，才会成为真正的创造。民族性是共性中的个性，整体中的局部；国际性是个性中的共性，局部中的整体。只有植根于本土文化的土壤中，并吸取外来优秀的意识、方法，才能构建出既有自己独到之处，又不落后于国际潮流的理念与实践体系。

国际化和民族性不但是现代设计共性与个性的问题，它同时还代表着一个国家的包容性。中国文化处处体现出一种"水"性，因为水永远是在流动变化着的，同时汇集包容着一切。包容性有助于我们清楚地认知国际设计的潮流趋势，吸收其他民族、国家的优秀成果，而且能使我们心态更广阔、轻松，站在更高的角度对中国现代设计做出综合的把握。比如，中国的唐朝是中国古代历史上最强盛的时代，那时的长安胡风盛行，是一个开放、融合的国际大都市，各种文化在此交流融合。正是唐代强大的包容性，才造就了当时国家的繁荣强盛，中国文化的广泛传播。

全球化发展的趋势下，有危机也有契机，它同样潜伏了民族文化发展的可能性和机会。这种情况自然造成了现代设计一方面国际主义化，另一方面又多元化地发展趋势。当代设计在新的交流前提下出现了后现代主义的特征，产生了设计文化多元化、设计观念多样化、设计媒介多变化的发展局面，民族文化的发展在新的情况下，将有机会以新的面貌得到世界的认知。当下的中国，对现代设计的发展来说，潜在着更多、更新、更具文化包容性的创造机遇。设计的最终目的是要关照到文化与心灵的呼应。作为设计师，应该恰如其分地继承传统，抓住文化，深入心灵，借鉴中国文化经典艺术的力量，跨越时代和社会的局限，把握中国传统文化的共性与艺术审美的共识，解析中国现代设计的现代性内涵，在当代社会文化的大背景下，中国现代设计应该上升为一种更自觉的社会文化应用，这也是个体形式的更高层次的文化参与。

（4）中国创造

时代进入 21 世纪，工业设计的内涵还在发展之中。"工业设计将不再是一个定义'为工业的设计'的术语"。当今的工业设计所涉及的更多地是理念、

Internationalization and nationalization are not only the issues of commonality and individuality in the modern design, but also reflects a nation's inclusiveness. Chinese culture is embodied with the intrinsic quality of water, as water is always changing and inclusive.

思想、意义与价值等领域的探讨与研究，由物质产品向非物质产品的延伸，以"设计对象—环境（社会环境与自然环境）—人"这一系统的最大和谐为目的，寻求设计对象的解决方案。设计是一种创造性的活动，其目的是为物品、过程、服务以及它们在整个生命周期中构成的系统建立起多方面的品质。因此，设计既是创新技术人性化的重要因素，也是经济文化交流的关键因素。工业设计一个很重要的职能是通过工业产品解决生活中的问题，工业设计通过对人的生活方式和行为方式的研究，提出解决生活中问题的产品概念，工程师解决功能问题，而工业设计师则解决人在使用这些产品中的问题。

当前，我们国家政府和企业界已经意识到"中国制造"必须走向"中国创造"，自主创新与品牌塑造将成为中国企业下一步的关注点，从联想购并 IBM PC，TCL 购并汤姆逊，明基并购西门子手机，我们看到中国制造走向世界创立自主品牌的决心和勇气，顺应潮流，国内工业设计界必须有所作为。 2007 年 2 月 13 日，温家宝总理批示"要高度重视工业设计"，这是对我国工业设计教育的极大鼓舞和鞭策。在实现中华民族的伟大复兴中，高等院校工业设计教育应当在产品制造业从"中国制造"走向"中国创造"的历史性转变中充分发挥它应有的作用。"中国制造"向"中国创造"转变势在必行，技术能力是骨骼，制造能力是肌肉，创新设计就是给躯体注入灵魂，这样，一个产品或品牌，才有了永久的生命力。中国人已经用"MADE IN CHINA"证明了自己吃苦耐劳的商业意志，而一个新的挑战已经赫然摆在眼前，我们是否可以在想象力无边界的"无形时代"，真正展现中国人的智慧？那就是中国创造。

At present, our government and enterprises have realized the importance of the transition from "made in China" to "created in China", independent innovation and brand building will become the next focus of Chinese companies, from the merger and acquisition of lenovo to IBM PC, TCL to Thomson, Benq to Siemens mobile phones, we see the determination and courage of China to bring "made in China" to the world and create independent brand in order to go with the trend, Thus domestic industrial design would make a difference.

10.3 重点词汇

Section III Important Words

拿来主义 Borrowlism

民族主义 Nationalism

版式装帧设计 Format design

工笔 fine brushwork

传统手工艺 Traditional arts and crafts

印刷技术 Printing technology

立体主义 Cubism

构成主义 Constitution Doctrine

表现主义 Expressionism

版画 Print

批量化生产 Batch production

包装设计 Packing design

图案学 Pattern study

后现代主义 Post Modernism

乌托邦 Utopia

参考文献

［1］薛娟 . 中国近现代设计艺术史论［M］. 北京：水利水电出版社，2009.

［2］卢世主 . 从图案到设计——20 世纪中国设计艺术史研究［M］. 南昌：江西人民出版社，2011.

［3］夏燕靖 . 中国艺术设计史［M］. 南京：南京师范大学出版社，2011.

［4］柳冠中 . 工业设计学概论［M］. 哈尔滨：黑龙江科学技术出版社，1997.

［5］何晓佑 . 佑文集［M］. 南昌：江西美术出版社，2012.

［6］夏燕靖 . 陈之佛创办"尚美图案馆"史料解读［J］南京艺术学院学报，2006（2）.

［7］刘蓓蓓 . 晚清 – 民国烟标的设计研究［D］. 苏州：苏州大学，2008.

［8］章霞 . 民国时期书刊封面设计的发展［J］. 艺术与设计（理论），2012（6）.

［9］何晓佑 . 当代中国工业设计中涵盖的三种关系［J］. 艺术百家，2011（5）.

［10］何晓佑 . 起步阶段的中国工业设计教育［J］. 创意与设计，2010（10）.

［11］占炜 . 中国近代工业设计史研究综述［J］. 设计艺术研究，2014（4）.

［12］雷绍锋 . 中国近代设计史论纲［J］. 设计艺术研究，2012（12）.

［13］熊微 . 江南大学设计学院简史［J］. 创意与设计，2010（10）.

［14］汪敏华 . 溯源中国工业设计，不仅仅是怀旧［N］. 上海：解放日报，2009.11.29.

［15］王受之 . 世界现代建筑史［M］. 北京：中国建筑工业出版社，2004.

［16］（美）肯尼斯·弗兰姆普敦 . 现代建筑［M］. 张钦楠，译 . 北京：中国建筑工业出版社，2004.

［17］（美）彭妮·斯帕克 . 设计百年——20 世纪现代设计的先驱［M］. 李信，黄艳，吕莲，于娜，译 . 北京：中国建筑工业出版社，2005.

［18］（英）N. 佩夫斯纳等 . 反理性主义者与理性主义者［M］. 邓敬等，译 . 北京：中国建筑工业出版社，2003.

［19］卢鸣谷，史春珊 . 世界著名建筑全集［M］. 沈阳：辽宁科学技术出版社，1992.

［20］（美）斯蒂芬·贝利，菲利普·加纳著 . 20 世纪风格与设计［M］. 罗筼筼，译 . 成都：四川人民出版社，2000.

［21］蒋炎 . 包豪斯的作坊训练与现代手工艺教学［J］. 南京艺术学院学报：美术与设计版，2009，02.

［22］德国设计——读《德意志制造》［J］. 室内设计与装修，2009，07：137.

［23］毛璞 . 德国设计教育的形式与特征［J］. 大众文艺：理论，2009，11：149-150.

［24］冼燃 . 设计，韩国崛起的秘诀［J］. 新经济杂志，2009，07：48-51.

［25］占炜 . 中国近代工业设计史研究综述［J］. 设计艺术研究，2014，02：110-116+126.

［26］杨一奇 . 柔美的功能主义——浅析斯堪的纳维亚设计［J］. 设计，2014，

06：183-184.

　　［27］陈雨．乌尔姆设计学院的历史价值研究［D］．无锡：江南大学，2013.

　　［28］刘丹．构成主义对包豪斯教学理念的影响研究［D］．景德镇：景德镇陶瓷学院，2014.

　　［29］杨曼．意大利设计中的情感化设计研究［D］．北京：北方工业大学，2014.

　　［30］曹帽，徐雷．万物皆设计——感受斯堪的纳维亚设计［J］．美与时代（上），2012，02：33-35.

　　［31］江牧，林鸿．包豪斯的设计哲学——从教育、社团和作品视角的考察［J］．苏州大学学报：哲学社会科学版，2012，05：137-144.

　　［32］高晨漪．新浪潮的涌现——论雷蒙德·罗维与美国设计［J］．工业设计，2012，03：39.

　　［33］高雯．斯堪的纳维亚的人性化设计初探［J］．大众文艺，2012，17：114.

　　［34］徐赟．包豪斯设计基础教育的启示［D］．上海：同济大学，2006.

　　［35］王启瑞．包豪斯基础教育解析［D］．天津：天津大学，2007.

　　［36］王勇．包豪斯工业设计思想研究［D］．济南：山东大学，2008.

　　［37］刘杨．当代韩国设计的崛起［J］．艺海，2010，02：77-78.

　　［38］赵云川．论传统工艺文化在"日本设计"中的作用及意义［J］．艺术设计研究，2010，01：77-80.

　　［39］彭泽勇．析"罗维设计"与"为人设计"［J］．文学界：理论版，2010，05：240.

　　［40］张引良．浅析日本设计风格的形成［J］．商品与质量，2010，S7：111.

　　［41］吕明，白云峰．斯堪的纳维亚设计风格对现代设计的影响［A］．中共沈阳市委员会、沈阳市人民政府、中国汽车工程学会．第十一届沈阳科学学术年会暨中国汽车产业集聚区发展与合作论坛论文集（信息科学与工程技术分册）［C］．中共沈阳市委员会、沈阳市人民政府、中国汽车工程学会，2014：3.

　　［42］谷彦彬．国内外现代设计教育的启示［J］．内蒙古师范大学学报：教育科学版，2001，03：59-63.

　　［43］罗华．德国设计的特征［J］．园林，2008，11：46-47.

　　［44］王艳．议斯堪的纳维亚设计风格形成之原因［J］．艺术与设计：理论，2008，04：25-27.

　　［45］王勇刚．斯堪的纳维亚设计风格带来的思索［J］．淮北煤炭师范学院学报：哲学社会科学版，2008，03：150-152.

　　［46］健杰．瑞士设计：椅［J］．东方艺术，2008，13：152-153.

　　［47］追溯意大利设计（上）［J］．车世界，2005，10：140-141.

　　［48］时华．浅谈西班牙设计［J］．中国美术馆，2007，08：111-113.

　　［49］孙琳．浅谈德国设计与现代主义［J］．魅力中国，2008，28：86-87.

　　［50］熊艳辉．民族传统设计的魅力——斯堪的纳维亚设计浅谈［J］．科技咨询导报，2006，14：115-116.

［51］朱小尧，彭建祥．二战后的西班牙设计——浅析西班牙现代主义设计［J］.艺术探索，2006，03：111-112+144.

［52］闵花卉．解析意大利设计 [J]. 艺术与设计：理论，2007，02：19-20.

［53］安文亚，王维．我们需要什么样的设计——由德国设计史得到的启示［J］.艺术与设计：理论，2007，03：24-26.

［54］刘潇．从德国设计发展看现代设计［J］.艺术与设计：理论，2007，07：23-25.

［55］何景浩．充满生机的韩国设计——设计在韩国的辗转［J］.科技咨询导报，2007，21：102.

［56］阿娜苏·萨巴尔贝阿斯科阿，何塞·玛利亚·法埃尔纳，拉克尔·佩尔塔等．300% 西班牙设计：创造的激情［J］.装饰，2007，09：36-50.

［57］黄颖杰．日本设计精神与现代西方设计［J］.文学教育（上），2013，06：105.

［58］敖雯瑜，陈旻瑾．北欧文化与斯堪的纳维亚设计之美——为日常生活创造更多的美［J］.美与时代（上），2013，07：19-21.

［59］李雨欣．论 Wabi-Sabi 对日本设计的影响——以品牌"无印良品"为例［A］.南京理工大学、英国考文垂大学．南京理工大学学报 2013，37（总 191）［C］.南京理工大学、英国考文垂大学，2013：5.

［60］刘宝海．日本设计——日本特色［J］.国际市场，1996，05：7.

［61］蓝英．令人刮目相看的韩国设计［J］.汽车与驾驶维修，1996，01：16.

［62］陈旭，童慧明．意大利设计［J］.美术学报，2003，04：72-73.

［63］许佳．斯堪的纳维亚设计美学形态初探［J］.东南大学学报：哲学社会科学版，2004，06：88-90+127.

［64］周裕兰．试论斯堪的纳维亚朴素功能主义设计风格［J］.徐州建筑职业技术学院学报，2011，02：91-93.

［65］陈雅男．Philippe Starck,Patrick Norguet,Guillaume Delvigne. 法国设计［J］.现代装饰：家居，2011，05：121-134.

［66］徐媛媛．波普艺术运动对英国设计的影响［J］.美术报，2005，11.

［67］王威多．浪漫主义的高卢雄鸡——思考法国设计的装饰性特色［M］.考试周刊，2009，42：46-47.

［68］韦笛．法国设计先锋与艺术大师们的对话［J］.中国美术馆，2011，12：78-83.

［69］Kevin N. Otto, Kristin L. Wood. 产品设计［M］.齐春萍、宫晓东、张帆等，译．北京：电子工业出版社，2005.

［70］Kurt Rowland. 形态的发展［M］.王梅珍，译．台北：六合出版社，1984.

［71］Lim.Multiple aspect based task analysis（MABTA）for user requirements gathering in highly-contextualized interactive system design［C］. in Proceedings of Tamodia 2004, November 15 ~ 16, ACM Press, Prague, Czech Republic，2004.

［72］Lim, Y and Sato. Development of design information framework for interactive systems design[C]. in Proceedings of the 5th Asian International Symposium on Design Research, Seoul, Korea. 2001.

［73］柳冠中．工业设计学概论［M］.哈尔滨：黑龙江科学技术出版社，1997.

［74］柳冠中．苹果集——设计文化论［M］.哈尔滨：黑龙江科学技术出版社，1996.

［75］李乐山．工业设计思想基础［M］.北京：中国建筑工业出版社，2004.

［76］李乐山．工业设计心理学［M］.北京：高等教育出版社，2004.

［77］阮宝湘，邵祥华．工业设计人机工程［M］.北京：机械工业出版社，2005.

［78］（美）美国工业设计师协会编．工业产品设计秘诀［M］.雷晓红，邹玲，译．北京：中国建筑工业出版社，2005.

［79］邱松．造型设计基础［M］.北京：清华大学出版社，2005.

［80］Schank, R, Abelson. Scripts, plans, goals, and understanding: an inquiry into human knowledge structures［J］. Lawrence Erlbaum Associates, Hillsdale, NJ,1977.

［81］Teeravarunyou, S., Sato Use Process Based Product Architecture［C］. Proceedings of World Congress on Mass Customization and Personalization, Hong Kong, 2001.

［82］Toni-Matti , Karjalainen. Strategic Design Language-Transforming Band Identity Into Product Design Elements［C］.Proceedings of the 10th International Product Development Management Conference, Brussels June 10-11 2003, USA

［83］（美）唐纳德·A.诺曼．设计心理学［M］.梅琼，译．北京：中信出版社，2003.

［84］Y.-K. Lim , Keiichi Sato. Describing multiple aspects of use situation: applications of Design Information Framework（DIF）to scenario development.2006.

［85］严扬，王国胜．产品设计中的人机工程学［M］.哈尔滨：黑龙江科学技术出版社，1996.

［86］张宪荣．现代设计词典［M］.北京：北京理工大学出版社，1998.

［87］胡城立，朱敏．材料成型基础［M］.武汉：武汉工业大学出版社，2001.

［88］（英）弗兰克·惠特福德．包豪斯［M］.林鹤，译，北京：三联书店，2001.

［89］（德）赫伯特·林丁格．包豪斯的继承与批判［M］.胡佑宗，游晓贞，译．台北：台北亚太图书出版社，2002.

［90］（英）克里斯·莱夫特瑞．欧美工业设计5大材料顶尖创意——木材[M].朱文秋，译．上海：上海人民美术出版社，2004.

［91］（英）克里斯·莱夫特瑞．欧美工业设计5大材料顶尖创意——金属

[M].张港霞，译.上海：上海人民美术出版社，2004.

［92］（英）克里斯·莱夫特瑞.欧美工业设计5大材料顶 尖创意——塑料
[M].杨继栋，毕然，译.上海：上海人民美术出版社，2004.

［93］（英）克兰，查尔斯.工程材料的选择与应用[M].王庆绥等，译.北京：
科学出版社,1990.

［94］By Kurt Rowland. 观看与观察——形态的发展［M］.王梅珍，译.台北：
台湾六合出版社，1967.

［95］（美）吉姆·莱斯科.工业设计：材料与加工手册［M］.李乐山，译，北京：
中国水利水电出版社；知识产权出版社,2005.

［96］柳冠中.苹果集-设计文化论［M］.哈尔滨：黑龙江科学技术出版社，
1995.

［97］柳冠中.工业设计概论［M］.哈尔滨：黑龙江科学技术出版社，1997.

［98］（美）梅尔·拜厄斯.50款椅子 设计与材料的革新[M].劳红娟，译.北京：
中国轻工业出版社，2000.

［99］（美）皮狄斯金.工程材料的性能和选择［M］.吴颖思等，译.北京：
国防工业出版社，1988.

［100］邱松.造型设计基础［M］.北京：清华大学出版社，2005.

［101］宗明明.德国现代设计教育理念与实践［M］.沈阳：辽宁美术出版社，
1999.

［102］滕菲.材料新视觉［M］.长沙：湖南美术出版社，2000.

［103］王介民.产品艺术造型设计［M］.北京：清华大学出版社，2004.

［104］谢大康，刘向东.基础设计：综合造型基础［M］.北京：化学工业出版
社，2003.

［105］（瑞）约翰·伊顿.造型与形式构成——包豪斯的基础课程及其发展［M］.
曾雪梅等，译.天津：天津人民美术出版社，1990.

［106］杨正.工业产品造型设计［M］.武汉：武汉大学出版社，2003.

［107］张福昌.造型基础［M］.北京：北京理工大学出版社，1994.

［108］张锡主.设计材料与加工工艺［M］.北京：化学工业出版社，2004.